农业农村实用技术丛书

水稻 生产管理关键技术问答

◎ 吕建秋　田兴国　主编

中国农业科学技术出版社

图书在版编目（CIP）数据

水稻生产管理关键技术问答 / 吕建秋，田兴国主编 . —北京：中国农业科学技术出版社，2019. 6（2024.10重印）

ISBN 978-7-5116-4196-0

Ⅰ. ①水… Ⅱ. ①吕… ②田… Ⅲ. ①水稻栽培—问题解答 Ⅳ. ①S511-44

中国版本图书馆 CIP 数据核字（2019）第 089801 号

责任编辑 崔改泵 李 华
责任校对 李向荣

出 版 者 中国农业科学技术出版社
北京市中关村南大街12号 邮编：100081
电　　话 （010）82109708（编辑室）（010）82109702（发行部）
（010）82109709（读者服务部）
传　　真 （010）82106650
网　　址 http: // www.castp.cn
经 销 者 各地新华书店
印 刷 者 北京建宏印刷有限公司
开　　本 710mm × 1 000mm 1/16
印　　张 16.25
字　　数 319千字
版　　次 2019年6月第1版 2024年10月第2次印刷
定　　价 85.00元

《水稻生产管理关键技术问答》

编 委 会

主 编： 吕建秋 田兴国

副主编： 李荣华 苏金煌

编 委： 黎华寿 张新明 潘圣刚 莫钊文
罗明珠 王瑞龙 秦俊豪 向 诚
车大庆 胡安阳 周绍章 李翠芬

前　　言

水稻约8 000年前起源于我国长江流域，是一种古老而且最重要的农作物之一。全世界50%左右的人口以水稻作为主食，而我国则有超过60%的人口以水稻作为主食。我国水稻产量占全世界水稻总产量的28%左右，是世界上稻米产量最大的国家。目前，世界水稻平均产量为4.3t/hm^2，而我国3 000万hm^{2}水稻的平均产量远高于世界平均水平，达到了6.8t/hm^2，这得益于我国育种学家和栽培学家的共同努力。

然而，由于全球变化和土地利用变化等各种因素的影响，我国水稻总产量停滞不前，提高单位面积产量仍是育种学家们关注的重点之一。同时，随着人们生活水平的提高，越来越多的人们在选择大米时更加注重稻米品质，育种学家对稻米品质的关注也越来越多。传统的水稻种植模式，使用大量农药化肥，带来诸多食品安全问题以及环境污染问题，因此有机绿色稻米的生产也越来越受到栽培学家的关注。

《水稻生产管理关键技术问答》系统地介绍了水稻品种选育、水稻生长发育、常规和无公害栽培管理技术、病虫草害识别和防治技术、稻米加工和储藏技术、稻米品质鉴定等方面的内容，并以问答的形式对主要问题和知识点进行了阐述，希望能为广大水稻种植者提供有效的指导。

在本书编写过程中，得到了华南农业大学食品安全科普基地的大力支持，在此表示衷心的感谢！本书参考的文献内容较多，在此一并向原作者表示诚挚的谢意！由于编者写作和表达各有特点，因而本书写作风格各异。在统稿过程中，本书保留了每位作者的个性。限于编者的水平，书中难免存在不当之处，恳请同行和读者批评指正。

编　者

2019年3月

目　录

1. 世界上水稻起源在哪些国家或地区？

水稻是我国主要的粮食作物，水稻的起源，对于生物学者和人文学者来说都有重要意义。基于野生稻物种的多样性，有学者认为水稻起源于印度；基于考古发现，更多的证据表明水稻起源于中国；分子生物学证据表明，粳稻和籼稻为单次起源，起源时间可能在8 500年前，而两者分化则晚至3 900年前。这两个数字和考古证据吻合得很好——野生稻最早在长江中下游地区驯化为粳稻，之后与黍、杏、桃等作物一起随着史前的交通路线由商人和农民传到印度，通过与野生稻的杂交在恒河流域转变为籼稻，最后再传回中国南方。换句话说，水稻起源于中国，在中国这个“原始中心”和印度这个“次生中心”同时得到发展。

水稻

★金刺猬，网址链接：http://www.jinciwei.cn/j529966.html

（编撰人：李妹娟；审核人：李荣华）

2. 世界稻米生产面临的问题有哪些？

（1）当前的稻米品质不能满足国际国内市场的消费需求。

（2）当前的水稻区域种植格局不适应农业可持续发展的要求。

（3）耕地及水资源的减少对水稻科学栽培提出了更高的要求。

（4）稻米的多样化程度不够。

（5）产前、产中、产后不协调，稻作经营规模小。

水稻

★素材中国，网址链接：http://www.sccnn.com/gaojingtuku/ziranjingguan/tianyuanfenggua ng/20081025-44017.html

（编撰人：李妹娟；审核人：李荣华）

3. 我国可分为哪几大稻区？各有什么特点？

全国稻区可划分为6个稻作区和16个亚区。

（1）华南双季稻稻作区。闽粤桂台平原丘陵双季稻亚区、滇南河谷盆地单季稻亚区、琼雷台地平原双季稻多熟亚区。

（2）华中双季稻稻作区。长江中下游平原双单季稻亚区、川陕盆地单季稻两熟亚区、东南丘陵平原双季稻亚区。

（3）西南高原单双季稻稻作区。黔东湘西高原山地单双季稻亚区、滇川高原岭谷单季稻两熟亚区、青藏高寒河谷单季稻亚区。

（4）华北单季稻稻作区。华北北部平原中早熟亚区、黄淮海平原丘陵中晚熟亚区。

（5）东北早熟单季稻稻作区。吉平原河谷特早熟亚区、辽河沿海平原早熟亚区。

（6）西北干燥区单季稻稻作区。北疆盆地早熟亚区、南疆盆地中熟亚区、甘宁晋蒙高原早中熟亚区。

稻区

★搜狐，网址链接：http://www.sohu.com/a/68285664_119858

（编撰人：李妹娟；审核人：李荣华）

4. 目前我国水稻种质资源有多少？

根据不完全统计，目前在我国登记的水稻种质资源近100万份，是世界上保存种质资源最多的国家之一。水稻种质资源是宝贵的生物财富，含有许多人类需要的有利基因，如抗病、耐逆、高产等有利基因。利用这些种质资源，我国科学家已选育出一大批水稻品种应用于生产，显著提升了我国水稻生产水平。

（编撰人：苏金煌；审核人：郭涛）

5. 我国哪些地区可种植双季稻或三季稻?

华南双季稻稻作区位于南岭以南，包括福建、广东、广西、云南南部以及我国台湾、海南和南海诸岛；华中双季稻稻作区包括江苏、上海、浙江、安徽、江西、湖南、湖北、四川8省（市）的全部或大部和陕西、河南两省南部，是我国最大的稻作区；西南高原单双季稻稻作区地处云贵高原和青藏高原。三季稻主要位于海南省和南海诸岛。

（编撰人：李妹娟；审核人：李荣华）

6. 我国哪些地区只能种植单季稻?

单季稻是一年只种一季稻的一种稻作制度。主要分布在中国秦岭、淮河以北，长江流域北部，四川盆地和云贵高原，南方部分丘陵山区也有种植。单季稻可分为单季早稻、中稻、晚稻。单季稻种植分布可分为3个稻作区。

（1）华北单季稻稻作区。本区有两个亚区：华北北部平原中早熟亚区和黄淮平原丘陵中晚熟亚区。主要位于秦岭、淮河以北，长城以南，关中平原以东，包括北京、天津、河北、山东、河南和山西、陕西、江苏、安徽的部分地区，共457个县（市）。水稻面积仅占全国3%。

（2）东北早熟单季稻稻作区。本区有两个亚区：吉平原河谷特早熟亚区和辽河沿海平原早熟亚区。位于辽东半岛和长城以北，大兴安岭以东，包括黑龙江、吉林全部和辽宁大部及内蒙古东北部，共184个县（旗、市）。水稻面积仅占全国的3%。

（3）西北干燥区单季稻稻作区。本区有3个亚区：北疆盆地早熟亚区、南疆盆地中熟亚区和甘宁晋蒙高原早中熟亚区。位于大兴安岭以西，长城、祁连山与青藏高原以北。银川平原、河套平原、天山南北盆地的边缘地带是主要稻区。水稻面积仅占全国的0.5%。

（编撰人：李妹娟；审核人：李荣华）

7. 广东省水稻生产主要分布在哪些县、市?

广东省的稻作区域可划分为4个稻作区：粤北稻作区、中北稻作区、中南稻作区、西南稻作区。每个市、县稻作区细分如下。

（1）粤北稻作区。平远、和平、连平、翁源、新丰、曲江、韶关、始兴、南雄、仁化、乐昌、乳源、阳山、连山、连南、连州。

（2）中北稻作区。蕉岭、大埔、梅县、丰顺、兴宁、五华、揭西、紫金、龙川、河源、龙门、增城、从化、花都、佛冈、英德、清远、怀集、广宁、四会、肇庆、德庆、封开、高要、云浮、郁南、新兴、罗定。

（3）中南稻作区。饶平、南澳、潮安、澄海、汕头、揭阳、普宁、惠来、陆丰、海丰、惠东、惠州、博罗、东莞、珠海、中山、广州、佛山、南海、山水、高明、顺德、鹤山、江门、新会、台山、开平、恩平、阳东、阳西、阳春。

（4）西南稻作区。信宜、高州、茂名、电白、化州、吴川、廉江、遂溪、湛江、徐闻。

广东龙门稻区

★龙门视窗，网址链接：https://www.longmen.net/article/article_20796.html

（编撰人：李妹娟；审核人：李荣华）

8. 我国水稻气候生态区如何划分？

稻作带	气候条件			主要地区	稻作期（d）
	≥10℃积温	降水量（mm）	干燥度（E/r）		
华南湿热双季稻作带	≥6 500	≥1 000	≤1.0	南岭以南：云南、广西南部，广东中南部，福建东南部，以及我国台湾地区	260～290 籼稻
华中湿润单、双季稻作带	4 500～6 500	≥1 000	≤1.0	淮河秦岭以南：江苏、河南、浙江、湖南、湖北、江西、安徽中南部、陕西南、四川东部、广东和广西的北部山地等	200～260 粳、籼稻
华北半湿润单季稻作带	3 500～4 500	≥400	$1.0 \leq E/r \leq 2.0$	秦岭淮河以北，长城以南	140～170 粳稻为主

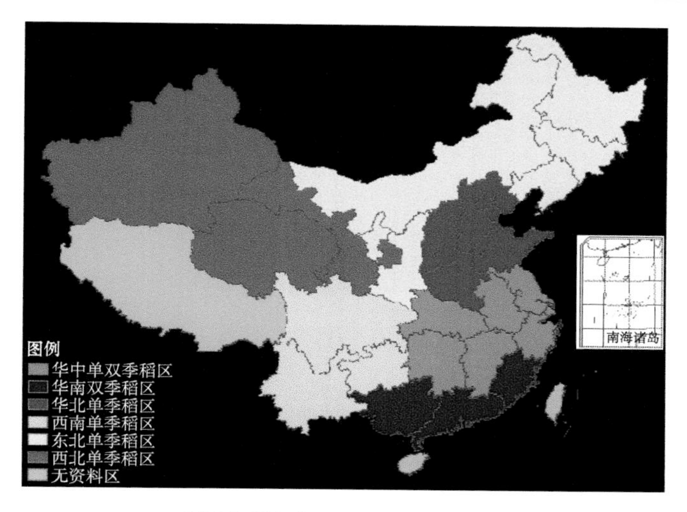

中国水稻气候生态分布区示意图

★突袭网，网址链接：http://moban.tuxi.com.cn/viewtsg-18-0422-20-4295303_747882821.html

（编撰人：李妹娟；审核人：李荣华）

9. 我国水稻分为哪几种类型?

丁颖院士根据水稻的起源地、演变历史、生长特性和栽培特点，将中国栽培稻种分为两个亚种：籼稻亚种（籼稻）和粳稻亚种（粳稻）。

籼稻和粳稻，又可以分为早稻、中稻和晚稻，主要区别在于栽培季节不同的光照时长和温度的高低。

通常情况下，由于晚稻对种植区域的日照长短比较敏感，因此，晚稻不能在早季栽培；然而，早稻对日照时间的反应比较钝感，只要温度适合，能够满足早稻正常生长发育的需要，完成抽穗、开花、结实等过程，早稻在早晚季都可以栽培。

籼稻和粳稻，又可以分为水稻和陆稻。水稻和陆稻的形态差异比较小，它们的主要区别是对土壤水分的适应性不同。通常情况下，水稻生长的整个生育期需要较多水分，而陆稻对水分的需求较少。

无论是籼稻和粳稻，早稻、中稻和晚稻，还是水稻和陆稻，又可以分为粘稻和糯稻。两者的外部形态差别较小，主要是米质的颜色和淀粉结构不同。粘稻稻米的直链淀粉含量高、米饭黏性小，米粒透明、有光泽；然而，糯稻支链淀粉含量较高，米饭黏性较大，米粒颜色不透明。

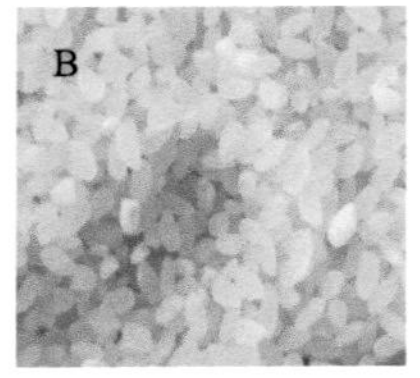

（A：籼米；B：粳米；C：糯米）

籼米、粳米和糯米的米粒形状

★中国大米网，网址链接：http://xn--fiqs8srwbyy7d48c/

（编撰人：潘圣刚；审核人：莫钊文）

10. 水稻的生物学特性有哪些?

水稻为须根系，分布在0～10cm土层，深耕露晒田，有利于根系的分布，提高根系吸收功能。叶有不完全叶与完全叶之分，主要起光合作用。中国栽培稻一般有11～19片叶、一般叶生长期长，产量高，后期功能叶（剑叶、倒二叶，倒三叶）提供70%的营养。后期重点要养叶保根，养根促叶。水稻拔节前叫假茎，拔节是从营养生长向生殖生长转变的区分点。一般抛后27d拔节，节位间有叶腋等组织，起运输支持和光合作用。在拔节期少于3片叶的而枯死的分蘖为无效分蘖，抛后25d左右要晒田，栽培上要早施肥，早搭起丰产禾架。水稻的花穗由分穗轴、第一次枝梗、第二次枝梗、颖花、小穗构成。晚造要施壮尾肥。

水稻生育期可分为两个阶段，第一个阶段是营养生长阶段，第二个阶段是生殖生长阶段。幼穗开始分化是生殖生长阶段开始的标志。水稻从播种至成熟的天数称为全生育期。水稻品种的生育期受自身遗传特性的控制，又受环境条件的影响。也就是说，水稻品种的全生育期既是稳定的又是可变的。

水稻根须

★中华康网，网址链接：http://www.cnkang.com/cm/201705/1587007.html

（编撰人：苏金煌；审核人：郭涛）

11. 什么是旱稻？和水稻相比有何不同？

旱稻和水稻的主要区别体现在生长条件对水分的要求不同，以及生理特性不同。

（1）旱稻，俗称陆稻。旱稻的植株形态特征和生物学特性与水稻相似，都有发达的通气组织，适宜在沼泽地生长，由根部通过茎叶与气孔连接，吸收大气中的氧气来补充淹水条件下的氧气不足。

（2）通常认为，陆稻是变异类型，是由水稻演变而来的，适于旱作，是由人工选择培育出来的变异类型，而水稻是由野生稻驯化和培育出来的，属于基本类型。

（3）与水稻相比较而言，陆稻适宜在比较干旱的条件下栽培种植，只要土壤中含有一定量的水分，陆稻就可以生长良好。如果水分充足，陆稻也可以在有水条件下当作水稻栽培。

（4）通常情况下，旱稻的产量相对低于水稻。

水稻　　　　旱稻

★网易，网址链接：http://3g.163.com/dy/article/DD9QOELC0517KDC4.html

（编撰人：潘圣刚；审核人：莫钊文）

12. 什么是杂交稻？我国生产上种植的杂交稻有哪几种类型？

杂交稻是由两个遗传来源不同的亲本进行杂交所产生的F_1代水稻，新产生的F_1代水稻的优良性状（主要包括产量、品质、抗逆性、适应性、生活力和抗病虫草害等）等方面优于双亲。

（1）由于杂交稻的细胞质来源于母本，细胞核的遗传物质一半来自母本，一半来自父本。而且，杂种F_1代个体的基因相同，因此，群体性状整齐一致，制种的当年可作为生产用种。

（2）由于F_1代出现性状分离现象，它们产生的后代就会出现形态特征和生理性状（株高、抽穗期、分蘖力、穗型、粒型和米质）发生分离的现象，从而表现出杂种优势降低，产量下降、品质恶化等现象。因此，杂交稻不能当作种子来年使用，需要每年进行生产性制种。

（3）根据杂交稻的亲本不同和种子生产途径差异，生产上推广应用的杂交稻主要有三系杂交稻、两系杂交稻。

（4）三系杂交稻是利用不育系、保持系和恢复系三系配套，通过两次杂交程序生产杂交稻种。

（5）两系杂交稻是利用光温敏核不育系和恢复系一次杂交生产杂交稻种子。根据籼粳类型的不同，杂交稻又可以分为三系杂交籼稻、三系杂交粳稻、三系籼粳亚种间杂交稻，以及两系杂交籼稻、两系杂交粳稻、两系亚种间杂交稻等不同类型。

（编撰人：潘圣刚；审核人：莫钊文）

13. 如何区别粳稻和籼稻?

粳稻是栽培稻的一种，其茎秆较矮，叶子较窄，深绿色，谷粒不易脱落，粒形短圆，颖毛长密，粳稻籽粒阔而短，较厚，呈椭圆形或卵圆形。米粒短而粗，其米粒不黏。主要产地是我国黄河流域、北部和东北部；在南方则分布于海拔1 800m以上，较耐冷寒，是在中纬度和较高海拔地区发展形成的亚种。

籼稻，是栽培稻的一个亚种，高100cm左右，茎秆较软，叶片宽，色泽淡绿，剑叶开度小，谷粒狭长，颖尖无色，间有短芒。其叶片茸毛多，有短小茸毛散生于颖壳。大多为无芒或短芒，谷粒细长而稍扁平。适宜在低纬度、低海拔湿热地区种植，中国主要分布在淮河、秦岭以南地区和云贵高原的低海拔地区，耐湿、耐热和耐强光。

籼稻和粳稻在农艺性状和生理特性上都有较大的差异。籼稻适宜在低纬度、低海拔湿热地区种植，谷粒易脱落，茎秆柔软，耐湿、耐热和耐强光，粒形细长，颖毛短少，叶片淡绿多茸毛，叶片弯长，株型较松散，耐肥性较弱，米质黏性弱。而粳稻较适于高纬度或低纬度的高海拔种植，谷粒不易脱落，茎秆坚韧，耐旱、耐寒和耐弱光，粒形短圆，颖毛长密，叶片浓绿少毛较光滑，叶片短直，株型紧凑，耐肥性较强，米质黏性较大。

（A、C：籼稻；B、D：粳稻）

粘稻和粳稻的株型及籽粒形状（潘圣刚　摄）

（编撰人：苏金煌；审核人：郭涛）

14. 什么是耐盐水稻?

耐盐水稻是指能够在含盐量较高的土壤中正常生长的水稻品种。耐盐水稻通常具有植株较高、生育期短、有芒等特性，但耐盐水稻通常产量较低，难以直接满足现代水稻生产需求。利用耐盐水稻特性，通过杂交分离，有希望培育出农艺性状优良的水稻品种。

耐盐水稻

★贵阳网，网址链接：http://www.gywb.cn/content/2015-02/02/content_2390603.htm

（编撰人：苏金煌；审核人：郭涛）

15. 五色稻通常指哪些?

稻谷的种皮通常不含有色物质，经过脱壳、去麸后称为大米，其外观为半透明无色。在生产中，有部分水稻品种在种皮中积累花青素等有色物质，依据花青素含量的多少种皮呈现黑色、红色、褐色、紫色、黄色等不同颜色，脱壳后为黑米、红米、褐米、紫米、黄米等有色稻米，称为五色稻。五色稻均为糙米，如果进一步将糙米加工为精米，其富含花青素的种皮将被除去，不再呈现颜色。

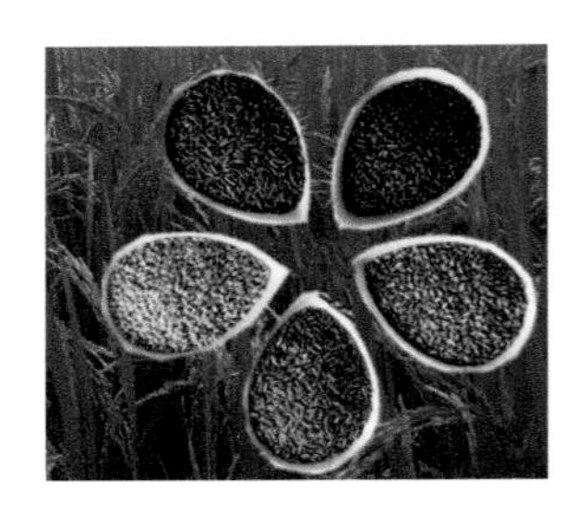

五色稻

★慧聪网，网址链接：https://b2b.hc360.com/supplyself/566877955.html

（编撰人：苏金煌；审核人：郭涛）

16. 常规稻与杂交稻区别有哪些?

（1）常规稻与杂交稻在概念上的区别。常规稻就是可以留种且后代不分离的水稻品种。常规稻也是杂交稻的一种，它通过杂交或变异而来，并通过选育、提纯，使本品种的特征特性保持不变。而杂交稻一般是指两个遗传组成不同的水稻品种（系）间进行杂交，生产具有杂种优势，可直接用于生产的第一代杂交种。

（2）常规稻与杂交稻在植株栽培上的区别。一是杂交稻具有较强的生长势，幼苗根系发达、健壮、耐低温，因此每亩*用种量是常规稻的一半。二是早插稀植。杂交稻苗壮，耐低温能力强，13℃水温即可开始插秧，而常规稻需15℃。杂交稻易育出带蘖壮秧，插秧后易保苗，常规稻要追攻穗肥促大穗，杂交稻不用促，不用施攻穗肥。三是杂交稻灌浆期长，每穗成粒120～130粒，要喷云大120等叶面肥保证穗大高产。四是节水灌溉。杂交稻根系发达，可像旱稻一样节水栽培，整个生育期可无水层栽培。采用浅、湿、干间歇灌溉，插秧后如果生长正常可不灌水，然后要保持一定水层；分蘖早，应提早晒田；灌浆期长，要尽量延迟断水。五是防病虫。散穗型杂交稻，基本上不用防稻曲病、稻飞虱，紧穗型杂交稻稻曲病防治与常规稻一样。

常规稻比起杂交稻在产量上稍有劣势，但米质却比杂交稻有优势。

---

* 1亩≈667m^2，1hm^2=15亩，全书同

常规稻

杂交稻

★图行天下网，网址链接：http://www.photophoto.cn/pic/23101491.html
★百度百科，网址链接：https://baijiahao.baidu.com/s?id=1594257656592751902

（编撰人：苏金煌；审核人：郭涛）

17. 品种、品系和育种材料有什么区别和联系？

育种材料是指选育新品种过程中所用的材料。品系是指在育种工作中使用的遗传性状稳定一致且来自共同祖先的一个群体。品种是指通过审定或鉴定的、具有一定经济价值的、遗传性较一致、适应在一定自然条件下栽培的植物或饲养的动物群体。

品系是育种学领域的术语，指育种过程中所用到的育种材料，其功能是培育品种，是品种选育的直接材料；而品种是育种工作（包括对野生植物开发）的产物，是农业生产资料，其功能是为社会生产物质财富。品种应该是经过品种审定，并有合法命名，一经审定，本名为该品种专用。现代的品种具有商品属性，是育种者知识产权的象征，表明育种者的工作得到社会公认。

水稻育种材料

★荆楚网，网址链接：http://news.cnhubei.com/xw/gn/201411/t3089931.shtml

（编撰人：苏金煌；审核人：郭涛）

18. 转基因水稻是什么？我国允许销售吗？

利用转基因技术进行水稻育种的基本过程可分为：目的基因或DNA的获得，含有目的基因重组质粒的构建，受体材料的选择和再生系统的建立，转基因方法的确定和外源基因的转化，转化体的筛选和鉴定，转基因植株的育种利用。

目前的转基因水稻主要为抗虫水稻。根据目前试验结果，含有转基因成分的水稻对人体健康没有影响，抗虫水稻蛋白只特异识别鳞翅目昆虫受体。但是，目前的试验数据仍然是短期观测结果，我国科学家已系统开展中长期数据观测，有望进一步了解转基因水稻的生物学效应和生态学效应。

据报道，目前转基因品种在美国市场允许销售，但外包装必须标明含转基因，而欧盟对转基因非常谨慎。目前已发放转基因生物生产应用安全证书的转基因水稻品种是转基因抗虫水稻“华恢1号”和“Bt汕优63”，但发放转基因生物安全证书并不等同于允许商业化生产。而按照《中华人民共和国种子法》的要求，转基因作物需要取得品种审定证书、生产许可证和经营许可证，才能进入商业化种植。目前，我国并未商业化生产转基因主粮，已批准可用于商业化种植的转基因品种只有转基因抗虫棉和转基因木瓜，其他的一切种植行为都是非法的。

转基因水稻

★新浪网，网址链接：http://tech.sina.com.cn/d/2005-06-28/0930647509.shtml

（编撰人：苏金煌；审核人：郭涛）

19. 什么是两系杂交稻？

两系法是指利用光、温敏核不育系（两用核不育系）水稻与父本恢复系水稻杂交产生杂交种的方法，而利用两系法生产出的杂交稻则称为两系杂交稻。

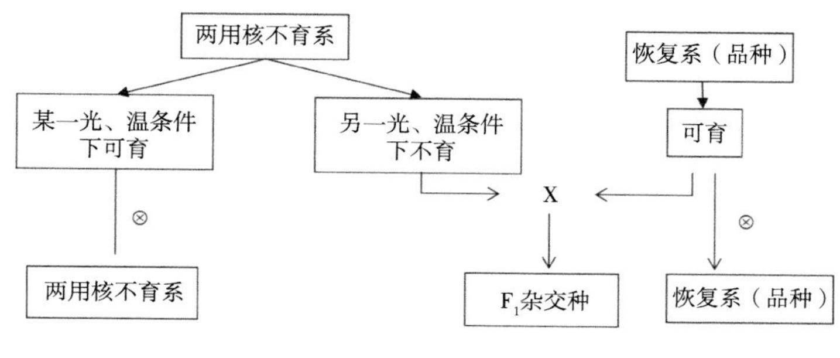

两系法

★中国植物志，网址链接：http://frps.eflora.cn/

（编撰人：苏金煌；审核人：郭涛）

20. 什么是三系杂交稻?

（1）雄性不育系。雌蕊发育正常，而雄蕊的发育退化或败育，不能自花授粉结实。

（2）保持系。雌雄蕊发育正常，将其花粉授予雄性不育系的雌蕊，不仅可结实生成种子，而且播种后仍可获得雄性不育植株。

（3）恢复系。其花粉授予不育系的雌蕊，所产生的种子播种后，长成的植株又恢复了可育性。

三系杂交稻是指利用雄性不育系、雄性不育保持系及雄性不育恢复系之间的配套应用所培育出来的杂交稻。三系杂交稻种子的生产需要雄性不育系、雄性不育保持系和雄性不育恢复系的相互配套。不育系的不育性受细胞质和细胞核的共同控制，需与保持系杂交，才能获得不育系种子；不育系与恢复系杂交，获得杂交稻种子，供大田生产应用；保持系和恢复系的自交种子仍可作保持系和恢复系。

三系杂交稻金稻6号

★百度百科，网址链接：https://baijiahao.baidu.com/s?id=1570886105250346

（编撰人：苏金煌；审核人：郭涛）

21. 什么是超级稻?

超级稻是指通过塑造理想株型和较强的杂种优势利用相结合的方式，培育的单产水平大幅度提高，并具有较好抗性和优良品质的新型水稻。

（1）超级稻的单产水平比目前生产上推广的水稻单产水平大幅度提高，相对产量指标比当时的生产对照品种单产增加10%以上，或者在百亩连片的田块上水稻产量稳定实现900kg/667m^2（2015年的参考标准）。同时，并兼顾稻米的品质和抗性等相关性状。

（2）随着杂种优势的广泛利用和水稻矮化育种的成功，科研工作者在矮化的基础上增加水稻的抗倒性，通过塑造理想株型、不同时期保持适宜的绿叶面积，研究水稻产量水平的大幅度提高、稻米品质优良和抗病虫草害较强的新型水稻品种，也就是目前超级稻的特定含义。

（3）超级稻品种可以分为多个不同类型，有籼稻型超级稻，也有粳稻型超级稻。有超级杂交稻，也有超级常规水稻品种。一般情况下，超级稻品种都具有总库容量大、叶面积指数大、光合能力强、分蘖数适中、茎秆坚韧结实、根系活力强，源、库、流三者协调通畅的特点，这也是超级稻具有高产、优质、抗逆性强等优点的生理基础。

（编撰人：潘圣刚；审核人：莫钊文）

22. 三系杂交稻和两系杂交稻有什么区别?

三系杂交稻和两系杂交稻的主要区别表现在制种过程的不同。

（1）三系杂交水稻的制种包括：不育系、恢复系、保持系，三系相互配套。雄性不育系是指不育株水稻的雌性器官发育正常，具有受精能力，能够接受外来花粉，进行正常的授粉、受精和结实，而雄性器官发育畸形，丧失生活力。因此，不育系的雌性器官接受同株水稻的花粉就不能够结实，或者结实率较低。在进行制种的过程中，就需要不育系和保持系按照一定的行比相间种植，依靠保持系传粉异交结实生产不育系种子。最后，不育系植株与恢复系植株进行杂交，获得杂交稻种子，供大田生产应用。而且，三系制种的保持系和恢复系自交种子仍然可以用作保持系和恢复系。

（2）两系杂交水稻的制种和三系杂交水稻的制种不同，两系法仅仅有“不育系”和“恢复系”。在进行“两系法”制种时，首先需要选育出不育性较高而且表现稳定的不育系，并选出具有显性标志性状的恢复系，然后将不育系和恢复系按照一定的行间比种植用来制种。

（3）两系杂交稻的杂种优势机理与三系杂交稻一样，都是由两个遗传组成不同的亲本杂交产生杂种一代种子，在生产上利用F_1代的杂种优势而进行大田生产的一种制种方式。

三系杂交水稻

两系杂交水稻

★百度百科，网址链接：https://baike.so.com/doc/6634028-6847834.html
★惠农网，网址链接：http://www.cnhnb.com/xt/article-52574.html

（编撰人：潘圣刚；审核人：莫钊文）

23. 什么是免淘米？

免淘米是一种炊煮之前不需要淘洗的大米，米质纯净，米糠含量少或不含米糠油，食用前不需淘洗，食用方便，营养损失少，不易变质，外观晶莹透亮。米粒在水中淘洗时营养成分损失很大。免淘米必须无杂质、无霉、无毒，才能在炊煮前免于淘洗。免淘米精度相当于特等米标准，含杂质允许每千克免淘米含沙石不超过1粒以外，要求达到断糠、断稗、断谷，不完善粒含量小于2%，每千克成品中的黄粒米少于5粒，成品含碎米小于5%，并不含小碎米。

（编撰人：苏金煌；审核人：郭涛）

24. 什么是胚芽米？

胚芽米是指稻谷在加工过程中能保留其胚芽部分的一种精制米，胚芽位于胚轴的顶端，能发育成胚叶柄生长，谷胚芽米被称为具有生命力的“活米”。胚芽在一粒大米中按重量只占3%，但其营养却占一粒米的50%，被誉为“天赐营养源”。胚芽蕴含丰富的蛋白质、淀粉、膳食纤维、多种维生素及生物活性物质，且含微量元素钙、铁、锌、硒等。

（编撰人：苏金煌；审核人：郭涛）

25. 什么是蒸谷米?

所谓蒸谷米就是把清理干净后的谷粒先浸泡再蒸，待干燥后碾成白米。胚乳质地较软、较脆的大米品种，碾制时易碎，出米率低的长粒稻谷，都适于生产蒸谷米。蒸谷米特点如下。

（1）稻谷经水热处理后，籽粒强度增大。加工时碎米明显减少，出米率提高。糙出白率大致上可提高1%～2%，脱壳容易，砻谷机效能可提高1/3。同时，蒸谷米的米糠出油率比普通大米的米糠出油率高。籽粒结构变得紧密、坚实，加工后米粒透明、有光泽。

（2）营养价值提高。胚乳内维生素与矿物质的含量增加，营养价值提高，维生素B更均匀地分布在蒸谷米中，维生素B_1、维生素B_2的含量要比普通白米高4倍，尼克酸高8倍。

（3）出饭率高。蒸谷米做成的米饭易于消化、出饭率高，蒸谷后粳米较普通白米可提高出饭率4%左右，籼米可提高4.5%，蒸煮时留在水中的固形物少。

（4）易于保存。这是由于稻谷在水热处理过程中，杀死了微生物和害虫，同时也使米粒丧失了发芽能力，所以储藏时可防止发芽、霉变，易于保存。

但在米饭的色、香、味上，蒸谷米有它不足之处。如米色较深，带有一种特殊的风味，使初食者不很习惯，米饭黏性差，不适宜煮稀饭。

（编撰人：苏金煌；审核人：郭涛）

26. 红（黑）米为什么是红（黑）的?

由于花青素在果皮、种皮内大量堆积，从而使糙米出现绿色、褐色、紫色、红色、紫黑色、黄色、黄褐色、咖啡色、紫红色、乌黑色等颜色。通常有色米的色素集积在种皮内，迄今未发现胚乳有色泽的品种。目前有色米以红米和黑米占绝大多数。

红（黑）米

★马可波罗网，网址链接：http://china.makepolo.com/product-detail/100211381271.html

（编撰人：苏金煌；审核人：郭涛）

27. 什么是配方米?

配方米就是将不同品种或不同碎米率的大米按一定比例混合均匀，以改变成品米的食用品质、营养品质或等级，提高产品的综合价值。配方米是将一种产品用多种原料加工或配制而成，有了稳定的产品质量和产品品牌，消费者就能按照自己的需要在不同地点、不同时间选择到品质一致的商品米，解决单一大米品种因农业的季节性生产而造成市场供应不连续性的矛盾。

（编撰人：苏金煌；审核人：郭涛）

28. 稻米的直链淀粉和支链淀粉有什么区别?

淀粉中直链淀粉和支链淀粉的比例和含量对淀粉的产品加工、物化特性等有着直接影响。同时，直链淀粉和支链淀粉本身也有着不同的性能和用途，比如直链淀粉具有良好的成模性、质构调整、凝胶性及促进营养素吸收等功能，而支链淀粉具有抗老化特性、改善冻融稳定性、增稠作用、高膨胀性及吸水性等功能而被广泛应用于食品加工、包装材料的制造、水溶性及生物可降解膜、医药和建筑工业等领域。直链淀粉经熬煮不易成糊冷却后呈凝胶体，其大分子结构上，葡萄糖分子排列整齐。支链淀粉易成糊其黏性较大，但冷却后不能呈凝胶体，结构上，葡萄糖分子排列不整齐。大米淀粉的主要成分是直链淀粉和支链淀粉。直链淀粉含量高的大米淀粉产品受热糊化后容易老化，而含量低的产品易于糊化，不容易老化。支链淀粉含量低的大米蒸煮后表现为黏性大、米饭软且有光泽，而含量高的大米蒸煮时会吸收较多的水分而不断膨胀，饭粒干燥、蓬松且色暗。

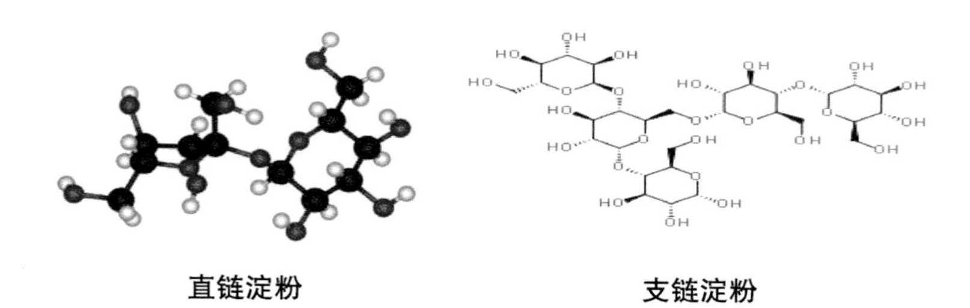

直链淀粉　　　　支链淀粉

★百度百科，网址链接：https://baike.so.com/doc/5701340-5914055.html
★百度百科，网址链接：https://baike.so.com/doc/6188812-6402064.html

（编撰人：苏金煌；审核人：郭涛）

29. 什么是大米的变性淀粉?

大米变性淀粉是通过物理、化学或酶法处理可以改变大米淀粉的性质，增加大米淀粉的某些功能性或引进新的特性，从而使其更符合工业应用的要求的淀粉。目前研究最多的大米变性淀粉主要有抗性淀粉、多孔淀粉、慢速消化淀粉、新脂肪替代物等。

（1）大米抗性淀粉。指不被健康人体小肠所吸收的淀粉及其降解产物的总称。抗性淀粉具有与膳食纤维类似的作用，无能量，具有预防糖尿病、保护肠道、改善血脂、控制体重等生理功能。抗性淀粉主要应用在中等水分和低水分食品中，颗粒抗性淀粉可提供比传统纤维更好的外观、质地和口感，改善食品的膨胀性和脆性。

（2）大米多孔淀粉。将天然淀粉经过酶解处理后，形成蜂窝状多孔性淀粉载体。多孔淀粉由于其表面具有很多伸向淀粉粒中心的小孔，淀粉颗粒中心是中空的，因而具有良好的吸附性能，可用作功能性物质的吸附载体。大米淀粉颗粒小，比表而积大，因此所制备的多孔淀粉比其他种类淀粉具有更强的吸附力。

（3）大米缓慢消化淀粉。一种可以被酶缓慢并且完全降解的淀粉，它在人体小肠中的缓慢消化对人体健康非常有益，不但可以有效改善糖负荷作为糖尿病患者的新食品，还能为运动员在运动过程中提供稳定持久的能量释放来保持耐力，因此越来越受人们的关注。

（4）大米淀粉脂肪替代物。淀粉脂肪替代物能够模拟脂肪的质构和口感，其机理在于内部直链淀粉和支链淀粉共同作用水合形成凝胶，凝胶的三维网络结构可以截留一部分水，被截留的水具有一定的流动性，在口腔的作用下能够产生类似于奶油般的润滑感和黏稠感。以大米淀粉为基质的脂肪替代物具有不同于其他淀粉原料的优良性质，这是因为大米粉颗粒小，与均质后的脂肪球大小接近，适于用作脂肪替代品，同时大米淀粉水合形成的体系，组织更为柔软、细腻，能够很好地模拟脂肪的口感。大米淀粉脂肪替代物主要包括修饰或改性的大米淀粉、超微粉体以及低DE值的麦芽糊精等。

变性淀粉

★百度百科，网址链接：https://baike.so.com/doc/5412309-5650435.html

（编撰人：苏金煌；审核人：郭涛）

30. 水稻品种籽粒的大小与品质有关系吗？

水稻谷粒重量是一个由谷粒长、宽、厚综合起来的性状指标，一般认为粒重性状的遗传以加性效应或显性效应为主。关于水稻籽粒的遗传研究，最早是赵连芳（1928）发现的，他认为粒长受一对基因控制。从籽粒形状的相关性来看，可以直接判断出稻米的品质。Juliano（1985）和熊振民（1992）经过研究，均认为粒重与米粒的长、宽、厚都有一定的正相关性，与米粒的长宽比呈负相关，即增加米粒的宽度虽然可以提高粒重，但会降低长宽比及其外观品质。

谷粒

★昵图网，网址链接：http://www.nipic.com/detail/huitu/20160919/212433562108.html

（编撰人：苏金煌；审核人：郭涛）

31. 什么是功能型的水稻品种？

功能型的水稻品种是指富含某种生理活性物质，具有调节人体生理功能并适宜于特定人群食用的水稻品种。功能型水稻品种的稻米外观和食感与普通食用稻米一样，具有一般稻米的营养成分，与普通水稻的区别就在于某种生理活性成分含量高，能够调节人体生理功能，从而增强生理防御机制、提升体力和精力、预防特殊疾病、延缓衰老等。日本自20世纪80年代开始就已经很重视功能性水稻的研究与开发。日本九州大学和农业生物资源研究所先后从“越光”中选育出“富含铁”的突变体。该突变体含有可被人体吸收的水溶性有机铁比普通品种高出3～6倍，适合贫血病人食用。用此突变体杂交选育出的“富含铁”水稻新品种GCN4和系026，已于2000年3月在日本通过审定，并进行大面积推广应用。1997—1999年由日本医学会组织的3年临床试验，结果表明，贫血患者食用“富含铁”稻米，具有显著的补血效果。

功能型的水稻品种

★北大荒网，网址链接：http://www.chinabdh.com/qlsfarm/17773.jhtml

（编撰人：苏金煌；审核人：郭涛）

32. 水稻品种优质与抗病是矛盾的吗?

优质稻是指能生产出符合中华人民共和国国家优质稻谷标准稻米的优质水稻品种。相对一般水稻品种而言，表现出来的特征主要是腹白小甚至没有腹白，角质率度高，米色清亮，有些带有特殊香味，煮出的饭也甘香，软而不黏，适口性好。因此，水稻品种优质与抗病并不矛盾，而是可以共存。培育出高产、优质、高抗的水稻品种是育种家们最主要的育种目标。

（编撰人：苏金煌；审核人：郭涛）

33. 我国推广的主要籼稻品种有哪些?

（1）长江中下游稻区。Y两优1号、新两优6号、中浙优1号、五优308等。

（2）华南稻区。美优796、天优998、五山丝苗、深优9516、五优1179、Y两优1173等。

（3）西南稻区。宜香优2115、德优4727、川优6203、内5优39等。

籼稻

★网易，网址链接：http://3g.163.com/dy/article/DH2FD1JM05149JLH.html

（编撰人：苏金煌；审核人：郭涛）

34. 水稻品种未来的发展趋势是什么?

传统的水稻育种目标是：高产、优质、高抗、广适。随着社会经济的发展，农业生产对水稻品种的要求逐渐转变为高产和优质兼顾，同时高度重视品种的适应性，如适合全程机械化生产、适合轻简化生产的水稻品种。随着土地集约程度的不断提高，生产成本低、适应性较强的常规稻品种将逐渐受到种粮大户的欢迎。未来的水稻品种应具备以下主要特征：中早熟、抗倒伏、分蘖力强、根系发达、穗层整齐、耐脱粒、种子活力高、收获指数高，同时应具备对生物及非生物胁迫的持久稳定抗性。

（编撰人：苏金煌；审核人：郭涛）

35. 我国推广的特色水稻品种有哪些?

在我国通过品种审定并推广的特色水稻品种主要有以下类型：有色稻（包括红米、黑米品种）、糯米品种、功能型品种（富含某种有益元素）。就广东省而言，目前推广面积较大的特色水稻品种有：红荔丝苗（红米品种）、广红宝（红米品种）。

（编撰人：苏金煌；审核人：郭涛）

36. 广东省有哪些主推的优质水稻品种?

广东省主推的优质水稻品种（15个）如下。

（1）广8优165。适宜华南双季稻区作弱感光型晚籼组合种植。栽培上要注意防治螟虫、稻纵卷叶虫和稻飞虱。

（2）广8优169。适宜华南双季稻区作弱感光型晚籼组合种植。栽培上要注意防治螟虫、稻纵卷叶虫和稻飞虱。

（3）广8优2168。适宜广东省粤北以外稻作区早、晚造种植。栽培上要注意防治虫害。

（4）合美占。适宜广东省中南和西南稻作区的平原地区早、晚造种植。稻瘟病严重地区要注意防病工作。

（5）华航31号。适宜广东省粤北以外稻作区早、晚造种植。

（6）金农丝苗。适宜广东省粤东地区揭阳、汕尾、惠州及台山、珠海、廉江、茂名等非稻瘟病区域推广应用。稻瘟病严重地区要注意防病工作。

（7）深两优870。适宜广东省粤北以外稻作区早、晚造种植，广东省粤北稻作区作单季稻种植。栽培上要注意防治白叶枯病。

（8）深优9708。适宜广东省各地早、晚造种植。栽培上要注意防治白叶枯病。

（9）天优3618。适宜广东省粤北以外稻作区早、晚造种植。

（10）五丰优615。适宜广东省粤北中稻区、中北稻作区（如梅州市、河源市、惠州市等）、中南稻作区（如肇庆市、云浮市、阳江市、茂名市等）推广应用。沿海地区要注意防治白叶枯病。

（11）五山丝苗。适宜华南双季稻区，可早、晚造兼用；长江流域可作中稻、双季晚稻和一季晚稻种植。根据当地农业部门的病虫预报，及时防治病虫害。

（12）五优308。适宜广东省各地早、晚造种植；适宜江西、湖南、浙江、湖北和安徽长江以南的稻瘟病、白叶枯病轻发的双季稻区作晚稻种植。

（13）五优613。适宜广东省粤北、中北稻作区早、晚造作中熟种种植，中南、西南稻作区作早、晚造早熟种种植。栽培上要注意防治稻瘟病和白叶枯病。

（14）新丰占。适宜广东省各稻作区晚造和粤北以外稻作区早造种植。栽培上要注意防治白叶枯病。

（15）粤农丝苗。适宜广东省粤北以外粤作区早、晚造种植。栽培上要注意合理施肥，后期防止过早断水，以免影响谷粒充实饱满。

广8优165

★网易，网址链接：http://dy.163.com/v2/article/detail/CO7N223J0512CUPE.html

（编撰人：苏金煌；审核人：郭涛）

37. 稻米的品质标准包括哪些方面？

稻米品质是个综合性状，不同用途有不同的评价标准。就总体来看，稻米品质应从碾米品质、外观品质、蒸煮品质、营养品质等方面衡量。稻米品质的优劣取决于品种的遗传特性与环境条件影响的综合作用结果。

（1）碾米品质。碾米品质指稻谷在碾磨后保持的特性。衡量碾米品质的指标主要有出糙米率、精米率和整米率。出糙率、精米率和整粒精米率的计算都以与被测稻谷试样重量的百分比表示。糙米是脱去谷壳的谷粒，出糙米率一般为80%～84%，分三级：一级糙米率为84%以上，二级为82%以上，三级为80%以上。去掉糠皮和胚的米为精米，精米率一般稻谷仅在70%左右。分三级：一级精米率为75%以上，二级为73%以上，三级为71%以上。整精米率的高低因品种不同而差异较大，一般在25%～65%。整精米为整粒而无破碎的精米粒，整精米率分三级：一级为72%以上，二级为68%以上，三级为64%以上。出糙米率是个较稳定的性状，主要受遗传因子控制，而精米率受环境影响较大。通常，粳稻的碾米品质要优于籼稻。优质米品种要求“三率”高，而其中整精米率是碾米品质中较重要的一个指标。整精米率高，说明同样数量的稻谷能碾出较多的精米，具有较高的商品价值。

此外，衡量碾米品质的指标还有加工精度和光泽度。加工精度指稻米籽粒表面除去糠皮的程度。精度按照国家的标准可分四级，即特等、标一、标二、标三。

（2）外观品质。外观的品质也称商品品质，一般指精米的形状、垩白性状、垩白度、透明度、大小等外表物理特性。当然与碾米品质有关的指标也影响到稻米的外观品质。

（3）蒸煮品质。蒸煮品质主要指稻米在蒸煮过程中表现出来的特性，衡量蒸煮品质的理化指标有直链淀粉含量、糊化温度、焦稠度和米粒生长性。

（4）营养品质。稻米的营养品质指稻米中的营养成分的含量，营养成分包括淀粉、脂肪、蛋白质、维生素、氨基酸及矿物质元素等。

（编撰人：李妹娟；审核人：李荣华）

38. 稻米的碾磨品质指标有哪些？

稻谷碾磨品质包括出糙率、精米率和整精米率。

出糙率（或糙米率）是干净的稻谷经出糙机脱去谷壳后糙米重量占稻谷试样重量的百分比。我国现行稻谷质量标准是按出糙率分等级的，即以籼、粳出糙率，各分为5个等级，按等级计价。

精米率是糙米或稻谷经碾米机碾磨加工，碾去糠层（即包括果皮、种皮和糊粉层）及胚，用直径1.0mm圆孔筛筛去米糠，计算米粒重量占稻谷试样重量的百分率。

整精米率是完整无损的精米米粒重量占稻谷试样重量的百分率。

（编撰人：李妹娟；审核人：李荣华）

39. 稻米的外观品质指标有哪些?

稻米外观品质包括胚乳垩白、透明度、米粒长度和形状等性状。

垩白是米粒胚乳中不透明、疏松的白色部分。依其位置不同可分为腹白、心白和背白（分别在米粒腹部、中心部和背部）。根据垩白影响稻米外观的情况，常用垩白粒率和垩白大小两个项目评价。凡垩白粒率高、垩白大的稻米品质就较差。一般来说，无垩白而米粒透明和垩白粒率少、垩白小而半透明的稻米品质优良。

米粒长度是指整粒精米的平均长度。

米粒形状常用整精米粒的长度与宽度的比值表示。

（编撰人：李妹娟；审核人：李荣华）

40. 稻米的蒸煮品质指标有哪些?

稻米蒸煮品质包括稻米的糊化温度、胶稠度和直链淀粉含量。它是稻米品质的重要理化指标，对米质优劣起决定性作用。

糊化温度是淀粉的物理性质，是淀粉粒在热水中开始迅速吸水发生不可逆转地膨胀，并显著增加黏度时的温度。糊化温度的高低与蒸煮时间长短及吸水多少呈正相关，与直链淀粉含量有一定关系，稻米的糊化温度大致在55～79℃。测定方法有多种，如双折射法、光度计法、黏滞计法、碱消值法，但以碱消值法最经济、简易。

胶稠度是指4.4%的米胶在冷却时的黏稠度。胶稠度与米饭硬度呈正相关。可作为衡量米饭硬或软的指标。胶稠度的测定，一般用米胶延伸法。

稻米直链淀粉含量是决定品质优劣的最重要性状之一，其含量高低与米饭的黏性、柔软性、光泽和食味品质密切相关。直链淀粉含量测定常用碘蓝比色法，以直链淀粉占淀粉总量的百分率或直链淀粉占样品干重的百分率表示。

（编撰人：李妹娟；审核人：李荣华）

41. 稻米的营养品质指标有哪些?

稻米的营养品质是指含有营养成分的程度，营养成分包括蛋白质、淀粉、脂肪、维生素、氨基酸等。

淀粉由直链淀粉和支链淀粉组成。籼米的直链淀粉含量比粳米高，糯米中的淀粉几乎都是支链淀粉。

稻米中蛋白质是品质良好的植物蛋白质，必需氨基酸含量丰富，蛋白质生物价高达75。稻米蛋白质含量有50%～75%是由环境控制的，它易为栽培措施特别是抽穗后的施氮量所改变。

精米中脂肪含量较低，但多为优质的不饱和脂肪酸及淀粉脂肪复合物，在一定程度上影响米饭的光泽、滋味及口感。

另外，稻米中含有多种挥发性物质，还含有钾、磷、镁、钙、钠等矿质元素和维生素等。

（编撰人：李妹娟；审核人：李荣华）

42. 为什么早稻米品质通常不如晚稻米品质?

早米的食用品质比晚米差是由于早稻灌浆期温度较高，胚乳淀粉积累快，因而米质疏松，腹白度较大，透明度较小，缺乏光泽，比晚米吸水率大，黏性小，糊化后体积大，碎米多，整精米率低。所以，用早米煮成的饭，吃起来口感差，质干硬。晚稻结实期秋高气爽，有利于淀粉物质的积累，米质结构紧密，因而品质特征好，腹白度小或无，透明度较大，富有光泽，煮熟的饭吃起来，质地细腻，黏稠适中，松软可口。根据米粒的营养成分测定，早米与晚米中的蛋白质、脂肪、B族维生素、矿物质等含量，以及产热量，均相差无几。

早稻米

★麦尔网，网址链接：http://mall.yzhbw.net/p/?num_iid=40867531771

（编撰人：李妹娟；审核人：李荣华）

43. 影响水稻品质的因素包括哪些方面?

（1）稻米品质的好坏与品种的系谱有很大的关系，品种遗传特性决定稻米品质。

①垩白是由单显性基因控制的，而有的认为垩白是由单隐性基因控制以及为多基因系统与环境相互作用所支配的。

②直链淀粉含量是由一对主基因控制，高直链淀粉对低直链淀粉为不完全显性或由两对基因控制。

③胶稠度由单显性基因控制或一对主效基因和若干微效基因控制，遗传力高，可以在早世代选择。

④糊化温度由1～2个主基因或多基因控制，遗传力高，宜早世代选择。

⑤蛋白质含量一般由多基因控制，遗传力低（25%～50%），宜高世代选择。

（2）稻米品质形成的实质是光合产物的合成和向颖果的输送，以及胚乳中碳、氮代谢和物质的转化。品质形成过程除受品种遗传特性控制外，还受环境条件的影响。

①环境。环境对垩白的调控作用是通过影响稻株光合产物积累运转、颖果中代谢酶活性以及胚乳细胞发育和淀粉体的充实等生理过程实现的。

②产地。产地影响稻米品质主要是通过气象、土壤等条件的作用。例如，成熟时的气象条件通过对米粒淀粉和蛋白质的集积而影响品质，尤其是灌浆成熟期的气温和光照影响淀粉和蛋白质的合成，对稻米的品质影响很大。

③气温。气温升高时，稻米的垩白会增加，而直链淀粉含量会适当增加。灌浆成熟期的日平均气温在21～25℃时有利于稻米品质的提高。在我国，早季栽培和晚季栽培就因灌浆时气温不同而食味相差很大。翻秋后的早稻米品质都有所提高，也就是这一原因。

④土壤。沙质土比黏质土排水性好，稻米食味也好；湿田米比干田米食味好。此外，就地形而言，平原比山区、盆地的稻米食味好。

⑤光强。灌浆期太阳辐射强时，米中蛋白质含量降低，食味品质会变好。生态环境因素通过土壤、光、温、水等影响水稻生长发育，所以改良土壤使水稻生长环境改善，有效利用光、温、水等气候条件可以提升水稻品质。

（3）栽培管理措施，培育壮秧、合理施用氮肥，避免氮肥施用过多导致贪青晚熟，增施钾肥；防治病虫害的严重发生，防御低温冷害对水稻生长发育的危害，前期预防延迟性冷害，后期预防障碍性冷害；灌溉方式以间歇灌溉，尤其孕穗期以后浅、干、湿间歇灌溉，灌浆期不宜过早断水，适时收获等可提升稻米品质。

①水分不足会使稻米食味变坏。陆稻糙米中的蛋白质含量高于水稻；水稻用旱田灌溉方式栽培，其食味比灌水栽培差。此外，提早搁田会降低稻米食味品质，收割是否适时也会影响稻米食味。

②多施氮素会使稻米中的蛋白质含量提高。特别是灌浆期间氮素过多，稻米中的蛋白质含量显著提高，粒肥可使蛋白质含量增加达30%，而使米饭的食味下降。

③施氮会使稻米垩白率降低。追施氮肥后，整个稻株的氮含量和生理活性明显提高，延缓了剑叶的衰老，延长了光合时间，增高了光合速率，进而促进了光合产物向谷粒输送，使淀粉和蛋白质在胚乳细胞中充实良好，从而使垩白的程度下降。

④多施磷肥会使食味提高。施磷肥有利于光合产物向淀粉转化，使食味提高。

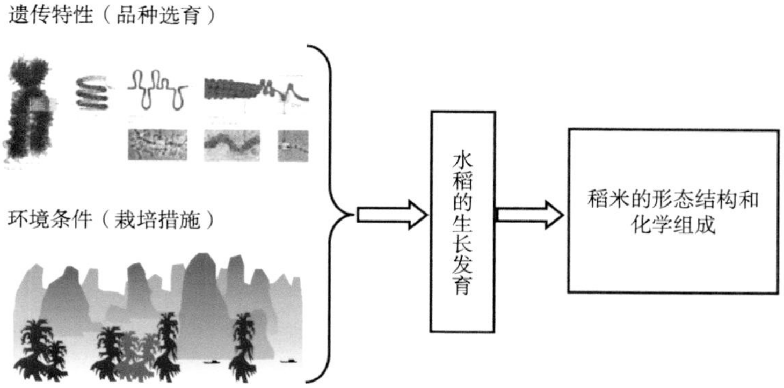

影响水稻品质的因素

★胡立勇. 作物栽培学[M]. 北京：高等教育出版社，2008

（编撰人：李妹娟；审核人：李荣华）

44. 通常可采取哪些栽培措施来提高稻米品质?

（1）播种时间与密度。栽插密度过低或过高，均不利于稻米综合品质的提高。不少研究指出，增加栽培密度或基本苗数会使糙米率、精米率和整精米率下降，垩白米率提高，透明度降低，直链淀粉含量与胶稠度上升。

（2）收获时期。适宜的收获时期能提供最好的稻米品质，过早或过晚的收获，都会在不同程度上降低稻米品质。主要是对稻米的加工品质和外观品质产生较大影响，而从营养和食味品质来看，收获期对蛋白质含量的影响不大，但对直链淀粉和脂肪酸影响较大。

（3）水分灌溉。水分是植株生长的关键因子，适宜的水分灌溉也能影响稻米的品质。

（4）肥料。长期施肥垩白米率和垩白大小均有不同程度的增加，从而降低了稻米的外观品质。

（5）有机栽培环境。减少化肥的施用量，采用有机肥，不仅保护了环境，也改善了稻米品质的部分指标。

（6）秸秆还田。秸秆还田是目前循环农业提倡的一种常见的农业生产技术，不仅是资源得到了循环利用，节约了成本，也对稻米品质有一定的影响。

（7）稻鸭共作。稻田养鸭是个典型的生态种养模式，对于这种模式，过去关注更多的是其经济效益和生态效益。

（8）免耕套种。水稻免耕套种明显改善稻米的加工品质和外观品质。

（9）水旱轮作。轮作稻米的蛋白质含量比连作高，即轮作对稻米的营养品质有所改善。

（编撰人：李妹娟；审核人：李荣华）

45. 稻米品质有哪几个等级？

稻米品质按类型分为籼米、粳米和糯米3类。糯米又分为籼糯米和粳糯米。按食用品质分为大米和优质大米。其中加工精度、碎米与其中小碎米、不完善粒、杂质最大限量为定等指标。

品种		籼米				粳米				籼糯米			粳糯米		
等级		一级	二级	三级	四级	一级	二级	三级	四级	一级	二级	三级	一级	二级	三级
加工精度		对照标准样品检验留皮程度													
碎米	总量（%）≤	15	20	25	30	7.5	10	12.5	15	15	20	25	7.5	10	12.5
	其中小碎米（%）≤	1	1.5	2	2.5	0.5	1	1.5	2	1.5	2	2.5	0.8	1.5	2.3
不完善粒（%）≤		3		4	6	3		4	6	3	4	6	3	4	6

（续表）

品种		籼米				粳米				籼糯米			粳糯米		
等级		一级	二级	三级	四级	一级	二级	三级	四级	一级	二级	三级	一级	二级	三级
加工精度		对照标准样品检验留皮程度													
杂质最大限量	总量（%）≤	0.25		0.3	0.4	0.25		0.3	0.4	0.25		0.3	0.25		0.3
	糠粉（%）≤	0.15		0.2		0.15		0.2		0.15		0.2	0.15		0.2
	矿物质（%）≤	0.02													
	带壳稗粒（粒/kg）≤	3		5	7	3		5	7	3		5	3		5
	稻谷粒（粒/kg）≤	4		6	8	4		6	8	4		6	4		6
水分（%）≤		14.5				15.5				14.5			15.5		
黄粒米（%）≤		1													
互混（%）≤		5													
色泽、气味		无异常色泽和气味													

优质大米质量指标

表格来源：GB/T 1354—2009大米

（编撰人：李妹娟；审核人：李荣华）

46. 优质稻米有哪些品质？

优质稻米，简言之，就是指具有良好的外观、蒸煮、食用以及营养较高的商品大米。优质稻米品质主要包括5个方面。

（1）碾米品质。碾米品质指稻谷在砻谷出糙、碾米出精等加工过程中所表现的特性，通常指的是稻米的出糙率、精米率及整精米率，而其中精米率是稻米品质中较重要的一个指标。精米率高，说明同样数量的稻谷能碾出较多的精米，稻谷的经济价值高；整精米率的高低关系到大米的商品价值，碎米多商品价值就低。一般稻谷的精米率在70%左右，整精米率一般在25%～65%。

（2）外观品质。稻米的外观品质是指糙米籽粒或精米籽粒的外表物理特性。具体是指稻米的大小、形状及外观色泽。稻米的大小主要相对稻米的千粒重而言，形状则指稻米的长度、宽度及长宽比。稻米的外观主要指稻米的垩白有无及胚乳的透明度，垩白包括心白、背白和腹白。稻米的外观品质是稻米一个十分重要的商品性状。

（3）蒸煮与食用品质。稻米的蒸煮与食用品质指稻米在蒸煮过程中所表现的各种理化及感官特性，如吸水性、溶解性、延伸性、糊化性、膨胀性等。稻米中含有90%的淀粉物质，而淀粉包括直链淀粉和支链淀粉两种，淀粉的比例不同直接影响稻米的蒸煮品质，直链淀粉黏性小，支链淀粉黏性大，稻米的蒸煮及食用品质主要从稻米的直链淀粉含量、糊化温度、胶稠度、米粒延伸度等几个方面来综合评定。

（4）储藏加工品质。生产的稻谷或者大米除了直接供给消费者外，大部分需要储藏起来，有的储藏时间长达几年，短的也有几个月，因为储藏条件的不同，稻米经过一段时间的储藏后，胚乳中的一些化学成分发生变化，游离脂肪酸会增加，淀粉组成细胞膜发生硬化，米粒的组织结构随之发生变化，使稻米在外观及蒸煮食味等方面发生质变。

（5）营养及卫生品质。评价稻米的营养品质主要依靠稻米中蛋白质和必需氨基酸的含量及组成来衡量。大米中蛋白质的含量在7%左右。而米糠中蛋白质的含量高达13%～14%，另外，米胚中含有多种维生素和优质蛋白、脂肪，因而它的营养价值较普通大米高，不同品种的大米，其氨基酸的组成及含量各不相同，但主要含有赖氨酸及苏氨酸，另外还有少量色氨酸、亮氨酸、异亮氨酸、苯丙氨酸、缬氨酸等人体必需氨基酸。

（编撰人：李妹娟；审核人：李荣华）

47. 国家制定发布了哪些稻米品质相关标准？

GB 1354—2009　大米
GB/T 21309—2007　涂渍油脂或石蜡大米检验
GB/T 19266—2008　地理标志产品五常大米
GBT 15682—2008　粮油检验稻谷、大米蒸煮食用品质感官评价方法
GB/T 15683—2008　大米直链淀粉含量的测定
GB/T 21499—2008　大米稻谷和糙米潜在出米率的测定
GB/T 22243—2008　大米、蔬菜、水果中氯氟吡氧乙酸残留量的测定
GB/T 22294—2008　粮油检验大米胶稠度的测定
GB/T 21126—2007　小麦粉与大米粉及其制品中甲醛次硫酸氢钠含量的测定

GB/T 5009.177—2003　大米中敌稗残留量的测定
GB/T 5009.164—2003　大米中丁草胺残留量的测定
GB/T 5009.155—2003　大米中稻瘟灵残留量的测定
GB/T 5009.134—2003　大米中禾草敌残留量的测定
GB/T 5009.114—2003　大米中杀虫双残留量的测定
GB/T 5009.113—2003　大米中杀虫环残留量的测定
GB/T 5009.112—2003　大米和柑橘中喹硫磷残留量的测定
GB/T 20040—2005　地理标志产品方正大米
GB 19266—2003　原产地域产品五常大米
GB 18824—2002　原产地域产品盘锦大米
GB/T 17408—1998　大米中稻瘟灵残留量的测定
GB/T 14929.8—1994　大米中杀虫双残留量测定方法
GB/T 14929.7—1994　大米中杀虫环残留量测定方法
GB/T 14929.6—1994　大米和柑橘中喹硫磷残留量测定方法
GB 14928.12—1994　大米中杀虫双最大残留限量标准
GB 14928.11—1994　大米中杀虫环最大残留限量标准
GB 14928.10—1994　大米、蔬菜、柑橘中喹硫磷最大残留限量标准
GB 7630—1987　大米、小麦中氧化稀土总量的测定　三溴偶氮胂分光光度法
GB 1354—1986　大米

（编撰人：李妹娟；审核人：李荣华）

48. 稻米香气是如何评定和测定的?

（1）香气评定方法。香味是香稻的一项重要品质性状。中华人民共和国农业部行业标准（香稻NY/T 596—2002）就香稻给出了详细的定义，认为香稻应该是稻米本身含有香味物质，并且其香味要高于人的识别阈，另外在蒸煮品尝时，能够逸出或散发出令人敏感的香味。而通过对稻米香味的评价分类，普遍认为常见的有 5 种，分别是茉莉花型、爆米花型、紫罗兰型、莴苣笋香型和山核桃香型。Buteery和Aliss等报道认为香稻的香味主要是由于2-乙酰基-1-吡咯啉（2-AP），其现在被认为是香稻区别于普通稻的主要成分。因此可以从以下两方面检测该稻米是否存在香气，一方面，是否能从该稻米中检测到2-AP；另一方面，是否能从该稻米中检测到与2-AP相关的基因*fgr*基因。

（2）香气测定方法。香气2-AP的制备与收集，参照李艳红等（2014）的方

法稍作修改，具体步骤是：在同时蒸馏萃取装置一端的圆底烧瓶装入5g待测样品和150ml蒸馏水，置于油浴锅上140℃加热蒸馏，另一端烧瓶放入20ml乙醚，以40℃加热蒸馏，并循环蒸馏23min；由漏液处取出乙醚萃取液，再以过量无水硫酸钠去除水分后过滤，立即用1ml无菌注射器吸取1ml，并通过有机型针头过滤膜（孔径0.22μm，JINTENGMICROPES聚醚砜，德国MEMBRANA公司）注入1.5ml顶空样品瓶，加入0.2mg/kg的2，4，6-三甲基嘧啶（TMP）作为内标物，立即进行气象色谱测定。仪器色谱条件、质谱条件、进样方法和香气2-AP含量标定方法参见应兴华等（2010）的方法，有改进，即采用日本生产的岛津GCMS-2010型气相质谱联用仪和2，4，6-三甲基嘧啶（TMP）内标法标定香稻糙米香气2-AP相对含量。

（编撰人：李妹娟；审核人：李荣华）

49. 水稻主要生产国的稻米品质有什么特点?

水稻的主要生产国是中国、印度、日本、孟加拉国、印度尼西亚、泰国和缅甸。这些区域具有的特点是：①水稻单位面积产量高，但人口多，消费量大，商品率低。②水稻生产机械化水平低，科技含量也低。③水稻种植规模小，是以家庭联产承包责任制为形式、以小农经营方式为主的农业生产类型。④没有进行社会化大生产，水利工程量大。

其稻米品质具有的特点如下。

（1）碾米品质。米品质与品种的籽粒大小、谷壳厚薄有关，一般籽粒较大谷壳薄的品种碾米品质都比较好。糙米率、精米率和整精米率均达到了优质米标准。

（2）外观品质。透明度高，垩白率和垩白度低。

（3）蒸煮食味品质。世界范围内水稻直链淀粉含量分布很广，最低8%，最高达34%，其中中国、日本、韩国和巴西等国家的稻米品种直链淀粉含量普遍较低。直链淀粉含量是影响食味的主要因素，它与米饭光泽、柔软性及黏性密切相关，即直链淀粉含量越高食味越差。

（编撰人：李妹娟；审核人：李荣华）

50. 我国稻米精（深）加工制品的标准有哪些?

稻米深加工是以大米、糙米、碎米、清糠、精白米糠、米胚芽、谷壳等为原料，采用物理、化学、生物化学等技术加工转化各类产品。应符合以下标准。

（1）GB 1350—2009　稻谷

（2）GB 5749—2006　生活饮用水卫生标准

（3）GB 7718—2016　食品标签通用标准

（4）GB/T 17109—1997　粮食销售包装

（5）NY 51150—2002　无公害食品　大米

（6）NY/T 5190—2002　无公害食品　稻米加工技术规范

稻米深加工具体步骤

序号	项目	要求			备注
清粮	古杂率（%）	≤0.3			
砻谷	脱壳率（%）	早籼	晚籼	晚粳	
		>75	>78	>80	
	糙碎率（%）	<8	<6	<4	加工稻谷符合GB 1350—2009标准中三等以上
	谷糙混合物中含稻壳率（%）	<1			
	胶辊材料	无毒			
	胶耗［kg（稻谷）/g（胶）］	>25			
谷糙分离	净糙中稻谷含量（粒/kg）	<30			
碾米	总碎米率（%）	早籼	晚籼	晚粳	
		≤39	≤30	≤20	
	大米中含谷量（粒/kg）	≤10	≤10	≤8	加工稻谷符合GB 1350—2009标准中三等以上
	大米中含糠粉率（%）	≤0.15			
	成品升温（℃）	<14			
白米分级	特级米含碎率（%）	≤4.5			
	增碎率（%）	≤2			可选项
抛光	含水率（%）	籼米	粳米		
		≤14.5	≤15.5		
	含糠分率（%）	≤0.1			
	抛光剂（水）	应符合GB 3749—2008要求			
	成品升温（℃）	≤14			
色选	色选精度（%）	≥99.9			可选项

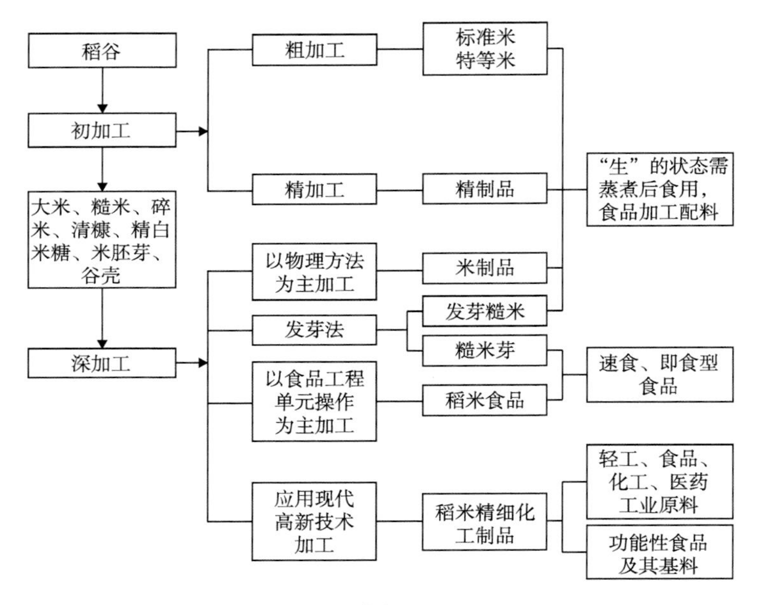

稻米加工

★姚惠源.稻米深加工[M].化学工业出版社.2004

（编撰人：李妹娟；审核人：李荣华）

51. 无公害优质稻米包括哪几种类型？

无公害优质稻米是指在符合无公害标准的种植环境质量和栽培管理规程条件下，按规定的生产技术要求和相应的稻米卫生标准生产、加工，同时品质达到国家优质稻谷标准三级以上，并且经专门机构认定，许可使用无公害食品标志的优质稻米。其中，卫生质量符合农业部颁布的无公害食品稻米卫生指标（NY 5115—2008）行业标准；稻米品质符合国家颁布的优质稻谷标准（GB/T 17891—2017）。

因此，根据生态环境、生产水平和栽培条件，无公害优质稻米可分为无公害稻米、绿色食品稻米、有机稻米3种类型。具体如下所述。

（1）无公害稻米。指在良好的生态环境条件下，按照无公害生产技术操作规程，产品不受农药、重金属等有毒有害物质污染，或污染物含量不超过允许标准，并经专门机构认定，许可使用无公害农产品商标的稻米。

（2）绿色食品稻米。指遵循可持续发展原则，按照绿色食品生产方式和相应标准生产，经专门机构认定，许可使用绿色食品标志商标的优质食品稻米。

（3）有机稻米。指来自有机农业生产体系，根据有机农业生产要求和相应的标准生产加工的完全不使用化学物质，并通过有机食品认证机构认证的稻米（包括稻米和成品米）。

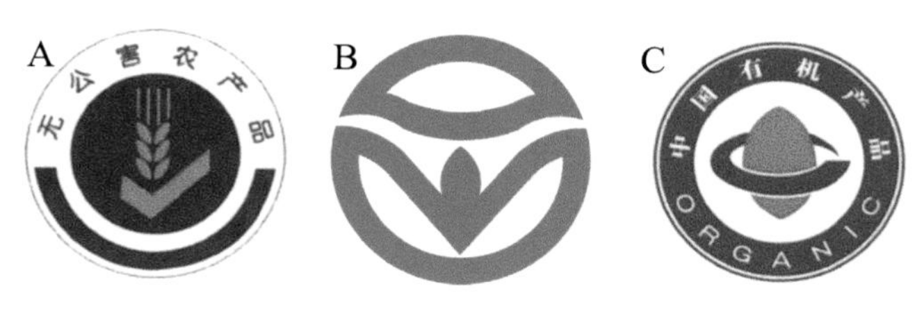

（A：无公害农产品；B：绿色食品；C：有机产品）

相关食品标识

★中国绿色食品发展中心，网址链接：http://www.greenfood.agri.cn/

（编撰人：黎华寿，康智明；审核人：秦俊豪）

52. 什么是有机稻米？

有机稻米（Organic Rice）属于有机食品的一种，它的开发严格与国外有机稻米生产标准接轨，是真正纯天然无污染、高品位、高质量的健康食品。有机食品（Organic Food）也叫生态或生物食品等。有机食品是国际上对无污染天然食品比较统一的提法。有机食品通常来自有机农业生产体系，根据国际有机农业生产要求和相应的标准生产加工的。首先，其必须是在稻田土壤经3年有机转换期后，完全不使用化学农药、化肥等人工合成化学物质，同时以生物学和生态学为理论基础，按照特定的有机生产模式生产，并通过专门机构认定的一种优质稻米。

在有机稻米生产过程中，施肥方面，主要施用没有污染的绿肥和作物残体、泥炭、秸秆和其他类似物质，以及经过堆积处理的植物和主副产品等；病虫草害防治方面，主要采用作物轮作、自然天敌平衡、生物防治、促进生物多样性等各种物理、生物和生态措施。同时，有机稻米的原料来自天然有机农业生产体系，稻米产品必须严格遵守有机食品的加工、运输要求，生产者在有机食品的生产、流通过程中有完善的追踪体系和完整的销售档案，必须通过独立的有机食品认证机构的认证，并颁发许可生产标志。我国部分基地出产的鸭稻米、鱼稻米、蟹稻米等经过严格的有机认证，成为有机稻米。

欧盟有机认证

美国农业部有机认证

德国BCS有机认证

国际有机作物改良协会有机认证

澳洲NASAA有机认证

日本JAS有机认证

德国demeter有机认证

瑞士IMO有机认证

有机稻米标志

★中国绿色食品发展中心，网址链接：http://www.greenfood.agri.cn/

（编撰人：黎华寿，康智明；审核人：秦俊豪）

53. 什么是绿色食品稻米？

绿色食品是我国针对食品质量安全和农业可持续发展提出的一种健康食品类型，由农业部发布的推荐性绿色食品农业行业标准（NY/T），是绿色食品生产企业必须遵照执行的标准。绿色食品标准以全程质量控制为核心，由环境质量标准、生产技术标准、产品标准、绿色食品产品标准、包装标签标准、绿色食品包装标签标准、储藏运输标准和其他相关标准等分标准进行质量保证。2018年，绿色食品企业达到13 161家，产品30 781个，原料标准化生产基地678个，基地面积1.6亿亩。绿色食品产品质量稳定可靠，产品质量抽检合格率持续多年稳定在98%以上，消费者对其认知度超过80%，在各类认证农产品中位居第一，其平均价格比普通农产品高出10%～30%，亿万农民通过种植养殖绿色食品发家致富。

绿色食品稻米是指遵循可持续发展原则，按照特定的生产方式，并经专门机构认定许可使用绿色食品标志商标的无污染、安全、优质、营养稻米，符合NY/T 419—2014《绿色食品稻米》标准，可分为AA和A级两种。其中，AA级绿色食品稻米在生产过程中不允许使用化学合成物质（即有机稻米），而A级绿色食品稻米在栽培生产中允许限量使用限定的化学合成物质。包括符合标准的大米、糙米、胚芽米、蒸谷米、黑米、红米，不适用于加入添加剂的稻米。

目前，在各种污染环境下生产的稻米充斥着各种污染物，且农业生态环境遭受破坏，资源大量浪费。通过发展绿色食品稻米将有利于保护农业生态环境，并防止稻米污染。这主要是因为绿色食品稻米生产基地的大气、土壤、水等必须符合其生产的卫生标准，同时在严格的生产手段和生产操作控制及无污染的环境下生产，可充分合理地利用资源，保护生态环境，维持良好的生态平衡，使资源永续得到利用，有利于生态农业向深度和广度发展，维护长期的经济效益，并推动农业的可持续发展。

（编撰人：黎华寿，康智明；审核人：秦俊豪）

54. 什么是无公害稻米？

无公害稻米是指在良好的生态环境条件下，遵循无公害生产技术操作规程，其产品不受农药、重金属等有害物质污染，或污染物含量不超过规定指标，卫生安全质量符合有关强制性国家标准及法律规定的稻米产品。我国《无公害食品稻米》标准规定了无公害食品稻米的要求、试验方法和检验规则及标志、标签、包装、运输、贮存，适用于无公害食品稻谷、糙米和大米。

无公害稻米生产基地应选择远离污染源、水和空气良好地区。稻米品种通常选择经审定的，适宜当地种植，并具有良好的抗病虫特性的水稻品种。田间施肥按照平衡施肥技术，将有机肥和无机肥结合使用。同时，禁止使用未经国家或省级农业部门登记的化学和生物肥料。在病虫防治方面，通常选择对自然天敌杀伤小的化学农药，并创造适宜自然天敌繁殖的环境等措施，保护天敌，适时开展生物防治。其中，使用的农药必须有“三证”（农药登记证号、准产证号、标准证号）并按国家有关规定使用；以及在同一个水稻生长季节内，避免重复使用同种化学合成农药；农药使用过程必须严格遵守《农药安全使用标准》和《农药合理使用准则》等国家标准中的有关要求。为贯彻落实中共中央办公厅、国务院办公厅《关于创新体制机制推进农业绿色发展的意见》，农业农村部于2018年11月开始停止无公害农产品认证，由食用农产品合格证制度取代无公害农产品认证。

（编撰人：黎华寿，康智明；审核人：秦俊豪）

55. 有机稻米、绿色食品稻米和无公害稻米的共同点和不同点？

有机稻米、绿色食品稻米和无公害稻米都是根据中国现有生态条件和农业生产技术水平以及对稻米生产的总体要求，以环保、安全、健康为目标生产的稻米产品，它们代表着中国未来稻米生产的发展方向。无公害稻米是绿色食品稻米、有机稻米的过渡产品。

目前，有机稻米、绿色食品稻米和无公害稻米的共同点，主要体现在以下几个方面：①三者都是质量安全型农产品。②三者的生产过程都要求遵循环保、安全和可持续发展的原则。③三者目的都是为了提高稻米的质量安全水平，减少生产过程对环境的污染，维持农业的可持续发展并保障食用安全。

（1）无公害稻米与其他稻米的区别。

①无公害大米注重将农药、重金属、硝酸盐及激素等有害物质含量控制在安全允许的范围内，符合国家、行业和地方有关强制性标准。②无公害是大米的一种基本要求，普通大米都应达到这一要求。③无公害稻米认证标志、程序、产品目录等由政府统一发布，并且产地认定与产品认证相结合。

（2）绿色食品稻米与其他稻米的区别。

①绿色食品稻米强调产品出自良好生态环境，即产地经监测指标符合《绿色食品产地环境技术条件》要求。②绿色食品稻米对产品实行全程质量控制，生产过程中的投入品符合绿色食品大米相关生产资料使用准则规定，生产操作符合绿色大米生产技术规程要求。③绿色食品稻米对产品依法实行统一的标志与管理，绿色食品标志认证一次有效许可使用期限为3年，3年期满后可申请续期，通过认证审核后方可继续使用。④绿色食品稻米是提高生产水平，满足更高需求，增强市场竞争力，达到发达国家普通食品质量水平。⑤绿色食品稻米是政府推动、市场运作，质量认证与商标转让相结合。

（3）有机稻米与其他稻米的区别：①有机稻米在生产加工过程中绝对禁止使用农药、化肥、激素等人工合成物质，并且不允许使用基因工程技术。②有机稻米在土地生产转型方面有严格规定，土地从生产其他食品到生产有机大米需要2～3年的转换期，而生产其他大米则没有转换期的要求。③有机稻米在数量上有严格控制，要求定地块、定产量，生产其他大米没有如此严格的要求。④有机稻米的有机食品标志认证一次有效许可期为一年，一年期满后可申请“保持认证”，通过检查、审核合格后方可继续使用有机食品标志。

有机食品、绿色食品、无公害农产品区别

	有机食品	绿色食品	无公害农产品
投入物方面	不用人工合成的化肥、农药、生长调节剂和饲料添加剂	允许使用限定的化学合成生产资料，对使用数量、使用次数有一定限制	严格按规定使用农业投入品，禁止使用国家禁用、淘汰的农业投入品

（续表）

	有机食品	绿色食品	无公害农产品
基因工程方面	禁止使用转基因种子、种苗及一切基因工程技术和产品	不准使用转基因技术	无限制
生产体系方面	要求建立有机农业生产技术支撑体系，并且从常规农业到有机农业通常需要2～3年的转换期	可以延用常规农业生产体系，没有转换期的要求	与常规农业生产体系基本相同，也没有转换期的要求
有害物质残留	无化学农药残留（低于仪器的检出限）。实际上外环境的影响不可避免，如果有机食品中农药的残留量比常规食品国家标准允许含量低20倍以上，可视为符合有机食品标准	大多数有害物质允许残留量与常规食品国家标准要求基本相同，但有部分指标严于常规食品国家标准，如绿色食品黄瓜标准要求敌敌畏≤0.1mg/kg，常规黄瓜国家标准要求敌敌畏≤0.2mg/kg	农药等有害物质允许残留量与常规食品国家标准要求基本相同，但更强调安全指标
认证方面	属于自愿性认证，有多家认证机构（需经国家认监委批准）	属于自愿性认证，只有中国绿色食品发展中心一家认证机构	省级农业行政主管部门负责组织实施本辖区内无公害农产品产地的认定工作，属于政府行为，将来有可能成为强制性认证
证书有效期	一年	三年	三年
国际市场认知度	普遍认知，价格明显高于常规食品	为我国特有，在日本、韩国有一定认知度	外国人基本不了解

（编撰人：黎华寿，康智明；审核人：秦俊豪）

56. 优质稻米生产主要会受到哪些方面的环境污染？

目前，优质稻米生产主要受到的环境污染包括：土壤污染、空气污染、水体污染、农药污染、化肥污染和其他污染等方面，具体如下所述。

（1）土壤污染。指土壤重金属等背景值高，或者人类活动导致污染物在农田蓄积，污染物通过作物吸收，影响水稻生长和稻米品质，出现“镉米”“砷米”。土壤污染也包括人类向土壤中排放废弃物，超过了土壤的自净能力，破坏了土壤原有物质的动态平衡，影响和改变了土壤原有的结构性质，从而影响植物正常生长发育，使作物产量和质量下降。土壤重金属主要来自工业“三废”的排放、城市生活垃圾、污泥、含重金属的农药、有机肥、化肥等。农田重金属污染后很难消除，如镉、锌、铜、铅、铝、镍、汞和砷进入土壤并积累。多数金属在体内有蓄积性，半衰期较长，能产生急性和慢性毒性反应，可能还会有致畸、致癌和致突变的潜在危害。

受污染的土壤中镉、汞、砷、铅等重金属和农药残留可随水稻根系吸收而进入稻米中，且随土壤中有毒有害物质的含量升高而在稻米中积累增加，导致稻米中有毒有害物质超过了安全指标，从而影响人体健康。

（2）空气污染。指煤、石油、天然气等可燃矿物燃烧，以及在某些地区，工业废气及工业粉尘，特别是化学工业的事故性排放，农业上农药的使用，造成空气中出现通常没有或极少的物质，其数量、浓度和在空气中滞留的时间，足以影响人群健康和动、植物生命活动。水稻受其影响，叶表面产生伤斑（坏死斑），或直接使叶片枯萎脱落，生理机能受到影响，产量下降，品质变坏。空气污染还会带来重金属和持久性有机污染物（POPs）等沉降吸收等，积累到土壤和稻米，直接影响稻米品质与安全。

（3）灌溉水污染。指较高的氮、硫、磷和重金属等许多毒性较强的物质向水中大量排放，超过了水的自净能力，使水稻生长缓慢、死苗、影响分蘖或变成畸形，严重时不能抽穗，或贪青晚熟，或发生倒伏。同时还影响稻米品质，特别是食味品质变劣，严重者使稻米有毒物质含量超标，不能食用。

（4）农药污染。指向土壤使用或向作物喷施含有有机氯、有机磷等杀虫杀菌剂，部分含汞、砷的制剂，除草剂和植物生长调节剂。这些物质出现较长期的残留，以至污染环境、毒害作物以及人体健康。

（5）肥料污染。指稻田超量使用肥料或使用的肥料不合格，包括肥料中重金属含量和有机污染物（主要是兽药和持久性有机污染物等）超标，在稻田累积和吸收积累到稻米中。当然过量施肥特别是大量施用化肥而忽视有机肥使用，也导致土壤有机质和作物必需的营养元素含量降低，土壤退化，造成稻米品质下降，还造成水体富营养化，地下水及农作物中硝酸盐含量超标。

（6）其他污染。指水稻种植生产过程和稻米加工贮运过程中受到细菌及其毒素的污染、霉菌及其毒素污染、昆虫污染、放射性污染及包装材料污染等。特别是黄曲霉毒素等是影响稻米质量的关键污染物。

灌溉水污染

★荆楚网，网址链接：http://photo.cnhubei.com/2014/1015/167696_10.shtml

（编撰人：黎华寿，康智明；审核人：秦俊豪）

57. 稻米污染对人体有哪些危害?

环境中的典型化学污染物包括无机污染物、持久性有机污染物（POPs）两大类，目前稻米面临的最大挑战是重金属污染，含有汞、镉、铬、铅及砷等生物毒性显著的重金属元素及其化合物对稻田环境污染后直接影响造成污染，这些重金属中任何一种都能引起人的头痛、头晕、失眠、健忘、神经错乱、关节疼痛、结石、癌症。镉能导致高血压，引起心脑血管疾病，破坏骨骼和肝肾，并引起肾衰竭；铅则直接伤害人的脑细胞，特别是胎儿的神经系统，造成先天智力低下；铬导致鼻炎、咽炎和喉炎、支气管炎；铊直接损伤神经，引起中毒性脑病等；砷则是砒霜的组分之一，有剧毒，会致人迅速死亡，长期接触少量，会导致慢性中毒，还有致癌性。

目前，稻米污染对人体健康的影响，因污染物种类、性质和数量等不同，可以分为急性中毒和慢性中毒两大类。

（1）急性中毒。通常，急性中毒是指由于食入各种有毒物质污染的稻米而引起的以急性过程为主的中毒表现。因病人在一段时间内都食用过同样食物，发病范围局限在食用该种有毒食物的人群，一旦停止食用这种食物，发病立即停止。按引起急性中毒的不同原因，可分为以下3类：细菌性食物中毒、霉菌毒素和霉变稻米中毒、有毒化学物质中毒（重金属和农药污染）。食用被黄曲霉毒素污染严重的米制品等食品后可出现发热、腹痛、呕吐、食欲减退，严重者在2～3周内出现肝脾肿大、肝区疼痛、皮肤黏膜黄染、腹水、下肢浮肿及肝功能异常等中毒性肝病的表现，也可能出现心脏扩大、肺水肿，甚至痉挛、昏迷等症。

（2）慢性中毒。通常，慢性中毒是指长期摄入较少量受有毒物质污染的稻米对人体造成损害的中毒状态。由污染稻米引起的慢性中毒不易被发现，原因也较难追查，但影响面往往比急性中毒还大。例如镉米中毒、米糠油（多氯联苯污染）中毒等。

值得注意的是，“三致”（致畸、致癌、致突变）是慢性中毒的一个特殊表现。其中，“致畸”是指长期摄入某些化学物质而引起胚胎发育异常，使细胞分化和器官形成不能正常进行，以致出现器质性的缺陷，造成形态结构的异常，即畸胎，称为致畸作用；“致癌”是指化学物质和其他物理因素或生物因素使人体引起癌肿生长的作用称为致癌作用，稻米中最常见的致癌物有黄曲霉毒素类、多环芳烃类和N-亚硝基化合物等；“致突变”是指长期摄入某些化学物质而引起细胞遗传物质出现可被察觉并可以遗传的变化，该突变可使细胞生活力减弱、胚胎早期死亡、后代出现畸形和先天性遗传缺陷。

超标的镉米会对人体肾脏的近曲小管造成损伤，影响人对钙的重吸收，最后导致骨骼缺钙。20世纪30年代，臭名昭著的日本富山痛痛病，就是长期食用含镉高的稻米和水造成的，当地一金属矿业公司向河里偷排含镉的废水，造成周边地区土壤镉含量超正常值40多倍，一段时间后，该地区的水稻普遍生长不良，而周围农民多发生骨质软化、骨质松脆，就连咳嗽都能引起骨折。虽然目前披露的大米中镉超标，多不会引起急性中毒反应，但不能忽视的是，镉会造成人体结缔组织损伤、生殖系统功能障碍、肾损伤、致畸和致癌。

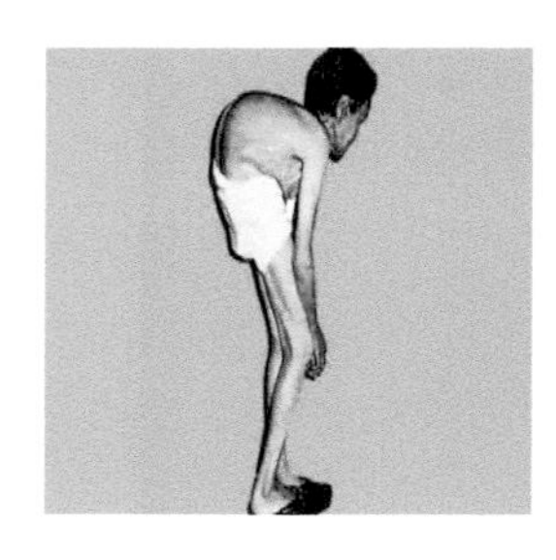

镉米与“痛痛病”

★中国新闻，网址链接：http://news.china.com/domesticgd/10000159/20170930/31533333.html

（编撰人：黎华寿，康智明；审核人：秦俊豪）

58. 防止稻米生产污染主要有哪些途径?

当前，防止稻米污染主要实行“源头控污、动态监控、分区施策、持续评价”的策略，根据不同稻米生产区域的特定条件，采取以“污染源头控制、绿色生产管理、选用适宜品种、优化水肥管理、严格加工贮运”的综合防控技术措施。防治稻米生产污染的途径主要包括以下几个方面。

（1）防治结合，改善农业生态环境。采用综合预防的策略，及早加强立法工作，切实保护农业生态环境。严格控制和禁止新污染源产业在稻米主产区的建设，不能只考虑短期经济行为，重走“先污染、后治理”的老路。同时，加大污染环境的执法力度，加强污染源的控制与治理。从而逐步改善农业生态环境，从根本上解决稻米等食品的污染，提高稻米的卫生安全品质。

（2）加强监控，建设优质稻米生产基地。加强优质稻米生产基地环境建设、监测、监控。基地生态环境要求空气清新，水质纯净（国标三类以上），土壤未受污染，且要求在一定的时空范围内稳定。无害化生产过程监控；监控投入到农田的生产资料的使用；加强产品监测、监控；产品收获、加工、包装、运输、销售等过程亦要进行监测、监控，杜绝不合格产品进入市场。

（3）动态监控，分区施策，因地制宜，综合防控。根据不同稻米基地区域的特定条件，开展主要污染源与主要污染物评价，针对影响稻米的主要污染因子进行系统防控。

例如，以当前公众最为关注的镉米污染防控为例，采取以“污染源头控制、稻田土壤调理、选用适宜品种、优化水肥管理”为主，“土壤修复改良、作物种植调整”为辅的综合防控技术措施。合理采用农艺的、物理的和生物的控制技术措施，谨慎采用化学的和工程的防控技术措施。采用新技术时应进行风险评估，避免产生二次污染。①针对可能存在镉污染风险的种植区，开展稻米产品和土壤、灌溉水、大气以及肥料等农用投入品的镉含量动态监测，控制输入性镉污染风险；严格控制使用工业废料、城镇生活垃圾和河塘底泥、污泥等来源的肥料。②施石灰调酸降低镉的生物有效性，稻田土壤pH值<5.5的可每年施或隔年施一次；pH值为5.5～6.5的可2年或3年施一次。施用时期及方法，根据当地水稻种植习惯，优先选择施基肥前7～10d一次性均匀撒施在土表，再及时翻耕、整田，使其与土壤充分混合。若在分蘖、孕穗和灌浆等生长期施用石灰，可将石灰混入细泥或造粒成形后，均匀撒入行间，或采用有效的喷撒机具施入行间，避免灼伤叶面。③施土壤调理剂，根据不同控制区产地环境条件和镉污染状况，施用以碱性肥料、天然矿物质、生物有机物料、微生物菌剂、农业废弃物、加工副产物及新型环保物料等来源的土壤调理剂。④优先选用经鉴定筛选表现稳定的低镉积累水稻品种。根据当地稻米产品镉含量水平、农田土壤镉污染程度和生产条件、种植习惯等因素综合考虑，通过田间初步筛选、区域试验复选、示范应用验证等筛选鉴定程序来确定。⑤根据水稻田污染程度、水稻生产需水规律和高产优质目标进行合理灌溉，尽量利用淹水条件全程控制镉的吸收，直到收割前7～10d排干水层或自然落干，中间不露田、不晒

田，全生育期淹水控制。⑥根据《肥料合理使用准则通则》NY/T 496—2010的要求科学合理施肥，减量施用酸性或生理酸性的肥料，增施钙镁磷肥、硅钙肥等碱性肥料和农家肥、商品有机肥、生物有机肥或含腐殖酸水溶肥料。⑦种植调整。根据中高污染稻田分类控制区的土壤状况、生产条件和种植习惯，优先种植适宜的低镉积累水稻品种，合理选用玉米、高粱、低镉积累的蔬果类作物或棉花、麻类、花卉、种苗等非食用性作物进行替代种植。

（4）集成和推广绿色（安全）稻米生产技术，发展“三品”（有机食品、绿色食品和无公害食品）稻米。因地制宜推广稻田生态种植模式与技术，发展鸭稻、鱼稻、虾稻、蛙稻米等。严格按“三品”标准和栽培技术规程进行稻米生产。建立优质稻米生产管理的质量安全的溯源管理信息系统，让生产者、经销者与消费者直接对接，共同规范与监督优质稻米的产业链。

（5）加强宣传，提高全民农业环保意识。首先，加强环境保护的宣传力度，让所有人知道保护农田环境必须从自己做起，生产卫生安全稻米就是保护自己的身体。其次，普及无公害农产品科技知识，不仅面向生产的主体，而且要面向消费者、营销人员和各级领导。最后，提倡传统生产方式，大力发展有机农业，采用高温腐熟有机肥、生物肥、生物农药，人工和机械作业相结合，控制化学肥料、农药、除草剂、激素等有害物质的使用。

（编撰人：黎华寿，康智明；审核人：秦俊豪）

59. 无公害优质稻米品质标准是什么？

无公害稻米指水稻中有害物质（比如农药残留、重金属、亚硝酸盐等）的含量，控制在国家规定的允许范围内，人们食用后对人体健康不会造成危害的稻米。无公害优质稻米品质包括：优质稻米品质和卫生安全品质两个方面。我国农业部1986年颁布了我国第一个优质米标准NY 122—1986《优质食用稻米》，将食用优质米分为一级、二级两个等级；1999年国家颁布了GBT 17891—1999《优质稻谷》标准，将稻谷分成3个等级。由于使用过量的农药和环境污染等因素，稻米受到不同程度的污染，国家制定了《粮食卫生标准》（GB 2715—1981），后来又被《粮食卫生标准》（GB 2715—2005）代替，粮食卫生标准又于2017被《食品安全国家标准粮食》（GB 2715—2016）代替。无公害优质稻米品质既要达到《优质食用稻米》标准，还要符合《粮食卫生标准》的要求。

其中，稻米品质的要素包括外观品质、碾米品质、蒸煮食用品质和营养品质等4个方面。其中，外观品质是指米粒的形状、大小、颜色、光泽、垩白度及透明度等，是稻米作为商品价值的主要指标。碾米品质是指稻谷在脱壳及碾精过程中的品质特性，通常用糙米率、精米率、整精米率3项指标表示。蒸煮食味品质是指在蒸煮及食用过程中稻米所表现的理化特性及感官特性，如吸水性、延伸性、糊化性、柔软性、黏弹性、香味等，主要由直链淀粉含量、糊化温度、胶稠度3项指标表示。营养品质是指稻米营养成分，包括淀粉、脂肪、蛋白质、维生素及矿质元素等的含量。

食品安全国家标准粮食提出了感官要求、理化指标、有毒有害菌类与植物种子限量、污染物限量等具体要求，其中污染物限量应符合《食品安全国家标准 食品中污染物限量》（GB 2762—2017）的规定，其中原粮类粮食应分别符合GB 2762—2017和GB 2715—2016的规定，成品粮类粮食应分别符合GB 2762中对谷物碾磨加工品、豆类、干制薯类的规定。真菌毒素限量应符合GB 2761的规定，其中原粮类粮食应分别符合GB 2761—2017中对谷物、豆类、薯类的规定，成品粮类粮食应分别符合GB 2761—2017中对谷物碾磨加工品、豆类、干制薯类的规定。农药残留限量应符合GB 2763—2016的规定。食品添加剂和食品营养强化剂的使用应符合GB 2760—2014和GB 1488—2012的规定。

（编撰人：黎华寿，康智明；审核人：秦俊豪）

60. 优质稻米的营养品质和卫生安全品质有哪些指标？

稻米的营养品质，主要体现在稻谷的淀粉、脂肪、蛋白质、维生素及对人体有益的微量元素含量等，其各含量高低主要取决水稻品种（稻谷自身的基因）和生长环境（生态环境和施用肥料等外源物的含量），其中稻米的营养品质主要依靠稻米中蛋白质和必需氨基酸的含量及组成来衡量。

（1）稻米蛋白质。是易被人体消化和吸收的谷物蛋白质，它的含量和质量反映该品种营养品质的高低。稻谷籽粒的蛋白质含量越高，籽粒强度就越大，耐压性能越强，加工时产生的碎米较少。稻米蛋白质有20多种氨基酸，其中半胱氮酸等含有硫基成分，而硫基基团是影响稻米品质又一重要因素，也是稻米陈化指标之一。

（2）稻米脂类。包括脂肪和类脂，脂肪由甘油与脂肪酸组成，称为甘油酯。稻米中脂类含量为0.6%～3.9%，主要是亚油酸、油酸、软脂酸、硬脂酸等组成，稻米的脂类含量不仅反映了稻米的营养价值，而且影响米饭可口性，油脂含量越高，米饭光泽越好。米饭香味与米粒所含不饱和脂肪酸有关，但稻米的脂类及脂肪酸与其储藏品质及保鲜和陈化密切相关。

（3）稻米维生素和矿物质元素。稻米所含维生素多属于水溶性的B族维生素，稻米中的维生素以米粒外层含量最高，越靠近米粒中心就越少，因此加工精度越高的大米维生素含量越低。稻米中的矿物质主要存在稻壳、胚和皮层中，通常稻米的灰分含量反映稻米矿物质的总量。

稻米的卫生品质主要是指稻米中残留有毒物含量的高低，主要包括重金属、农药和霉菌毒素含量等。由于储藏条件不妥而造成大米质变，会严重损害消费者的身体健康，具体指标可根据国家粮食生产标准执行《食品安全国家标准 粮食》的规定。污染物限量应符合GB 2762—2017和GB 2715—2016的规定，真菌毒素限量应符合GB 2761—2017的规定，农药残留限量应符合GB 2763—2016的规定。

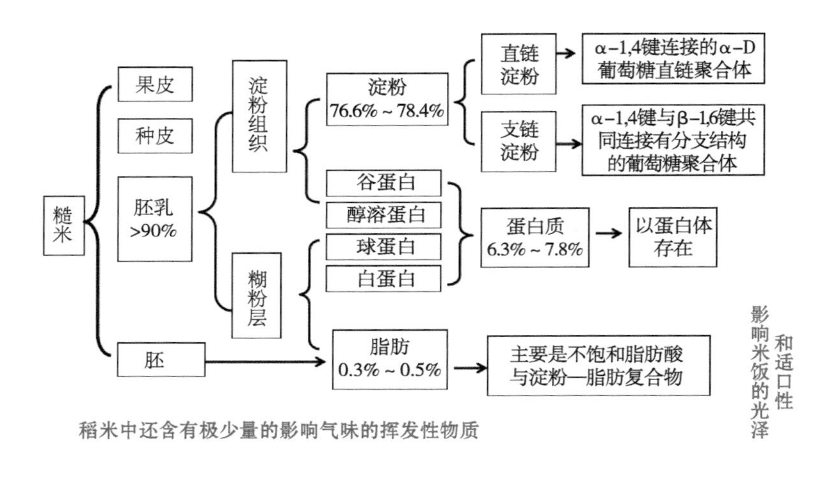

糙米组成成分

★徐庆国.稻米品质及其评价指标（1）[J].湖南农业，1995（2）：15

（编撰人：黎华寿，康智明；审核人：秦俊豪）

61. 稻米品质有哪些基本特征？

稻米品质是指加工品质、外观品质、蒸煮和食用品质以及营养品质4个方面，决定稻米品质优劣主要是品种、生态环境、栽培管理以及收获干燥、储藏加工4个方面的因素。了解消费习惯与市场、品种、环境与栽培因素对稻米品质的影响，对种植和加工水稻并获高产、高效具有重要的意义。从稻米品质的观念来看，稻米的品质有着较强的市场内涵，具体表现为3个方面的基本特征。

（1）时代特征。不同时期、不同生活水平人们对口感的要求也有变化。随着人们生活水平的提高，市场对稻米品质的要求也在发展，表现为可发展性。

（2）区域特征。因生活习性不同，对稻米品质的要求也不同，如泰国注重粒长，日本重点在食味和垩白度，东南亚则要求米胀性好，中东和非洲则需要蒸谷米，我国南方偏爱长粒型的籼稻米和北方偏爱圆粒型的粳稻米。

（3）用途特征。不同的加工用途对稻米品质的要求是不同的，如制粉条、淀粉、味精、啤酒、副食品糕点等对稻米品质的要求与食用大米就不一样，做味精、粉条、米线的大米其直链淀粉含量要高，酿酒米则要求米粒心白率高、蛋白质含量较低，而饲用稻米品质则以蛋白质和维生素含量等的高低作为主要衡量依据。

（编撰人：黎华寿，康智明；审核人：秦俊豪）

62. 如何识别各种米粒形态？

稻米外观品质主要取决于粒形和垩白，其优劣直接影响稻米的商用品质；而垩白性状与粒形密切相关，一般来讲细长籽粒垩白程度低，外观品质好。扬州大学农学院刘巧泉教授研究团队发现控制稻米粒形和外观品质的新基因*GS9*。正常情况下，米粒形状主要由水稻品种基因决定。但栽培与加工过程会造成米粒形状及出米率的变化。

等级高的优质大米有如下特点：一是碎米少，碎米多既影响大米的整齐度和食味，又不利于大米的安全储藏；二是杂质少，大米含杂质高低是其品质优劣的重要标准，因杂质含量高不但影响其食用价值，也将影响人体健康及储藏稳定性；三是腹白小，所谓腹白是指大米掰开后，位于米心位置的白色物质，通常直径为半毫米，腹白小的大米，说明米质较好；四是色泽亮。新米有自然稻香味，色泽鲜艳、光滑，呈乳白色，手摸有凉爽感。

大米的不正常米粒形态主要包含以下几种。

（1）青粒米。由于收割早或倒伏灌浆，抽穗至成熟期光照不足，穗下部枝梗或二次枝梗的籽粒，往往造成籽粒充实不良，糙米的果皮中残留有叶绿素而呈现绿色的米为青粒米。

（2）未熟米粒。灌浆成熟不良、遇冷害、成熟晚、灌浆迟的籽粒未达到成熟程度而形成的乳白米粒，除去死米后称之为未熟米粒。

（3）受害米粒。在灌浆成熟过程中，低温、光照不足、风害、洪水或干旱等外因，造成生理障碍，使米粒变形的，以及灌浆过程中或其后米粒受损伤的都称为受害米粒。

（4）发芽粒与胚腐粒。灌浆成熟后倒伏或遇雨引起穗发芽或胚芽腐烂。这种米粒在碾米时易碎，储藏时易霉变。

（5）整米粒。精选后的糙米中除去未成熟米粒、受害米粒和死米，具有品种固有的形状、色泽且灌浆成熟良好的米粒总称为整米粒。

（6）裂纹米。由于在收获前或在干燥过程中因暴晒或机械烘干，使稻谷骤热骤冷，或遇到骤然吸湿或变干，米粒水分状态不均匀而产生裂纹的米粒。

（7）发酵粒。由于收割后稻谷干燥期间含水分多或在糙米储藏期糙米表面中微生物引起色斑点的病米。

（8）死米。小穗数过多和灌浆成熟不良，或发生倒伏影响正常灌浆时出现粉质、外观不透明、无光泽的米粒。

（编撰人：黎华寿，康智明；审核人：秦俊豪）

63. 为什么要建立无公害优质水稻生产基地?

近年，由于乡村工农业的发展，化肥和农药的大量使用，农业生产环境污染日益严重，致使一些地区生产的稻米污染严重，为确保无公害优质原粮质量，防止污染的稻米进入市场，必须要建立无公害稻米生产基地。其具体理由如下所述。

（1）有利于保证优质无公害原粮质量。因从千家万户农民手中收购来的稻谷，质量无法控制，这也是加工企业产品质量不高和不稳定主要原因。建设自己的稻米生产基地，能根据产品市场对质量的要求，选择需要的优质品种在基地上种植，并实施标准化的生产管理和产后技术，对品种分别收获，就可获得高质量的优质稻谷原料，为加工无公害优质米产品打下基础。

（2）有利于促进种植和品质结构调整。品种结构调整的目的在于发展优质品种、淘汰不合适品种。政府进行适当调控，是很有必要的。而更有效的品种结构调整将由加工企业来完成。企业是市场的主体，熟悉市场的行情，知道需要什么，不需要什么。使千百个稻米加工企业与水稻生产基地关联，建成企业自己的基地，稻作品种结构的调整就可以自然、广泛、持续不断地进行，并为实现区域化规模生产提供可靠的保证。

（3）通过无公害农产品基地建设，促进农业绿色高效创建，有利于农业可持续发展、乡村振兴和生态文明建设。

无公害优质水稻生产基地

★中国江苏网，网址链接：http://jsnews.jschina.com.cn/ha/a/201709/t20170920_1056936.shtml

（编撰人：黎华寿，康智明；审核人：秦俊豪）

64. 建立无公害优质稻米生产基地有什么要求?

无公害稻米生产要符合《无公害农产品种植业产地环境条件》（NY/T 5010—2016）中水田的要求，稻田生产环境空气质量应符合GB 3095—2012中农业区的要求；水稻生产灌溉水质应符合GB 5084—2005、NY/T1752—2009中水质部分的要求；稻田土壤环境质量应符合GB 15618—2018中级的要求。水稻生产还要充分考虑相邻田块和周边环境的潜在影响，稻区应远离污染源如化工、电镀、水泥、工矿等企业，医院、饲养场等场所，污水污染区，废渣、废物、废料堆放区等。基地要避开城市、厂矿、医院和交通要道，可选择在土壤肥沃、生态环境良好、土地成片集中的地区，确保无公害稻米生产环境符合无公害稻米环境标准，土地集中，灌溉方便，抵御自然灾害能力强的稻田，均可选择作为无公害稻米生产基地。按照有关标准，对基地大气环境、灌溉水质、土壤等进行各种污染项目的检测，对符合条件的基地由省一级农业主管部门审查认定通过后，向社会发布作为无公害稻米生产基地。基地必须注重以下要求。

（1）良好的自然生态环境。主要以温、光、水、气、土五大要素适宜无公害优质稻米的生长发育。

（2）良好的生产条件。应选择在水稻主产区，田块成方成片，统一规格，合理布局，建成旱涝保收、高产、优质、高效的农田。

（3）良好的土壤。较高的肥力和良好的土壤结构。

（4）良好的经济与社会条件。包括干部群众有积极性，并有较好的生产技术基础和必需的经济条件。

无公害优质稻米生产基地

★今日头条网，网址链接：https://www.toutiao.com/i6465457761973961230/

（编撰人：黎华寿，康智明；审核人：秦俊豪）

65. 无公害优质稻米生产的农药使用准则是什么？

根据无公害优质稻米的生产要求，对有害生物采取生态防控、综合防治的绿色防控策略，采用合理耕作制度、轮作换茬、种养结合（稻鸭、稻鱼、稻蟹等）、健身栽培等农艺措施，减少有害生物的发生。并优先采用农业防治、生物防治和物理防治等措施控制有害生物的发生和危害，然后才结合使用农药防治。主要方式有：①选用抗病虫的品种。②冬季对冬闲田翻地灭茬，冻死越冬害虫，种前翻地、耙地、整地、水淹，实行播前灭草。③精选种子，淘汰病虫粒，清除作物种子中夹带的杂草种子，用温水、盐水、石灰水浸种。④通过腐熟发酵消灭有机粪肥中的杂草种子。⑤采用培育壮秧、合理稀植、宽窄行、好气灌溉等保健栽培措施，提高水稻群体的抗病虫害能力。⑥创造适宜的生态环境，提供必要的天敌栖息场所，抑制病虫。⑦物理的方法，如用防虫网和机动吸虫机捕杀、驱除害虫，利用频振式杀虫灯和黑光灯诱杀害虫。⑧秧苗返青后至封行前用机械或人工耘田1～2次。必须采用农药防治时，所使用的农药应具备农药登记证、生产许可证和生产批准证，优先使用高效低毒低残留化学农药与生物农药，严格控制农药使用，使用农药应按《农药合理使用准则》（GB/T 8321.10—2018）规定执行，严禁使用高毒有机磷农药。农药的使用必须符合以下原则。

（1）充分利用病虫测报结果，按病虫草害发生程度，建立有效的防治方法。

（2）应用高效、低毒、低残留农药。农药品种选择上坚持低风险、有效性、兼治优先和交替使用原则。选用植物农药、生物农药、高效低毒低残留农药，在农业技术人员的指导下防治病虫草害，尽可能减少农药使用量，提倡生物防治和使用生物生化农药防治。选择对主要防治对象有效的，对生态环境、操作人员和农作物危害小的低风险品种。

（3）使用的农药应“三证”齐全，即农药登记证、农药生产批准证和执行标准证。

（4）每种有机合成农药在水稻的生长期内避免重复使用。

（5）无公害优质稻米生产过程中，应注意按规定管理一些限制使用和禁止使用的农药。

喷雾农药

★中国网，网址链接：http://health.china.com.cn/2014-07/10/content_7051483.htm

（编撰人：黎华寿，康智明；审核人：秦俊豪）

66. 土壤中如果有重金属元素污染怎么办？

土壤污染应该严格按国务院印发的《土壤污染防治行动计划》（简称“土十条”）进行管控。坚持源头控制、治理修复与农业结构调整相结合的原则，综合运用工程（物理、化学）治理、植物修复、农艺调控、风险管控等技术措施，重视受污染农用地的全过程环境监管：①对中轻度污染耕地进行安全利用，由政府有关部门组织制定中轻度污染耕地安全利用方案，经专家论证、审查同意后，报人民政府批准后实施，根据土壤污染状况和农产品超标情况，对中轻度污染耕地集中的重点镇（街道）主要农作物种类、品种、种植习惯等具体情况进行详细调查统计，推广低累积品种替代、水肥调控、土壤调理、生理阻隔等农艺调控措施，阻断或减少重金属进入农作物可食部分，降低农产品重金属超标风险。②对重度污染耕地进行风险管控。制定重度污染耕地种植结构调整或退耕还林计划，将重度污染耕地划出永久基本农田，不适宜特定农产品生产的，依法划定特定农产品禁止生产区域，严禁种植食用农产品。③对受污染耕地进行综合治理与修复，综合采取源头控制、工程（物理、化学）治理、植物修复、农艺调控等措施，降低土壤中重金属含量、活性或者毒性，综合治理与修复后不影响土壤的农业生产功能。

目前，重金属污染土壤可通过物理、化学、生物等技术手段进行修复。其中，物理修复技术是通过物理作用对土壤进行修复的技术，主要有客土法、换土法、深耕翻土法和热力回收法等技术措施。化学修复技术是通过在受污染的土壤中加入适当的化学物质，从而降低重金属污染物对植物生长发育的影响。生物修复技术是一种利用特定植物、动物或者微生物来修复土壤重金属污染的新兴修复措施。部分修复技术如下所述。

（1）翻耕法。对于耕层以下土层中污染物浓度低的，可把污染浓度高的上层土壤翻到下层，而把浓度低的下层土壤翻至上层，以此稀释耕层中污染物的浓度。

（2）客土法或换土法。在现有的污染土上覆盖一层未污染的土壤，以此稀释污染物浓度。或将受污染的土壤挖除至合适深度后，再填入未污染土壤。

（3）施用改良剂。根据不同的污染情况，施用石灰性物质、促进还原的有机物、磷酸盐类物质，提高土壤pH值，利用离子拮抗作用，减少植物对重金属的吸收。

（4）调节土壤氧化还原电位（Eh）。通过淹灌，使土壤呈还原状态，随着土壤温度上升，土壤还原作用增强，生成硫化氢（H_2S），各种重金属转化为硫化物，成为沉淀态。

（5）植物修复。栽种超高富集重金属的非食用植物。通过种植超富集植物来吸收提取土壤重金属污染物的技术。如借助东南景天、龙葵、蜈蚣草、木薯和天绿香等植物对重金属的吸收积累特性，可逐渐降低土壤中的重金属浓度，使受污染土壤得到改良。

污染的土壤

★凤凰网，网址链接：http://news.ifeng.com/gundong/detail_2013_06/13/26349366_0.shtml

（编撰人：黎华寿，康智明；审核人：秦俊豪）

67. 如何减轻稻米重金属污染?

通常，重金属是指原子密度大于5g/cm^{3}的一类金属元素，自然界中大约有40种，主要包括镉（Cd）、铬（Cr）、汞（Hg）、铅（Pb）、铜（Cu）、锌（Zn）、银（Ag）和锡（Sn）。同时，也将类金属砷（As）、硒（Se）和铝（Al）等包括在内。目前，稻米的重金属污染来源主要包括：土壤污染、农药化肥的不合理使用、污水污泥的灌溉、工业“三废”的乱排乱放。鉴于当前重金属污染的“多源”性，对大米重金属污染的防治也应多管齐下。除了从国家层面上加大对工业污染的防治，对遭重金属污染的土壤逐步修复、改造之外，还要在种植环节高度重视和防控农业投入品滥用；在销售环节加强食品安全监管，防止超标食品流入市场。同时我们每个人也应树立环保意识和责任意识，倡导个人环保行为，加强对环境污染行为的监督举报，多措并举才能有效控制大米中重金属的含量。在源头控制基础上，可以通过以下几个方面减轻稻米重金属的污染。

（1）土壤方面。通过控制稻田土壤酸化程度，提高土壤pH值，从而降低土壤中重金属的活性，实现稻米中重金属含量的降低。

（2）灌溉水方面。通过避免工业废水直接用于农田灌溉，防止污染水中的重金属直接进入稻田土壤与植株，实现稻米中重金属含量的降低。

（3）种植管理方面。通过将稻米种植区远离高速公路、工业区等环境空气中重金属尘埃离子较重的区域，避免环境空气的重金属离子进入食物链。

一旦稻田受到不同程度的重金属污染后，应采取相应的治理对策。

（1）通过稻田不同作物的轮作和水稻与超高累积植物间作，达到消减稻米重金属污染和降低土壤重金属的目的。

（2）通过筛选种植低累积水稻品种，达到减少稻米重金属污染的治理目的。

（3）通过间种重金属高富集植株修复稻田重金属污染，达到稻米重金属含量降低的目标。

（4）通过施用土壤调理剂、对某些重金属有强吸收能力的特效菌株或藻株，在水稻生长期特别是其吸收积累重金属关键生育期，降低土壤中重金属的生物有效性，或通过施用硅肥、硫肥、硒肥、铁肥等，减少水稻对重金属的吸收。

（5）通过稻米深加工来达到降低容易富含于稻米皮层的重金属质量。

近年在国家重金属污染治理试验先区湖南长株潭稻区，提出和实践了南方稻田重金属污染治理的“VIP技术”，核心是通过低累积品种（V）的选择使用、土壤pH调控（P）和水分调控（I）使稻米尽量少积累重金属，三者很好配合可使稻米中镉浓度大幅度下降。

重金属低累积水稻品种与水生高累积植物间作修复重金属污染

★汇图网，网址链接：http://www.huitu.com/photo/show/20150817/161330807200.html

（编撰人：黎华寿，康智明；审核人：秦俊豪）

68. 土壤中如果有农药残留怎么办？

土壤中如果有残留农药，可根据农药的污染特性和残留浓度危害，确定是否进行休耕、调整种植结构（非食用或敏感农作物的种植）、边生产边修复，使农药残留降解直到可安全利用土壤。有关土壤中农药等有机污染物的去除，可根据土壤残留污染物的化学组成、土壤的饱和程度和土壤特性、作物类型及其栽培技术等因素，采取相应的技术措施。生产实践中常采用如下修复技术措施。

（1）施用活性炭、生物碳等土壤调理剂，降低污染物的活性或促进污染物降解。例如对磺乐灵或伏草隆等除草剂残留，施用上述调理剂能明显降低其在土壤中的活性。

（2）微生物修复技术。利用微生物的多样性及其代谢易变性，筛选取出高效的针对性强的降解性微生物，进行人工接种来强化污染物的降解。施用农药降解菌或负载降解菌的生物碳等调理剂或肥料，促进土壤中残留的农药降解。

（3）施用大量有机肥、植物残茬、垃圾堆肥和绿肥，减轻残留农药毒性，促进其降解。

（4）利用化学添加剂，改变农药的吸附、吸收、迁移、淋溶、挥发、扩散和降解，以减少农药在土壤中的残留和积累。

（5）植物修复，利用植物在生长过程中，吸收、降解、钝化有机污染物的一种原位处理污染物的方法。

（6）耕翻将植物残茬翻入土壤，使土壤变松、通气，增强水分渗透，促进农药降解。

（7）通过灌溉控制土壤湿度，可为微生物降解农药创造最佳的水气条件。洗除作物根系表面上的除草剂，从而保证其正常生长。

土壤农药残留

★农化招商网，网址链接：http://www.1988.tv/news/102738

（编撰人：黎华寿，康智明；审核人：秦俊豪）

69. 农药污染稻米的原因有哪些？

农民滥用农药造成污染，农药污染稻米影响其质量安全，主要是因为稻田生态系统高温高湿生态条件和长期集约化单一化种植，造成有害生物猖獗，加上绿色稻作、绿色农药的意识和技术滞后的结果，突出表现在整体用药水平较高、农民缺乏对农药残留特性和规律的认识、农药监管制度及标准体系尚不完善等。

农药污染稻米直接原因主要有如下方面。

（1）施药后直接污染。施用农药制剂后，渗透性农药主要黏附在稻谷表面，而内吸性农药则可进入植株体内包括米粒中。这些农药虽然可受到外界环境条件的影响或活体内酶系的作用逐渐被降解消失，但降解速度差别很大。性质稳定的农药降解消失是缓慢的。如0.04%浓度的对硫磷在水稻叶上半衰期为46.2h，甲基对硫磷为27h；在0.1%浓度时二嗪农为111.9h，马拉硫磷为31.1h，对硫磷为46.1h，甲基对硫磷为39.2h。这样使作物在收获时往往还带有微量的农药残留。

（2）作物从污染环境中对农药的吸收。施用农药时，大部分农药散落在土壤中，有些性质稳定的农药如DDT、六六六等在土壤中可残留数十年。一部分农药随空气漂移至很远的地方，或被冲刷至水体中污染水源。在有农药污染的土壤中种植农作物时，残存的农药又可能被水稻等农作物吸收，这也是造成作物被污染的原因之一。

（3）通过食物链与生物富集。农药残留被一些生物摄入或通过其他方式吸入后累积在体内，造成农药的高浓度贮存，再通过食物链转移并逐级富集。畜禽食用稻谷和糠麸会积累农药残留，肉蛋制品连同污染的大米，也都会使进入人体的残留农药增加，从而影响人体健康。

超标使用农药

★东方头条网，网址链接：http://mini.eastday.com/a/160427112842739.html

（编撰人：黎华寿，康智明；审核人：秦俊豪）

70. 为什么要慎重确定水稻的适宜播期?

水稻播种期与各种植区的气候环境、耕作制度、病虫害发生期和水稻品种特性有很大的关联。在水稻生产过程中，应当妥善协调好以上因素，从而达到增产增收的目的。

当地的气候环境对水稻生长影响很大，如果播种时期不当，播种时温度过低会导致苗弱且出苗不齐，极大影响到水稻后期的生长，而水稻在灌浆结实期遇高温，稻米整体品质都会下降，导致食味品质变差。生育后期光照不足或气温过低，会影响到水稻正常抽穗，导致抽穗不齐，空秕粒增加，千粒重降低，最后影响产量。确定水稻适宜播期同时也要考虑到当地的耕作制度，双季稻产区要注意早造与晚造生产时间的衔接，降低劳动强度。

所以，应当在满足耕作制度、温光条件适宜期的条件下，避开灌浆结实期高温或低温天气以及台风、病虫害高发期。合理安排播种期，争取高产与优质同步。

水稻播种

★惠州网，网址链接：http://www.huizhou.cn/gov/polity_xqdt/201404/t20140403_905878.htm

（编撰人：莫钊文；审核人：潘圣刚）

71. 确定适宜播期主要考虑哪些因素?

影响水稻种子播期的因素主要有3个：播种时温度、插秧适期及水稻整个生育期所需积温。

（1）对种子而言，种子能发芽的最低温度是10℃（粳稻）或12℃（籼稻），最适温度为28～30℃，最高温度为40～45℃，播种时温度过低会导致发芽势过低且出苗不整齐，影响后期插秧；而苗期生长的最适温度30～32℃，育秧时温度过低会导致其生长缓慢且苗弱甚至烂秧、死苗。

（2）不同地区和不同的品种会有不同的生育期和插秧适期，再往前推算播种期，比如华南双季稻产区的早造插秧适期为4月初，秧龄为20～25d，则应在3月中旬播种，如果播种时间不当，过晚会导致早晚季种植时间不能正常衔接，不利于全年增收。

（3）对于中晚熟品种，如果播种过晚，不能满足水稻全生育期所需的积温，导致水稻不能正常成熟，最后减产减收。所以在能满足前两个条件的情况下，尽早播种。

秧田播种

★网易，网址链接：http://hebei.news.163.com/14/0419/15/9Q745LUD02790EP9.html

（编撰人：莫钊文；审核人：潘圣刚）

72. 薄膜旱育秧播种期如何确定?

薄膜旱育秧技术能够对秧床小气候进行调控，目前公认为薄膜旱育秧技术能将秧床温度从日均温度10～12℃提高到17～20℃，所以可以比露地育秧提前10～15d播种，以充分利用早期温光条件，但相对最佳的播种期，还是应当根据不同地区的气候条件决定，使得水稻灌浆结实期处于当地最佳的温度和光照条件下，以保证水稻产量与品质。比如北方种植区，该方法有较显著的优势。北方春季温度低，不利于秧苗生长，过晚播种又会使生育期所需积温不足，所以可以在露地育秧的时间节点上提前10～15d进行薄膜旱育秧；南方双季稻早造也可以利用薄膜旱育秧技术提前10～15d播种，以延长收获与晚造插秧的时间间隔，降低劳动强度。

薄膜旱育秧技术

★凤凰网，网址链接：http://wemedia.ifeng.com/55721491/wemedia.shtml

（编撰人：莫钊文；审核人：潘圣刚）

73. 播种前水稻种子需要经过哪些处理？

水稻种子处理主要有清选、晒种、消毒、浸种和催芽等。播种用种子必须保证纯度96%、净度95%以及发芽率90%以上。所以播种前必须对种子进行清选，通过筛选、风选和比重液分选等方式剔除空秕粒、病粒、杂草籽等。晒种能够促进种胚活力和提高酶的活性，增加种皮的透性，增强吸水性，从而提高种子的发芽率和发芽势，并有一定的杀菌作用，晒种一般在播种前1～2d进行。有些病虫害可通过种子传播，所以通过种子消毒来预防作物病虫害也是一个有效措施之一，常用的消毒方法有：1%石灰水浸种，药剂浸种、拌种和种子包衣等方式。种子发芽除了种子本身需具备发芽能力外，还需要一定的温度、水分和空气。浸种指播种前用清水浸泡种子，让种子吸足水分，促进种子萌动。在吸足水分之后，种子萌动露白，在25～35℃进行催芽。

浸种

★豆瓣网，网址链接：https://www.douban.com/note/335892365/

（编撰人：莫钊文；审核人：潘圣刚）

74. 播种前为什么要测定种子发芽率和发芽势？

种子收获后，在储藏过程中，因温度、湿度等环境影响，其生命力会降低，如果不经过检查就播种，可能会因为种子活力弱而导致出苗不齐甚至不出苗，导致秧苗数量不足，极大影响了后期插秧。

发芽势和发芽率是检查种子活力的重要指标，发芽势是指在发芽过程中日发芽种子数达到最高峰时，发芽的种子数占供测样品种子数的百分率，一般以发芽试验规定期限的最初1/3期间内的种子发芽数占供验种子数的百分比为标准。发芽率指测试种子发芽数占测试种子总数的百分比。一般播种要求发芽率90%以上。

合理浸种

★东方头条网，网址链接：http://mini.eastday.com/a/160220123731492.html?btype=listpage&idx=83&ishot=0&subtype=news

（编撰人：莫钊文；审核人：潘圣刚）

75. 如何测定种子发芽率和发芽势？

从检验过净度的水稻种子中，随机数取4组试样：以100粒为一组（100×4），均匀铺在器皿上，器皿底部应提前铺好湿纸。然后置于恒温培养箱中保持在25～35℃，期间视湿纸情况适当加水，一般在3～4d计算发芽势，数取各器皿中发芽的种子粒数，计算公式如下，4组取平均值。

发芽势（%）=固定天数内发芽种子数/器皿内种子总粒数×100

在第7d计算发芽率，数取各器皿中发芽的种子粒数，计算公式如下，4组取平均值。

发芽率（%）=全部发芽种子数/器皿内种子总粒数×100

发芽判定标准为：根长一粒谷，芽长半粒谷。

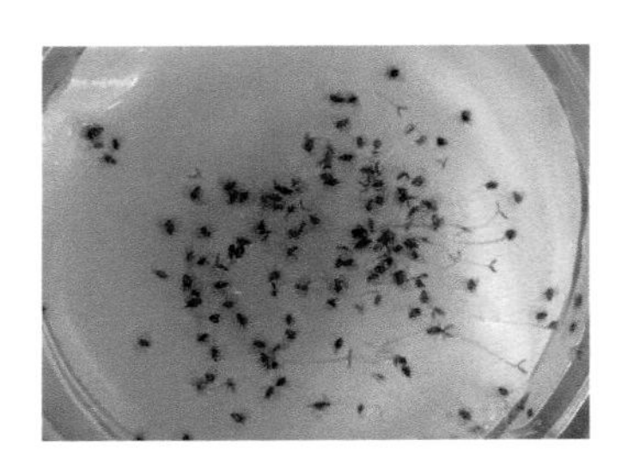

测定种子发芽率

★林业网，网址链接：http://www.forestry.gov.cn/main/443/content-917472.html

（编撰人：莫钊文；审核人：潘圣刚）

76. 播种前为什么要晒种?

晒种指在浸种前将种子薄摊翻晒1～2d，期间翻动使种子干燥程度一致，翻动的时候注意力度防止损伤种子。晒种有很多好处，主要有如下几点。

（1）增加种皮透性，使种子内部可以获得更多的氧气，氧气可以促进种胚内合成赤霉素或将结合态赤霉素释放出来，而α-淀粉酶的形成需要赤霉素的催化，然后降解淀粉供种胚生长，促进发芽。

（2）降低种子内抑制其发芽的物质含量，如稻壳内酯A、香草酸等，提高种子发芽率，加快发芽。

（3）使种子含水量均匀一致，利于后期浸种使种子吸水均匀，出苗整齐。

（4）太阳中紫外线具有杀菌的作用，对种子外壳附着的病菌有一定的杀灭效果。

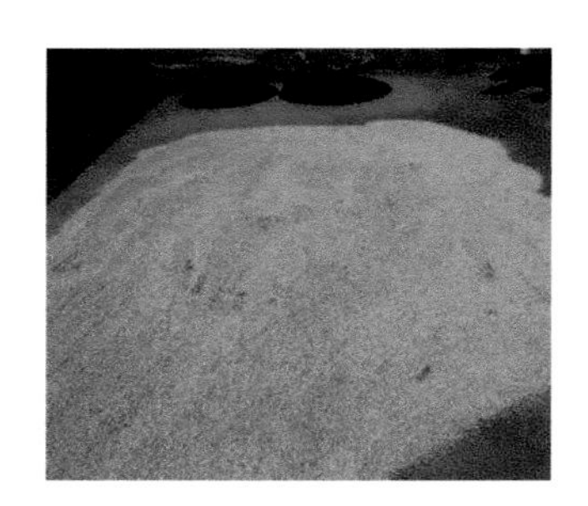

晒种

★搜狐，网址链接：http://www.sohu.com/a/129860611_661067

（编撰人：莫钊文；审核人：潘圣刚）

77. 为什么要精选种子？精选主要采用什么方法？

在水稻分蘖前的三叶期，其生长所需的营养主要由种子胚乳所供应，干瘪不饱满的水稻种子，其胚乳营养不足以支撑三叶期前的正常生长，会导致苗弱。所以种子的饱满程度决定了秧苗的健壮情况。所以必须要精选出饱满粒大的种子才能够培育出健壮的秧苗。同时，在种子收获时混入的草籽和杂质也可以通过精选来剔除。以提高种子质量。

精选主要先通过风选和筛选去除杂质，然后进行溶液选种，通过溶液浓度越高，密度越大的原理，将空瘪粒种子剔除，常用的溶液有黄泥水，配置方法为：将20kg黄泥加入50kg水中，至新鲜鸡蛋放入后露出水面约一个5分钱硬币大小时，即可进行选种。将种子装入网兜或者箩筐内，浸入黄泥水，翻搅种子，将浮起的空瘪粒拂去后，下沉的即为饱满种子。选种后要用清水洗净再浸种。

选种

★世界大学城网，网址链接：http://www.worlduc.com/blog2012.aspx?bid=45334669

（编撰人：莫钊文；审核人：潘圣刚）

78. 水稻催芽前为什么要浸种？浸种应注意什么？

影响水稻种子发芽主要有三大要素：温度、空气、水分。需要适宜的温度、水分和空气才可以使种子产生萌动。种子在收获后为了延长保存时间通常会通过晾晒等方式降低其含水率，此时种子的细胞质处于凝胶状态，代谢微弱。浸种可以让水稻种子在发芽前吸收足够的水分，使细胞质充盈，自由水增多，增强种胚的酶活力，将复杂的不可溶的物质降解成简单的可溶物质，利于细胞利用。同时种皮透性增加，氧气可以随水分进入种胚，增强其呼吸作用，恢复各类酶的活力，利于营养物质向种胚转运，保证种胚的生长发育。所以浸种是种子播种前的一个必要环节。

浸种时要把握好浸种时间，浸种前和浸种过程中必须洗净种子，更换清水，不及时更换会导致种子发酵发臭，进行无氧呼吸作用，不利于出芽。浸种时间不能过短，过短会导致种子吸水不足，播种后发芽率低；也不能过长，过长会导致吸水过度使养分外溢，播后易烂种。

浸种催芽

★中国农业信息网，网址链接：http://www.agri.cn/province/hunan/dsxxlb/201503/t20150327_4460446.htm

（编撰人：莫钊文；审核人：潘圣刚）

79. 怎样把握浸种时间和标准？

水稻在吸足自重25%的水分时就可以开始萌动。水稻浸种的时间与品种有关，同时与浸种时气温也密切相关，一般粳稻浸种时间要比籼稻长1d，浸种时间随气温升高而减少，水稻浸种在25℃以上时，只需要1d即可，在20℃以下时，则需要2～3d，才能达到吸足水分的标准。判断种子吸足水分的主要标志有：种子种壳变得半透明，同时颜色相对浸种前较深。种胚部分膨大，胚乳变软，种粒较浸种前易折断且无脆响，用手搓开后，胚乳呈粉状，无白色大颗粒。

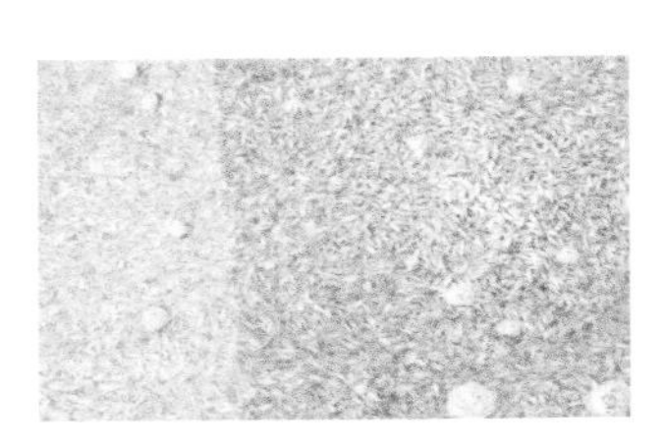

浸种

★世界大学城网，网址链接：http://www.worlduc.com/blog2012.aspx?bid=45334669

（编撰人：莫钊文；审核人：潘圣刚）

80. 浸种时为什么要加药剂消毒？

有些作物的病虫害可以通过种子传播给下一代，比如说水稻的恶苗病、白叶枯病、干尖线虫病等。通过浸种时添加药剂进行消毒杀菌，可以杀死附着在种子表面和种壳上的大部分病菌和线虫卵。该方法简单易行，而且是防治水稻生长初期病虫害的有效措施之一，同时可以配合浸种进行。

药剂消毒

★世界大学城网，网址链接：http://www.worlduc.com/blog2012.aspx?bid=45334669

（编撰人：莫钊文；审核人：潘圣刚）

81. 生产上常用的种子消毒方法主要有哪些?

（1）1%的石灰水浸种。熟石灰加水之后，会在水层表面形成一层碳酸钙薄膜，这层薄膜可以隔绝外界空气与浸在水中的种子，使得种子表面的病菌窒息而死。但浸种期间不可搅动，以防薄膜破裂后空气进入。

（2）药剂浸种。生产上可用于浸种消毒的药剂有很多，常见的主要有：福尔马林、农用链霉素、三环唑和一些科研单位研发的专用浸种剂。用福尔马林稀释50倍液后浸种3h，可有效杀死病菌，对水稻稻瘟病和恶苗病有很好的防治效果；农用链霉素则用150mg/kg的浓度浸种1d即可达到消毒的目的；三环唑的使用方法是将75%的可湿性粉剂配成500倍的溶液浸种2d；专用浸种剂在包装袋上会标注有各自的使用方法。药剂浸种时应当严格注意浓度，过低不能达到浸种效果，过高则会伤害到种子。导致出苗率下降。

药剂浸种

★世界大学城网，网址链接：http://www.worlduc.com/blog2012.aspx?bid=45334669

（编撰人：莫钊文；审核人：潘圣刚）

82. 为什么要提倡催芽？催芽时要注意哪些问题？

水稻催芽指的是在播种之前通过人为的控制温湿度来促进种子发芽的一个过程，一般是在浸种之后进行。在单季稻种植区和华南双季稻区早稻播种时，由于气温不高，相对于播种后的条件，人为控制的催芽小环境更加利于种子芽的生长和伸长，使种子快速发芽，并且能让休眠芽加快发育，使芽更加整齐，同时经催芽后的芽谷颜色鲜白，芽的质量更好，芽更壮，更利于播种后扎根和成苗。

催芽的时候主要需要注意温湿度的控制，正常催芽温度以30～32℃为宜，温度过低时，芽不整齐，达不到催芽的目的；温度过高，超过40℃以后，则会导致高温烧苗，极大地抑制种子的芽和根的生长，甚至直接死亡。由于种子呼吸会产生大量的热量，所以在种子破胸后需要翻动种子，发芽会更均匀，同时注意适当补水，补水时尽量不要让种子淹水，淹水后会导致种子缺氧，不能正常发芽生长。

催芽

★安仁新闻网，网址链接：http://www.anren.gov.cn/Info.aspx?Id=33553&ModelId=1

（编撰人：莫钊文；审核人：潘圣刚）

83. 催好芽的关键技术是什么？

根据大量的试验和现实论证表明，水稻种子在潮湿和阴冷的环境下更容易长芽，在较为干燥和温热的条件下更利于长根。所以如何催出好的芽谷，关键就在于催芽过程中对温湿度的控制。

水稻催芽主要分为两个阶段，第一阶段是高温破胸，在浸种之后，将种子置于50℃左右的温水中浸泡3～4min，再放入避风保温处盖上一层湿布，达到保温保湿的效果，一般籼稻10h后，粳稻20h后可破胸。在破胸之后进入第二个阶段，在适温下催芽，在种子破胸之后，由于种子呼吸作用加强，温度会上升。这时要控制好温度，用手插入种子堆内感受温度，通过翻动、淋水和摊开等方式来降温，使种子一直保持在25～30℃，如果翻动后表面种子比较干燥要适当喷水。当种子达到发芽标准即“芽长半粒谷，根长一粒谷”之后，需要在室温下进行摊晾，使种子适应播种时的温度。

室内催芽

★世界大学城网，网址链接：http://www.worlduc.com/blog2012.aspx?bid=45334659

（编撰人：莫钊文；审核人：潘圣刚）

84. 水稻催芽的方法主要有哪几种？各有哪些优缺点？

水稻催芽的时候要保持适当的温湿度，为了满足该条件，也开发出了比较多的催芽方法，比如：催芽机催芽、火土催芽法、温室蒸汽快速催芽法、塑料棚催芽法等。催芽机催芽的优点主要是可以创造一个很稳定的催芽环境，湿度与温度都可以精确地控制，再结合现代发展迅速的智能化控制技术，极大地减轻了人力负担，操作简便，催芽时间短；但是前期购买设备成本和后期维护投入较大，不适用于小农户使用，大农户和农场可以采用这种方法。火土催芽法比较适用于种粮少的小农户，成本低，经济实惠。但是对温度的控制全靠人自己去感受和调节，不及时翻种会导致种子受热不匀，播种后出苗就不齐。塑料棚催芽法较简单，一般结合大堆催芽的方式来升温，但是种子升温速度比较慢，发芽时间长且不齐。所以要靠人工翻动和浇水来控制适宜温湿度，比较适合在种植面积大且条件一般的农村推广。

自动浇水

★世界大学城网，网址链接：http://www.worlduc.com/blog2012.aspx?bid=45334659

（编撰人：莫钊文；审核人：潘圣刚）

85. 催芽时如果产生酒糟味怎么办?

在催芽过程中由于操作不当或者未及时翻动种子会导致种子产生酒糟味。主要发生在种子破胸后，如果未及时翻动，种子堆不能散热通气，导致胚芽进行无氧呼吸，发酵产生酒精，积累过多的酒精就会产生酒糟味。同时还会导致种子中毒，生长被抑制。同时因为不能及时散热还会导致高温烧芽，胚芽内酶部分失活，发芽很慢且不整齐，甚至不能发芽。已经发芽的种子的芽尖和根尖明显发黄，种子质量下降。

所以在种子催芽的过程中要时常检查一下种子的状态，一旦过热就要翻动种子。如果已发现产生酒糟味，应及时用清水涮洗，然后摊晾同时洒水降温，等多余水分晾净后重新堆起进行催芽，可以保证大部分种子能顺利出芽。

合理催芽

★世界大学城网，网址链接：http://www.worlduc.com/blog2012.aspx?bid=45334659

（编撰人：莫钊文；审核人：潘圣刚）

86. 早晚稻育秧的最佳时间是什么?

早稻是生育期较短、成熟季节较早的类型。从纬度上看，我国的水稻南起海南三亚（北纬18°），北至黑龙江黑河（北纬52°），如此广泛的纬度分布，造成水稻对温度和光照反应的多样性变异。早稻的感光性极弱或不感光，只要温度条件满足其生长发育，无论在长日照或短日照条件下均能完成由营养生长到生殖生长的转换。华南及长江流域稻区双季稻中的第一季以及华北、东北和西北高纬度的一季粳稻都属于早稻。早籼稻的生长期90～125d，一般1—4月播种，4月中旬长江中下游地区早籼稻栽插全面开始，7月中下旬进入大面积收割阶段。晚稻为生育期较长，成熟季节较迟的类型。晚稻对日照长度极为敏感，无论早播或迟播，都要经9—10月秋季短日照条件的诱导才能抽穗。晚稻的生长期为150～180d，7—8月播种，11月上旬收获。

（编撰人：苏金煌；审核人：郭涛）

87. 育秧一般有哪几种方法?

根据灌溉水的管理方式不同，水稻育秧方式有水育秧、湿润育秧、旱育秧以及塑料薄膜保温育秧、两段育秧、塑料软盘育秧等多种形式。

水育秧是指整个育秧期间，秧田以淹水管理为主的育秧方式。这种育秧方式常有坏种烂芽、出苗和成苗率较低、秧苗细长不壮、分蘖弱等弊端，是我国稻区采用的传统方法，现在生产上已不提倡采用。

湿润育秧，也叫半旱秧田育秧，是介于水育秧和旱育秧之间的一种育秧方法，是水整地、水作床，湿润播种，扎根立苗前秧田保持湿润通气以利根系，扎根立苗后根据秧田缺水情况，间歇灌水，以湿润为主。该育秧方式容易调节土壤中水气矛盾，播后出苗快，出苗整齐，不易发生生理性立枯病，有利于促进出苗扎根，防止烂芽死苗，也能较好地通过水分管理来促进和控制秧苗生长，已成为替代水育秧的基本育秧方法。

塑料薄膜保温育秧是在湿润育秧的基础上，播种后于厢面加盖一层薄膜，多为低拱架覆盖。这种育秧方式有利于保温、保湿、增温，可适时早播，防止烂芽、烂秧，提高成秧率，对早春播种预防低温冷害来说十分必要。

旱育秧是整个育秧过程中，只保持土壤湿润，不保持水层的育秧方法。即将水稻种子播种在肥沃、松软、深厚的、呈海绵状的旱地苗床上，不建立水层，采用适量浇水，培育水稻秧苗。旱育秧操作方便，省工省时，不浪费水资源。但没有保温、保湿覆盖物时，常因水分短缺而出苗不齐，且易生立枯病和受鼠雀为害。通过采取增盖薄膜、药剂防治立枯病等措施，保温旱育秧方式已成为寒冷地区和双季早稻培育壮秧、抗寒、抗旱、节水的重要育秧方法。

两段育秧就是将整个育秧过程分两段进行的一种育秧方法。第一阶段是采用密播旱育秧或湿润育秧方法培育3～4叶的小秧苗，第二阶段是寄秧阶段，将小秧苗带土或不带土按一定密度寄栽到经过耕耙施肥的寄秧田中，待培育成多个分蘖的大壮秧苗后，再移栽到大田。这是一种适用于多茬口迟栽秧的育秧技术。其主要优点是成秧率高、用种量少、早发性强，可调节茬口矛盾。尤其适用于麦茬迟栽中稻、双季连作晚稻和杂交稻制种时生育期较长的父本秧。两段育秧可解决早播与迟栽的矛盾，提早出穗期，以避开花期高温或灌浆期低温等不利影响。

塑料软盘育秧是在旱育秧床或水田秧床（以旱育秧床操作、管理方便）基础上，利用塑料软盘，通过人工分穴点播、种土混播或播种器播种进行育秧的方式。这种育秧方式能提高秧本田比例、降低育秧成本、管理方便，秧苗素质好，苗期不易发病。育出的秧苗可以手工栽插，更利于抛栽。

塑料软盘育秧

★慧聪网，网址链接：https://b2b.hc360.com/supplyself/82812268256.html

（编撰人：苏金煌；审核人：郭涛）

88. 秧田整地的标准要求有哪些？

选择地势平坦，背风向阳，排水良好，水源方便，土质疏松肥沃的中性、偏酸性园田地作育苗田，秧田与大田比为1：20。秧田长期固定，连年培肥，消灭杂草。纯水田地区，可采用高于田面50cm的高台育苗；苏达盐碱土地区，育苗床应设隔离层。采用旱耕水耥，边分厢边耥平，厢宽1.5cm左右，沟宽0.3cm，沟深0.2cm。平整秧厢后，将沟内的稀泥弄到厢面上，施复合肥，将泥浆与肥料混匀，秧厢保留半沟水。此种半旱式秧田土壤通气性强，有利于秧苗根系生长和育成壮秧。

秧田

★汇图网，网址链接：http://www.huitu.com/photo/show/20140601/211313602182.html

（编撰人：苏金煌；审核人：郭涛）

89. 大田育秧的流程与基本要求是什么？

（1）确定播种期、播种量及秧龄。播种量与育秧季节温度高低、秧龄、品种类型有关；秧龄短的中、小苗播种量可稍大，长龄大苗秧必须减少；常规稻播种量大于杂交水稻；大田与秧田比（10～15）：1。

（2）种子处理与催芽。早稻种子在浸种前3～5d进行晒种1～2d，浸种时先用泥水或盐水选种，用强氯精500倍液浸种消毒8～12h，洗净后再浸种20～40h，待种子吃透水后（40%含水量），洗净、沥干、温水（50～55℃）预处理10min左右，沥干、立即保温进行催芽。

（3）秧田整地与施肥。

（4）播种盖膜。杂交早稻播种量每公顷225kg，常规稻早稻每公顷600～750kg，均匀播种，播后用木板将谷种轻压入泥，可撒一层糠灰或细土覆盖。早稻播后要盖膜保温，厢沟保持浅水。

（5）秧田管理。可分为3个阶段：密封期（播种至一叶期，又称为芽期，密封保温为主，调水供氧，扎根立苗，此时期保持厢沟有水，厢面湿润通气，即使遇上强寒潮亦不要灌水上厢面）、炼苗期（一叶一心至二叶一心期，膜内温度应保持26～32℃，高于32℃要及时揭膜通风炼苗，通风时必须灌浅水上厢面，以避免因高温失水死苗）、撤膜期（三叶期至移栽期，秧苗通过5～6d的通风炼苗，叶龄达到3.1叶以上，以日平均温度稳定通过15℃，最低温度在10℃以上时，先灌3～5cm深的水后撤膜。移栽前5～7d施送嫁肥）。

（编撰人：苏金煌；审核人：郭涛）

90. 机械化育秧的流程与基本要求是什么？

（1）育秧前期准备。床土准备、种子准备，同大田育秧，但机械播种的种子“破胸露白”即可；苗床准备，选择排灌、运秧方便，便于管理的田块作秧田（或大棚苗床），按照秧田与大田1∶100左右的比例备足秧田。苗床规格为畦面宽约140cm、秧沟宽约25cm、深约15cm，四周沟宽约30cm、深约25cm，苗床板面达到“实、平、光、直”。

（2）播种。（采用机械或半机械播种方法）铺放育秧载体—装床土—洒水—播种—覆土。要求播种准确、均匀，不重不漏；覆土厚度0.3～0.5cm，以不见芽谷为宜。

（3）覆膜。根据当地气候条件，搭拱棚或覆盖农膜后加盖稻草进行控温育秧；秧苗要求：苗齐苗匀，根系盘结牢固，提起不散。常规稻平均每平方厘米有苗1.7～3.0株；杂交稻平均每平方厘米有苗1.2～2.5株。机插前，提前2～3d脱水晒板，秧块表层土壤湿度以手指下压稍微起窝为宜。

机械播种

★湛江新闻网，网址链接：http://szb.gdzjdaily.com.cn/zjwb/html/2018-04/25/content_2095652.htm

（编撰人：苏金煌；审核人：郭涛）

91. 常用的育秧方式主要有哪几种？各有什么优缺点？

生产上常用的育秧方式主要有：水育秧、湿润育秧、旱育秧、塑料薄膜育秧等几种方式。这些育秧方式简介和优缺点如下。

（1）水育秧是华南、华中农村地区极为常见的一种育秧方式，在育秧的整个过程中，秧床都是在淹水状态下。这样的育秧方式比较简单方便，但是由于长期处于淹水状态，部分种子不能发芽，秧苗会很细长且容易烂根，导致出苗率和成苗率下降。

（2）湿润育秧的主要特点是秧田整地之后排水，开沟分厢，湿润播种，扎根立苗之前间歇性灌水，保持土壤湿润但不积水。这种育秧方法播种后出苗较快较整齐，同时根部能接触到氧气，不至于烂根，通过水分管理，可以控制秧苗的生长，比较容易育出壮秧。

（3）旱育秧的秧床在不淹水的状态下进行翻整地，秧床应当选在肥沃、质地松软且深厚的田块。整个育秧过程中，采用适量浇水的方式，保持土壤湿润即可。在育秧前，通过施用秸秆、堆沤后的厩肥来保持秧床的肥力，苗期一般不追肥。这样的秧床肥力足，保温性好，同时未完全腐烂的秸秆还能保持土壤的通透性，育出来的秧苗根系素质好，白根多，容易育出壮秧，同时兼有保温节水的作用，是华南双季稻区早稻和寒冷地区培育壮秧的一种重要方法。

（4）塑料薄膜育秧技术是在湿润育秧基础上改进后的一种育秧技术，相对湿润育秧，薄膜育秧能够对秧床小气候进行调控，可以将播种期提前15d左右，同时可以防止烂芽、烂秧，对于提高成苗率和壮秧比例有很大的促进作用。

（编撰人：莫钊文；审核人：潘圣刚）

92. 湿润育秧有哪些技术要点?

在育秧之前，应当选用向阳，便于排水，土壤松软且肥力高的田块作为秧床。在未灌水的情况下进行整地做床，然后灌水泡软泥土，将秧床整平，使秧床最后处于上松下平的状态，通透性好，利于根系生长。整地时可以同时施入底肥，通常以农家肥为主。整平后做沟排水。

播种前应当将水排净，保证播种时不能有积水，播种要按照每厢地的大小来确定播量，播种时注意撒播均匀。播种后在表面撒施一层谷壳或者牛粪来保温，保证种子发芽时的温度。

在播种后的管理期间，厢面不能有积水，土壤湿润即可，秧苗在二叶期至三叶期期间，可以进行间歇性浅灌。三叶期后，秧苗对水分需求较大，可以保持浅水灌溉至移栽，但是水层不能高过心叶。

秧田的追肥主要可以分为两次，第一次俗称“断奶肥”，水稻在三叶期前主要通过胚乳进行供给养分。但是部分物质在一叶一心期已经消耗完毕，所以在一叶一心后要追施肥料，主要以氮素为主。第二次施肥称为“起身肥”，在移栽前的7d左右施用尿素。

间歇性浅灌

★人民网，网址链接：http://ah.people.com.cn/n/2015/0602/c364063-25095613.html

（编撰人：莫钊文；审核人：潘圣刚）

93. 薄膜保温湿润育秧与湿润育秧有何不同?

塑料保温湿润育秧是在湿润育秧的基础上改进后的一种育秧方式，与传统湿润育秧方式相比较，薄膜保温湿润育秧方式有以下不同点。

（1）从播种到一叶一心期，用塑料薄膜将秧床严密封闭，营造一个温湿度比较高的小气候，更利于种子出苗扎根，如果膜内温度高于35℃则应该适当揭开薄膜，通风降温。

（2）在秧苗长到一叶一心期后，要把温度控制在25～30℃，主要是多加长揭膜通风的时间，在保证其生长速度的同时还要保持其能够适应稳健生长，以利于后期移栽能适应外界环境。

（3）待秧苗长到三叶期，秧苗经过一定时间锻炼，能够适应外界环境后可以完全揭膜，然后灌水，后期与湿润育秧同步。

薄膜保温湿润育秧

★中国农业网，网址链接：http://jiuban.moa.gov.cn/fwllm/qgxxlb/hunan/201303/t20130318_3311470.htm

（编撰人：莫钊文；审核人：潘圣刚）

94. 选择旱育秧苗床应坚持哪些原则？

一般来说旱育秧秧床每年都是固定使用的，一开始选定田块后，经使用后逐年改良土壤，作为永久育秧基地。所以在开始选用时应当谨慎选择，主要需要考虑到以下几点。

（1）因为旱育秧还是需要一定量的水分进行浇灌，所以宜尽量靠近水源。同时为了后期移栽方便，最好能够靠近大田。

（2）秧苗的生长需要充足的阳光和温度，所以选址时应当避开背阴多风处，尽量选择向阳地。

（3）旱育秧对于水分的控制比较严格，所以要选择易于排水、湿润的地块，同时为了减轻前期施肥和后期管理的工作量，在满足以上条件下选择土壤肥沃、杂草少、病虫害和鸟鼠害轻微的田块。

旱育秧

★犍为新闻网，网址链接：http://qw.Leshan.cn/Item/10665.aspx

（编撰人：莫钊文；审核人：潘圣刚）

95. 如何确定旱育秧苗床面积?

在实际生产过程中应当根据实际用种量和减少浪费的原则来确定秧床的面积。秧床过小会导致后期移栽秧苗不足，播种密度过大，育出来的秧苗矮小发黄。秧床面积过大会导致耕地浪费，同时增加了培肥的工作量。

秧床面积应该根据大田种植面积来确定，两者之间的比例要考虑到以下几个因素：移栽时秧龄、品种特性和移栽需要的基本苗数，根据移栽秧龄来看，秧床大田比为1：20至1：50不等，一般大苗移栽大于1：20小于1：30，小苗移栽大于1：40小于1：50，中苗介于两者之间。根据往年育秧经验，如果在育秧过程中容易遇到雨水天气，秧苗生长加速，后期生长则会稍显乏力，秧苗羸弱。此时可以适当提高比例，来保证壮秧的基本苗数。

（编撰人：莫钊文；审核人：潘圣刚）

96. 旱育秧苗床质量和普通秧田有何区别?

旱育秧与常规的普通育秧相比，秧床的区别主要体现在以下几个方面：旱育秧秧床更为肥沃，经过改良后的秧床土壤，土壤养分更为充足，各元素含量更为平衡，主要是因为干旱条件下，土壤的养分不容易流动，所以需要更齐全的养分来保证秧苗的基本生长，同时在干旱条件下，氮元素主要以硝态氮形式供应给秧苗吸收，而硝态氮的消耗量较铵态氮的大得多，所以旱育秧需要更多的底肥进行施用。旱育秧的土壤相对比较疏松，主要是为了根系的生长和保墒，疏松的苗床松软呈海绵状。在前期培肥的时候，通过施用足量充分腐熟的秸秆或者其他高纤维的农家肥来达到疏松土壤的目的。保证土壤疏松的同时还要保证土壤足够深厚，利于种子扎根以及伸展。

（编撰人：莫钊文；审核人：潘圣刚）

97. 旱育秧苗床培肥和常规湿润育秧的秧田培肥主要有哪些不同?

旱育秧与常规湿润育秧相比，在水分管理上有很大的区别，而在节水的同时要保证秧苗的生长需求，旱育秧的培肥与常规湿润育秧的相比，有以下几点不同。

（1）旱育秧的用肥量要大于常规湿润育秧，因为土壤干旱的条件下，土壤中主要以硝态氮的形式向秧苗供应氮素，而硝态氮消耗量比铵态氮要大，所以需要更多的肥料来保证氮素供应。

（2）旱育秧的培肥时间要早一些，旱育秧秧床一般在秋收之后就要开始准备下一季育秧秧床的培肥，而常规湿润育秧则是在春季播种前一定时间才进行翻耕培肥。

（3）两种育秧方法的肥料种类有所区别，旱育秧底肥主要以有机农家肥为主，后期有机无机相结合进行施肥。因为旱育秧土壤肥料流动性不强，这样能保证肥料持久生效且均衡，同时能保证土壤质地疏松。常规湿润育秧则主要是无机肥为主，注重速效，对土壤质地无改良作用。

旱育秧苗床培肥

★大理州农业信息网，网址链接：http://www.dlnjagri.gov.cn/dl/news698/20110324/834395.shtml

（编撰人：莫钊文；审核人：潘圣刚）

98. 旱育秧苗床土壤环境要达到什么标准？

旱育秧对土壤的要求比较高，经过大量的实践和论证，旱育秧土壤环境的标准主要如下：土壤孔隙度约为75%；有机质含量应大于3%；pH值呈弱酸性，为5.0 ± 0.5；秧床疏松土壤的厚度起码要达到20cm；土壤的容重在0.9g/cm^{3}左右。以上标准暂时还不能通过简单的方式来进行判断。简易的判断方式可以通过手感受土壤，捏后能呈团状，松手不散，抛下后能散落。

旱育秧苗床土壤

★凤凰网，网址链接：http://wemedia.ifeng.com/56110628/wemedia.shtml

（编撰人：莫钊文；审核人：潘圣刚）

99. 旱育秧苗床培肥的技术要点是什么?

目前生产上对于旱育秧的培肥一般从秋季作物收获后就开始进行，通过3次培肥，将秧床土壤改良到松软、肥沃的标准。

第一次培肥，一般在秋收后或者冬闲时进行，以施用有机肥为主，使用后与土壤翻拌均匀，如果纤维含量较高的有机肥，如玉米秸秆等，还可以同步施入尿素以利于纤维被微生物分解。然后加一层覆盖物达到保温保湿的目的，促进其腐熟。

第二次培肥，一般在春季进行，此时必须要施入经过堆沤充分腐熟后的有机农家肥。至少要保证在播种前能够充分腐烂，将有机肥施入后充分拌匀，同时将大团状的土块和有机肥敲碎或者清除。

第三次培肥，一般是在播种之前，这次施肥以无机肥为主，主要是为了补充土壤内的氮磷钾含量，保证土壤能在短时间内提供足量的营养元素供应秧苗生长，一般第三次培肥在播种前15d，如果时间过晚导致肥料不能被土壤及时吸收，会导致烧芽死苗。施肥之后，还是要将肥料与土壤充分拌匀。

旱育秧苗床培肥

★吾谷网，网址链接：http://news.wugu.com.cn/article/735662.html

（编撰人：莫钊文；审核人：潘圣刚）

100. 旱育秧苗床床土为什么要进行调酸和消毒?

科学研究表明，水稻是一种喜弱酸性的作物，其根系生长的最适pH值在5.0左右，同时与中性或弱碱性土壤相比，弱酸性的土壤更利于水稻所需的微量元素的释放，更利于土壤内有益微生物的生长，从而利于秧苗的生长。弱酸性的土壤对立枯病和青枯病的病菌也有一定的抑制作用，可以降低秧苗发病的几率。如果土壤pH值偏中性或者偏碱性，就要对土壤进行调酸。可以通过施用硫黄粉和生理酸性肥料来调节土壤的酸碱度。

水稻的很多病害都可能会通过土壤来进行传播，为了避免病秧病苗的产生，对秧床进行消毒是有很必要的，生产上常用稀释1 000倍液的敌克松进行喷施消毒。消毒与调酸可以同时进行。

秧床

★土流网，网址链接：https://www.tuliu.com/read-53706.html

（编撰人：莫钊文；审核人：潘圣刚）

101. 如何应用多效唑培育旱育壮秧？

多效唑是在20世纪80年代研制而成的一种植物生长调节剂。对植物具有延缓纵向生长，增强横向生长的作用，利于分蘖的产生。对于茎秆变粗，植物矮化有很重要的作用；在生理层面，多效唑能够提高植物内核酸、叶绿素和蛋白质的含量，增强酶的活性，更利于代谢。多效唑主要是通过作物根系进行吸收。所以对于秧苗来说，施用多效唑可以调整秧苗的株型，提高秧苗茎秆强度，增强抗逆能力。市面上销售的制剂一般为25%的乳油或者15%的可湿性粉剂。

水稻旱育秧的过程中，可以在秧苗的一叶一心期喷施浓度为0.01%～0.03%的多效唑溶液，每亩大概用量为100kg，施药期间注意天气，如果处于多雨时节，最好配置最大浓度来喷施。喷洒时注意要均匀，同时尽量使药液落于秧床土壤上，利于根系的吸收。在喷施之后切忌过度施用氮肥，这样会降低药效。

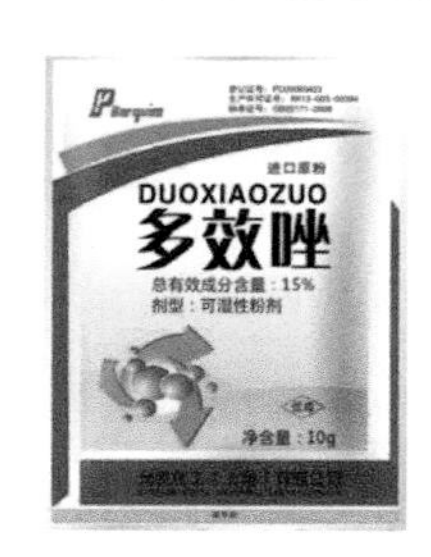

多效唑

★农化招商网，网址链接：http://www.1988.tv/pro/588882.html

（编撰人：莫钊文；审核人：潘圣刚）

102. 什么叫水稻壮秧剂?

水稻壮秧剂的全称叫做水稻壮秧营养剂，是在水稻育苗土壤调制剂的基础上经过多方面的改进而研制出的新制剂。外观上看呈固态粉末状，为了调整土壤pH值，壮秧剂一般为酸性，其基础由硫酸、腐殖酸和全价肥料构成，同时还加入了杀菌剂、矮壮素和生根剂等，起到消毒杀菌和促进植物生长，培育壮秧的作用。施用一次就可以达到改良土壤酸碱度，杀菌消毒和提供营养的作用，极大简化了育秧的管理过程。壮秧剂成品一般为2.5kg一包，一包一般可以满足18m^{2}的秧床施用。

水稻壮秧剂

★农化招商网，网址链接：http://www.3456.tv/chanpin/748527.html

（编撰人：莫钊文；审核人：潘圣刚）

103. 施用壮秧剂应注意哪些问题?

壮秧剂本身虽为酸性，但是对于偏碱性土壤的酸碱度调节能力不足，所以在此类土壤上使用时，要配合其他调酸的措施一起进行，比如施用硫黄粉等方法，保证秧床的土壤pH值保持在5.0左右。同时由于壮秧剂本身没有除草剂的成分，所以尽量在草害不严重的地方建立秧床，同时配合除草剂进行化学除草。

施用壮秧剂的剂量要严格按照包装上的使用说明来进行配置，如果施用过多可能会导致秧苗过矮等不良现象产生，这时候就需要灌水保持土壤湿润，降低药效。如果施用太少则达不到壮秧的目的，秧苗容易受病菌感染，出现青枯、黄枯等症状，此时可以通过补施壮秧剂来缓解症状。

壮秧剂虽然含有全价肥料，但是在秧苗生长后期，对于肥料的需求量大大提高，所以在育苗后期可以适当补充氮肥来满足秧苗对肥料的需求。

壮秧剂本身是一种低毒的药剂，在使用时要避免接触眼睛和口腔。

（编撰人：莫钊文；审核人：潘圣刚）

104. 软盘育秧的秧盘如何准备?

软盘育秧在育秧前需要根据播种量和耕种面积来确定秧盘的数量，同时根据对移栽秧龄的需求来选用秧盘规格。农村高寒山区、双季稻区的早稻以及机插秧用秧苗主要以培育三叶一心和中小苗为主，可选用561孔的秧盘。进行抛秧的一季稻区和双季稻的晚稻主要移栽五叶至六叶一心的大、中苗，可选用434孔的秧盘育秧。每亩大田所需要的秧盘数量由移栽时穴数和秧盘孔数决定。其关系如下：每亩用育秧盘数量=每公顷移栽穴数×（1+空穴率）/秧盘孔数。目前空穴率在10%左右。对于机插秧而言，一般每亩35～40个秧盘就可满足移栽需求。

秧盘

★农机360网，网址链接：http://www.nongji360.com/company/shop2/product_359173_455470.shtml

（编撰人：莫钊文；审核人：潘圣刚）

105. 软盘育秧的播种期和播种量如何确定?

软盘育秧的播种期决定了后期移栽的时间和成熟的时间，所以要根据品种的特性、前后茬口衔接和移栽秧龄来确定。播种期过早或者过晚，都不利于高产增收。播种过早的话会导致早稻秧苗受冷害的几率增加，移栽后扎根慢，容易造成死苗烂苗。播种过晚，双季稻区前后茬口时间上会有所冲突，不能完美衔接，特别是双晚熟品种，前茬移栽过晚会导致后茬生长期延后，抽穗期遇到寒潮等恶劣天气的几率大大增加，极可能造成减产甚至绝收。长江中下游只种一季稻的地区，配合薄膜保温湿润育秧技术，可以在3月下旬后开始播种，华南双季稻区早稻可在3月中旬开始播种，长至三叶一心时即可开始移栽，秧龄大概25d。

播种量要根据每穴株数、种植品种的发芽成苗率和千粒重来确定，杂交稻分蘖能力较强，每穴株数可以适当减少，为2～3粒，常规稻分蘖能力相对较弱，为了保证基本苗数，可以适当多播2～3粒。

软盘育秧

★咸宁新闻网，网址链接：http://www.xnnews.com.cn/news/tpxw_1038/201105/t20110514_213677.htm

（编撰人：莫钊文；审核人：潘圣刚）

106. 软盘育秧的苗床选择有哪些要求?

软盘育秧一般会结合旱育秧或者湿润育秧技术来进行，所以对于苗床的选择，要先满足湿润育秧或者旱育秧的基本要求。湿润育秧最好选择在离水源比较近的田块，利于灌溉，同时地块要向阳，利于前期发芽对温度的需求和秧苗生长。旱育秧则需要选择向阳、地势较高但不旱的地块。同时要按照旱育秧苗床培肥的要求来进行前期管理。软盘育秧还要求田块平整，田块内无石子和杂草，利于摆放秧盘和灌溉，如果地势不平整，位置过高的秧盘灌不到水，位置过低的秧盘易遭水涝，都会影响到秧苗生长，导致秧苗生长不齐。

苗床

★和讯网，网址链接：http://news.hexun.com/2013-04-08/152909583.html

（编撰人：莫钊文；审核人：潘圣刚）

107. 软盘育秧的营养土怎样配制?

因为软盘育秧需要在秧盘上提前覆盖土层，同时播种后还需要在种子上撒一层薄土，土层需要满足秧苗移栽前的基本营养需求。所以需要经过配制专用的营养土来准备播种。首先挖取旱地肥沃土壤或者菜地土壤来粉碎过筛，按照重量比5：1的比例混入腐熟农家肥，再按照1：10 000的比例加入敌克松对土壤进行消毒。同时每吨的营养土内加入粉状的普钙3kg、硫酸铵3kg、硫酸钾2kg以补充肥力。然后充分的拌匀，同时喷洒适量清水，通过手感受土壤，达到捏后能呈团状，松手不散，抛下后能散落的程度。在拌匀后起堆，2d后就可以使用。

营养土

★一呼百应网，网址链接：http://www.youboy.com/price/89635490.html

（编撰人：莫钊文；审核人：潘圣刚）

108. 软盘育秧应怎样播种?

目前生产上主流的播种方法有以下3种。

（1）人工撒播。将前期配制好的营养土撒在秧盘上，厚度大概为秧盘的2/3高度，然后喷洒清水，注意不要把土层冲散。待营养土吸足水分后，将种子均匀的撒在营养土之上，一般杂交稻每穴要保证2～3粒种子，常规稻要保证有3～5粒种子，种子不能相互重叠，重叠容易导致根系缠绕，不利于移栽。撒完种子后将不在孔穴里的种子轻扫入穴内，然后在种子上撒上一层营养土，再用喷雾器将表面土层湿润。

（2）混土播种法。这是先将种子和土拌匀，然后播入秧盘的方法。具体操作是首先将秧盘铺上1/3的营养土，然后将剩下的土与种子拌匀，一起播入秧盘，然后用刮板刮平，再浇水。这种方法比较省时省力，但是播种深度会有一定的差异，出苗可能不齐。

（3）播种器播种法。生产上比较常见的播种器有抽屉式播种器和槽式播种器，播种前准备和人工撒播的相同，主要是途中通过机器来进行播种，这种方法比较节约人力。

播种器

★农机360网，网址链接：http://www.nongji360.com/list/20133/1913283713.shtml

（编撰人：莫钊文；审核人：潘圣刚）

109. 软盘育秧的秧田如何管理?

秧苗在生长的过程中，对水分、温度和肥力比较敏感，所以在管理的过程中要注意这三大要素。

（1）水分。在种子出苗之前，保证土壤湿润即可，如果采用薄膜湿润育秧技术，覆膜后可以不用浇水，如果土壤确实比较干燥，则需要膜下喷洒清水，一般早稻在傍晚，晚稻在早晨进行补水管理，浇水时要注意水流冲力，不能将种子表面的土层冲开，最好用喷雾器来补充水分。在出苗以后，如果气温较高，秧苗蒸腾速率快，则可以开沟进行灌水，水层不能淹过秧盘，在灌水后及时排掉多余的积水。

（2）温度。薄膜湿润育秧一般要求温度在25～35℃，在播种到出苗后的一叶一心期，薄膜尽量封闭，利于保温保湿，如果温度超过35℃可以适当揭膜通风降温。在二叶期之后，可以适当揭膜进行炼苗，通过控制揭膜的时间来控制温度，将膜内温度逐渐降到外界气温水平，利于移栽后秧苗能够较快地适应大田环境。

（3）肥力。一般利用营养土进行育秧的后期不需要另外施肥，后期如果秧苗叶色变淡发黄，则要追施一定量的氮肥，施肥时可以将尿素按1：75的比例溶于清水后进行喷施，喷施后再用清水喷洒一次，将叶面上的肥料冲到秧盘内，如果秧龄比较长，应在移栽前7d左右施用“起身肥”。

秧田

★安徽网，网址链接：http://www.ahwang.cn/anqing/news/20170425/1628768.shtml

（编撰人：莫钊文；审核人：潘圣刚）

110. 室内乳苗育秧有哪些技术要点?

乳苗指的是一叶一心的秧苗，室内育秧主要是培育抛秧用的乳苗。这种方法具有育苗时间短，方法简单易学，不需要建立秧田等优点。因为移栽秧龄较小，所以对于苗的质量也有一定的要求，主要的技术要点如下。

（1）种子。首先要选用经清选后的无病害优质种子，在播种之前和其他育秧方式一样，需要经过晒种、选种、消毒和浸种等处理，要保证种子的质量，防止弱苗的产生。经过以上处理后的种子漂洗干净后就可以进行催芽，将种子堆起后盖上湿布，通过浇水摊晾重新起堆等方式控制催芽的温度，催至破胸之后即可。

（2）在播种时，为了方便后期抛秧，应当合理调配好泥浆，一般泥水比例为2：1，为了保证抛秧后生长所需和杀菌消毒，同时可以在泥浆内加入适量的农药和肥料，再与催好芽的种子充分拌匀，然后在秧盘或平地上摊匀，浇水。

（3）育苗期间的管理。水稻种子具有干长根，湿长苗的特性，播种后应放在室温下保持一定的湿度，促进胚芽的生长，当表面开始稍微发白时立即浇水，经过4～5d后，育成一叶一心的乳苗。抛秧前8～9h内不需要浇水。

（4）抛秧前应当将乳苗弄散，利于抛秧，同时为了防治大田病虫害和增肥，可以用浓度为0.1%的乐果、0.3%的尿素和0.3%磷酸二氢钾混合后喷施于秧苗上，然后进行抛秧。

室内育秧

★慧聪网，网址链接：https://b2b.hc360.com/viewPics/supplyself_pics/228700956.html

（编撰人：莫钊文；审核人：潘圣刚）

111. 湿润育秧抛栽的育秧技术有哪些要点?

在秧田进行湿润育秧抛栽时，秧田前期的翻整和培肥与常规湿润育秧相同，育秧后直接播种，秧田的管理也与常规湿润育秧相同。湿润育秧抛秧技术的要点如下。

播种前对种子同样要进行预处理，预处理方法同乳苗育秧。在播种时，要确定好播种量，播种量根据品种和抛秧秧龄来确定，秧龄越长，播种量应当越小，以减轻秧苗之间对水肥的竞争，同时防止根系盘绕错节，利于抛秧。生产上常规稻秧龄在20d左右抛栽的，播种量大概为每亩25～30kg，秧龄在30～35d的，播种量为每亩20～25kg，如果需要长到40d，则播种量为每亩15kg左右，杂交稻分蘖能力较强，所以可以适当减少播种量。在播种后，一叶一心期间，可以通过喷施多效唑来提高秧苗的素质，提高秧苗茎秆强度。在整个秧苗生长期间，要做好水分管理，需要经常性地排水，让秧田内泥浆沉淀，利于后期抛秧。在抛秧前的4～5d，要排水落干，干燥程度以不陷脚为宜，同时秧田表面有细小龟裂，以利于抛秧前的分苗。

湿润育秧

★土流网，网址链接：https://www.tuliu.com/read-36621.html

（编撰人：莫钊文；审核人：潘圣刚）

112. 旱地育秧抛秧的育秧技术要点有哪些?

旱地育秧抛秧技术的要点在于在旱地上进行育秧管理，后期土壤湿润灌溉不淹水，方法简单易学，秧苗素质也很好而且节水，在育秧期间比较缺乏雨水的北方比较适用。缺点是秧苗不太整齐，水分管理不当会导致根系过度生长，不利于抛秧前分棵。育苗的技术要点如下。

旱地育秧抛秧的秧床建立和培肥与常规旱地育秧相同，秧床土壤要求呈海绵状，纤维素等有机质的含量高，肥力足，水分够。平整好秧床后直接进行撒播，撒播不能过密，过密会导致根系缠绕，过疏则会浪费秧床，播种后直接盖膜保水保温，出苗后保持土壤湿润，不需要淹水。在秧苗生长期间的水肥管理和病虫害防治同常规旱育秧管理，在移栽前可以将秧田浇透，比较利于拔秧。

旱地育秧抛秧

★创业第一步吧，网址链接：http://www.cyone.com.cn/cfsp/16774.html

（编撰人：莫钊文；审核人：潘圣刚）

113. 大田耕作整地有哪些要求？

在常规的耕作模式中，翻地整地是大田移栽秧苗前的基本操作，主要是为了平整土地，同时把前茬的残茬和杂草翻到地下掩埋。通过翻整之后的耕地，表面平整，土壤颗粒小，利于秧苗移栽后迅速扎根，吸取养分和水分。部分农村地区，利用犁、耙等农作工具，来进行整地。整地的要求主要是：翻地时不留死角，整地前可以先灌水将翻地后的土块泡软，然后将地耙平，土壤表面大团的土块要打碎，土壤内部不能隐藏有土块，同时要清理掉石块等杂物。田块表面必须平整，同一块田的高度差不能超过3cm左右，耕作层要保持在20cm左右。现在我国部分地区已实现耕作全程机械化，比如东北平原地区，通过翻地整地机械，再辅以3S技术，可以将田块平整到上述要求范围内，大大地降低了人力成本。

翻地整地

★世界大学城网，网址链接：http://www.worlduc.com/blog2012.aspx?bid=45334609

（编撰人：莫钊文；审核人：潘圣刚）

114. 为什么要提倡水稻插秧前除草？

在插秧前，通过整地可以把冬季或者前茬收获后长出的杂草清除。但在整地与插秧的时间间隔内，还会有一定量的杂草萌发。生产上一般在整地之后，移栽前3d进行除草。插秧前进行一次田间除草有以下好处：一是为移栽秧苗提供一个好的生长环境，移栽时如果杂草过多会与秧苗争肥，不利秧苗返青。二是移栽后除草如果药液浓度不当会导致药害，插秧前除草可以避免秧苗直接接触到药液。三是插秧前3～4d刚好是杂草的萌芽期，此时打药可以把杂草控制在萌发期，同时插秧前田地内没有秧苗，利于机器或者人力进行除草作业。

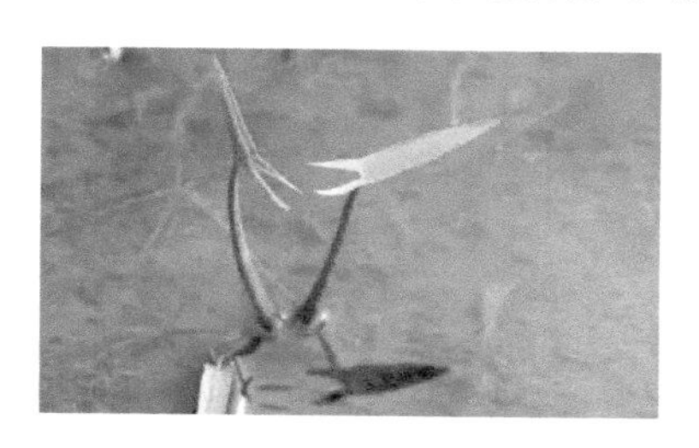

插秧前的杂草

★腾讯网，网址链接：https://mp.weixin.qq.com/s?__biz=MzAwMTIzMTY5OQ%3D%3D&idx=1&mid=2651239770&sn=0c4a969b7c92494c76b2f460d47d1938

（编撰人：莫钊文；审核人：潘圣刚）

115. 水稻插秧前怎样进行除草？

目前比较主流的除草方式还是化学除草，要针对农田的杂草来选择低毒高效的除草剂进行除草工作，避免造成农药残留。在生产上常用的除草剂和施用方法如下。

（1）丁草胺。丁草胺是选择性芽前除草剂，对农田内多种一年生杂草和部分阔叶杂草都有防除作用，在禾本科杂草二叶期前都有很大的灭杀效果。在移栽前3～4d，保持田间淹水状态，然后将稀释后的药液喷洒到水面。一般每亩用量为100ml 60%的丁草胺乳油，对水20kg进行喷洒。丁草胺的药效可以持续一个月，喷施后可以有效清除农田稗草等禾本科杂草和部分双子叶杂草。

（2）农达。农达是一种非选择性的内吸传导型除草剂，所以喷洒时尽量要使药液落在杂草叶片上。因为其在高等植物体内容易随着养分传导至杂草全株且难被降解，对于多年生的杂草有很好的防治效果。市面售卖的农达一般为41%的水剂，每亩取200ml对水15～20kg喷施就能达到除草效果。喷施时注意查看天气，保证喷施后4h内不下雨，利于药液被杂草吸收。

（3）噁草酮。这种除草剂一般用于防治一年生杂草，属于触杀性除草剂。

对于三叶期前的稗草有很好的防除效果。每亩一般用12%的乳油150～180ml对水20～25kg进行喷施。

在生产中，可以将以上几种除草剂配合施用，达到更好的除草效果。

丁草胺

★农化招商网，网址链接：http://www.1988.tv/hotpro/dcaoa.html

（编撰人：莫钊文；审核人：潘圣刚）

116. 为什么要强调水稻适时栽插？怎样做到适时栽插？

在水稻生产过程中，选择合适的移栽时间很重要。移栽时间会影响到水稻的品质和产量。移栽时间的把握要考虑到当地气温和积温情况，前后茬口的时间衔接，同时还要考虑到秧苗的生长情况。

移栽对气温的基本要求是：移栽后温度能保持在12.5℃以上，这是水稻秧苗能够存活的最低温度，低于这个温度会导致返青时间大大延长，秧苗移栽后存活率不高，最后减产减收，这是北方一季稻区和南方双季稻前茬水稻移栽时需要考虑到的一个主要因素。而对于中晚稻和双季稻区后茬水稻移栽来说，主要制约移栽时间的因素是积温和前茬的收获期，如果移栽得过晚，全生育期积温达不到水稻对积温的要求；同时灌浆时易受冷害，影响水稻的物质合成和转运，对水稻品质和产量都有很大的负面效应。所以中晚稻在满足温度条件下，尽量适时早栽，双季稻后茬水稻应在前茬收获后10～15d进行移栽。对于秧苗来讲，秧龄一般在三叶或者三叶一心时移栽较好，这样秧苗返青后就可以马上进入分蘖期。如果需要移栽大苗，则尽量选择在六叶期左右进行移栽，下田后已有3个左右分蘖，发根快，能够迅速吸收水分和营养开始生长发育。在双季稻产区同时要考虑的是前后茬口的衔接问题，前茬适当早种早收，利于后茬的种植管理。

适时栽插水稻

★人民网，网址链接：http://paper.people.com.cn/rmrbhwb/html/2017-06/05/content_1779727.htm

（编撰人：莫钊文；审核人：潘圣刚）

117. 什么是水稻旱作技术及其节水途径？

水稻旱作技术就是从水稻育秧到大田栽培管理全都采用“旱种旱管”的一种栽培方式。

（1）育秧按旱育稀植的方法育秧，大田实行地膜覆盖、稻（麦）草覆盖，旱作旱管，充分利用自然降水，只在孕穗抽穗关键时期灌1～2次透水。

（2）与传统的稻田耕整相比，水稻旱作节省了泡田用水量。

（3）采用水稻的旱作技术，由于田面基本上没有水层，渗漏较少，显著降低了稻田渗漏量。

（4）水稻的旱作技术由于稻草、麦草或薄膜覆盖，减少了土壤蒸发与大气交换，降低了地面蒸发和棵间蒸发。

（5）由于旱育旱栽，田间持水量有限，抑制了部分蒸腾，降低了蒸腾耗水量。

（编撰人：潘圣刚；审核人：莫钊文）

118. 水稻覆膜旱作有哪些优点？

水稻覆膜旱作是指水稻在无水层条件下进行的旱管节水栽培技术，整个生育期采用地膜覆盖，不建立水层，利用自然降水及主要生育时期适当补水来保持土壤湿润以满足水稻整个生育过程需水量的一项高效节水栽培措施。它具有以下几个优点。

（1）节水。节水是覆膜旱作的最大优点，据测算，与传统栽培水稻相比，覆膜旱作水稻可以节约用水50%～60%。

（2）耐旱。因水稻覆膜旱作，土壤墒情好，氧气充足，根系发达，增强了吸收水分和养分能力，因而表现出很强的耐旱性。

（3）保肥。由于地膜阻隔，氮肥挥发及流失大为降低，肥料利用率得到提高，土壤的保肥能力增强。

（4）分蘖力强。覆膜水稻分蘖力强，单穴分蘖数多。

（5）病害发生轻。由于覆膜旱栽旱管，田间湿度小，不利于病菌繁殖，病害相对发生轻。

（6）产量高。水稻覆膜旱作，在需水关键期若不遇旱或有一定的水灌溉，产量与水栽稻接近。

水稻覆膜旱作

★农机360网，网址链接：http://www.nongji360.com/list/20086/16092637620.shtml

（编撰人：潘圣刚；审核人：莫钊文）

119. 水稻覆膜旱作要掌握的关键技术是什么?

（1）选择适合当地种植的高产优质良种或杂交水稻组合。

（2）育秧。育秧方法同旱育稀植育秧。

（3）大田整地与施肥。大田旱整，中等肥力田块参照常规施肥量进行施肥。

（4）喷施除草剂及盖膜。做好旱畦后，趁墒情较好时喷施除草剂，然后盖上地膜，用土压实地膜四周。

（5）栽种密度。每亩栽种1.0万穴左右，确保杂交稻每穴栽1粒种子、常规稻每穴2粒种子。规划好株行距后，破膜栽苗，栽插后及时浇水，促进及时生根，确保成活。若在雨天栽插，则不需要浇水。栽种后需要用土密封破口处。

（6）田间管理。平时将田口堵上，可以储存一定量的自然降雨；若是田面有水时，需要开口排水。在旱情严重时，需要及时灌水。在水稻孕穗期及抽穗开花期，需要各浇灌一次大水，确保土壤湿润，田面不上水，让水从沟内慢慢地渗透到畦中。

水稻覆膜旱作

★辽宁金农网，网址链接：http://www.lnjn.gov.cn/edu/kjyw/kejixinwen/2010/5/139295.shtml

（编撰人：潘圣刚；审核人：莫钊文）

120. 水稻覆膜旱作尚存在哪些问题？

（1）生育期延长问题。在环境条件相近的情况下，同一品种覆膜旱作的生育期通常比传统的淹水栽培延长10～20d，这对下一季作物的安排及产量高低产生一定的影响。针对晚稻而言，如果旱作延长了水稻的生育期，可能会导致安全齐穗期内水稻不能正常抽穗而减产。

（2）覆膜旱作由于土壤水、肥、气、热比较协调，分蘖发生快而且多，够苗后，水稻的分蘖不容易控制，容易造成成穗率总体偏低。

（3）水稻收获后地膜的清除工作不仅费工、费力，而且也难收拾干净，长期使用会带来环境污染。

（4）水稻覆膜旱作的栽插、追肥比较费工；水稻施药时由于无水层，药效相对较差。

覆膜旱作水稻收割

★网易，网址链接：http://dy.163.com/v2/article/detail/D1733FVB0519CF4T.html

（编撰人：潘圣刚；审核人：莫钊文）

121. 水稻直播目前尚存在哪些问题?

水稻直播是指不经过育秧、移栽，而直接将种子播种于大田的一种栽培方式。目前，直播水稻还存在以下问题。

（1）难以确保全苗。由于稻田不易整细整平，容易出现田面高低不平现象，低洼地积水缺氧、高处缺水干旱，都会影响水稻出苗。通常情况下，播种前要关注天气情况，确保播种后3d内不下大雨、暴雨。而且，在华南稻区，早稻直播还会遭受冷害而引起死苗现象；晚稻地区容易遭受高温影响，造成烂芽、烂秧或伤苗、死苗，因而很难确保一播全苗、齐苗和壮苗，影响直播水稻的产量。

（2）容易发生倒伏。因为直播水稻直接将种子撒在土壤表面，根系入土浅，后期容易发生倒伏，因此，在够苗时需要多次晒田，促进水稻根系的向下生长。

（3）草害防除有难度。由于稻田杂草种类多，对除草剂的反应各有差异，直播水稻的稻田草害防治对农药的要求与移栽水稻不同，农药种类少而且需要剂量小。

水稻直播

★四川新闻网，网址链接：http://lz.newssc.org/system/20150326/001611162.html

（编撰人：潘圣刚；审核人：莫钊文）

122. 什么是水稻水直播?

水稻水直播是指稻田经过旱整地、水平田以后，在湿润状态或田面保持浅水层状态下播种。

（1）谷种发芽长根以后，排去水层，到幼苗二叶一心时，再建立稳定水层的种稻方式。

（2）水直播容易平整田面，抑制杂草，还可以利用水层保温，提高土壤温度，较适合温度较低的地区种植水稻。

（3）水直播易造成烂种缺苗，且植株扎根浅，易倒伏。

（4）在早季，劳动者下水田作业，水温较冰凉，劳动强度大。

水稻水直播

★网易，网址链接：http://dy.163.com/v2/article/detail/CM99UGAN0512GKJE.html

（编撰人：潘圣刚；审核人：莫钊文）

123. 什么是水稻旱直播？

水稻旱直播是指选用适当的水稻品种在旱地状态下直接播种，播种后灌一次跑马水，待谷种发芽后将田水落干，改水田育秧移栽为旱地播种的一种种植方式。

（1）根据灌溉供水状况，可以将水稻旱直播分为旱播水管、旱播旱管和旱播湿管3种方式。

（2）旱播水管是指水稻播种后立即灌水，湿润出苗，以水层灌溉为主的一种高产省力型的水稻种植方式。

（3）旱播湿管是指利用水稻幼苗期的耐旱特性，安排在雨前播种、促使全苗，幼苗期不灌溉让其旱长，4～6叶期开始灌溉和利用降雨，保持田面湿润或淹灌状态，尽可能地减少土壤渗漏或地面蒸发的一种水稻种植方式。

（4）旱地旱管主要指选用耐旱性较强的水稻品种，仅在全苗期、分蘖期、孕穗期、抽穗开花期、灌浆期等需水关键期灌水，以保证水稻生长不受到干旱胁迫的一种种植方式。

（编撰人：潘圣刚；审核人：莫钊文）

124. 什么是水稻旱种？

水稻旱种是指利用水稻品种的旱生习性，在旱地状态下播种，苗期旱长，水稻整个生育期田面均不保持水层，适当灌溉以满足水稻生理需水的一种水稻种植方法。

（1）水稻旱种在旱地播种后，不灌水，中后期采取间歇灌溉的方法满足水稻对水分的需求。

（2）与传统移栽水稻相比，水稻旱种是直接将种子播到大田去，从而简化了种稻环节和劳动强度。

（3）水稻旱种改水整地为旱整地，水田种稻为旱地种稻。

（4）水稻旱种改水层管理为无水层管理，田间不保留水层，减少了对灌溉水的需求。

（5）水稻旱种杂草容易生长，为害重，需要及时化学除草。

（6）水稻旱种根系比较发达，抗倒伏能力强。

水稻旱种

★正北方网，网址链接：http://www.northnews.cn/2017/0515/2499237.shtml

（编撰人：潘圣刚；审核人：莫钊文）

125. 水稻水直播与旱直播各有什么特点？

水稻水直播和旱直播的发芽与出苗、分蘖与成穗、根、茎、叶的生长特点如下。

（1）发芽与出苗。水直播的种子处于灌水层下，由于氧气不足，经常会出现根短芽长或者直播的水稻种子腐烂死亡而不能发芽的现象。

（2）分蘖与成穗。由于直播水稻的分蘖节位低，容易出现较多的分蘖，从而导致群体过大，分蘖成穗率低等问题。

（3）根、茎和叶生长。水（旱）直播稻直接播种于地表，播种深度浅，根系主要分布在土壤表层，后期容易倒伏。

（4）生育期与产量构成。由于直播稻没有移栽返青期，整个生育期比移栽稻短10d左右，但营养生长期比移栽稻长。如果直播水稻播种较晚的话，成熟期延迟。在品种选择时需要选择生育期短的品种。

（5）直播稻单位面积上的总穗数多，但是，每穗粒数少，结实率和千粒重与移栽水稻没有显著差别。

水稻水直播和水稻旱直播

★网易，网址链接：http://dy.163.com/v2/article/detail/CM99UGAN0512GKJE.html

（编撰人：潘圣刚；审核人：莫钊文）

126. 水稻旱种有什么特点？

水稻旱种是指水稻种子不经过育苗和插秧等环节，而是在旱整地条件下进行旱直播或者旱育旱栽的一种种植方式，一般是苗期在旱地条件下生长，中后期利用雨水和适当灌溉满足植株需水要求的一种栽培方法。

（1）水稻旱种以后，由于生长环境从水田变为旱地，水稻植株个体小于水田里的植株，根细而多，抗旱能力增强。

（2）生产上从水田整地改为旱整地，可以节约一定数量的灌溉用水。

（3）水稻旱种改水层管理为无水层管理，可以增强水稻植株抗旱性。

（4）与水田栽插水稻相比而言，水稻旱种很难保证一次播种而实现苗全、苗齐、苗壮；稻田杂草种类多，危害严重；病虫、鼠害等问题也比较严重。

水稻旱种

★惠农网，网址链接：http://www.cnhnb.com/xt/article-48608.html

（编撰人：潘圣刚；审核人：莫钊文）

127. 水稻直播栽培应该如何整地？

保证一播全苗，实现苗齐苗壮，是直播水稻高产的关键。因此，就需要有高质量的整地。一是要求田面平整，同一块田面高低相差不超过3cm；二是耕层深厚松软；三是地表没有裸露的残茬、杂草。主要的整地方法如下。

（1）旱整地。在旱田状态下进行土壤的犁、耙、旋田等作业。在旱整地的情况下，土壤水分为最大持水量的40%～45%时耕作整地比较合适，太干或者太湿，都不利于平整田块。

（2）水整地。水整地就是在淹水状态下进行耕、耙、旋田等作业。水整地保持3～5cm的浅水层就可以进行耕作，整地质量好，而且可以减少渗漏。

（3）旱整水平。先旱整地后再灌水平整田面，把水整与旱整地的优点结合起来，既使田面达到松软平整，又提高了土壤的通透性。

（4）具体采用哪一种整地方法进行水稻直播，主要根据不同地区的雨水条件而确定。通常情况下，北方春播雨水少的地区多采取旱整地方法，南方多雨地区多采取水整地法。

水稻直播栽培

★襄阳网，网址链接：http://nw.xiangyang.gov.cn/nygl/njgl/201805/t20180504_977308.shtml

（编撰人：潘圣刚；审核人：莫钊文）

128. 水稻直播应选用什么样的品种或杂交组合？

选择高产、优质、生育期适宜的水稻品种是夺取直播水稻高产的前提。

由于水稻的直播类型、生育特点和稻田环境与移栽水稻存在较大的差别，选用直播水稻品种（组合）时应遵循以下原则。

（1）选用的直播水稻品种首先应具备高产优质条件，产量潜力必须接近或超过现有移栽稻水平，而且米质要优。

（2）生育期要适宜。由于直播水稻的播期容易受到前茬作物的影响，通常比移栽水稻晚，成熟期就会相当推迟。因此，一般选择早熟或中熟水稻品种。

（3）通常需要选择株型较紧凑，分蘖力中等的水稻品种，而且，要求穗型大、成穗率高，更容易获得直播水稻高产。

（4）通常选择具有较强的抗病虫能力和抗逆性的水稻品种。

（5）选择茎秆粗壮、根系发达、抗倒伏能力强的一些水稻品种用来直播；对于旱种直播的水稻品种，还要求水稻顶土力强，出苗快，抗耐旱性强，灌溉复水后长势恢复快。

（编撰人：潘圣刚；审核人：莫钊文）

129. 怎样确定水稻直播的播种期和播种量？

直播水稻播种期的确定需要根据当地的气候条件、耕作制度和品种特性等共同决定。

（1）播期。为了充分的利用光热资源和土地面积，在保证不遭受冷害的前提下，可以提倡适时早播。这样的话，有利于选择生育期长的水稻品种，实现直播水稻的高产和稳产。冬闲田适宜在日平均气温稳定通过13℃以上时开始播种，如华南稻区的直播早稻，通常可以安排在3月20日播种。

（2）播量。为了实现直播水稻的高产目标，保证苗全、苗齐、苗壮是基础。因此，需要提高播种质量，播种前做好种子处理工作，包括选种、晒种、消毒和浸种、催芽等工作。催芽的长短取决于播种方式，机播水稻的种子催芽，以催至破胸露白为宜，否则，在机器播种的过程中，容易导致机械损伤芽谷，从而影响出苗；人工播种的种子催芽，种子的幼芽适当催长些，便于播种后尽快地扎根立苗。适宜的播种量要根据种子质量好坏、发芽率高低、田间成苗率和基本苗要求等综合考虑确定，基本苗是根据品种（组合）的产量结构要求来确定的。首先，应先确定基本苗再确定播种量。通常情况下，每公顷播种量以60～75kg为宜。在高寒山区，稻作季节短的，播种量要适当增加。

水稻直播

★快资讯网，网址链接：http://sh.qihoo.com/pc/9702fee4f7f177eed?sign=360_e39369d1

（编撰人：潘圣刚；审核人：莫钊文）

130. 如何掌握好水直播播种技术?

水稻水直播的技术主要有点播、条播、撒播等。

（1）点播。双季早稻点播适宜的行穴距为20cm × 10cm或17cm × 13cm，常规稻每穴播5 ~ 6粒种子，杂交稻每穴播2粒种子；一季中稻或单季晚稻，适宜的株行距为20cm × 13cm或25cm × 13cm，常规稻每穴播4 ~ 5粒种子，杂交稻每穴播2粒种子。水稻的点直播通常是采用机械操作，无合适点播机的地方，也可采取人工点播，但其均匀度不如机械点播理想。

（2）条播。选用条播技术的水稻直播，通常都是采用水稻直播机进行机械条播，播种行距为25 ~ 40cm，一次播种8 ~ 10行。条播种植水稻由于播种成行，通风透光，水稻长势好，病虫害发生轻，而且还有利于中耕除草，是一种较好的播种方式。

（3）撒播。水稻撒直播的方式主要有人工撒播、机械撒播和飞机撒播。人工撒播时，费工费力，劳动效率不高，均匀度难以保证。机械撒直播，有利于均匀播种和提高播种的速度。飞机撒直播，具有高效、便捷、省工、省力、抢季节、不误农时等优点。

（4）灌水播种的直播稻田，田面不宜过软或泥浆过厚，否则，容易造成稻谷播种后下沉过深而不利于出苗。最好的办法是播种后进行塌谷，既可以使种谷嵌入土壤表层，又可以防雨水冲淋，鸟鼠啃食，从而提高出苗率。

水直播播种技术

★中国经济网，网址链接：http://district.ce.cn/zg/201006/07/t20100607_21490221.shtml

（编撰人：潘圣刚；审核人：莫钊文）

131. 旱直播的播种技术怎样掌握?

水稻旱直播有浅覆土播种和种子附泥播种等方法。

（1）浅覆土播种。在播种机开沟器上附控制播种深度的控制器，将播种深度控制在1.5cm左右。播种后湿润灌溉，既有利于种子萌发出苗，又可诱发稗草及其他杂草，提高除草效果，这种方法根系发育良好，植株生长健壮，有利于防倒伏。

（2）种子附泥播种。播种前将种子浸湿拌和细土，使谷壳附着一层薄薄的泥土，待阴干后，用播种机将种子播在地表上，播后灌水，由于种子附泥，不会漂浮移位，有利于种子萌发出苗。待立针期落干晾田，以利扎根，促进生长发育。

旱直播的播种技术

★百度百科，网址链接：https://baijiahao.baidu.com/s?id=1616292637975107218

（编撰人：潘圣刚；审核人：莫钊文）

132. 旱种播种技术应如何掌握?

水稻旱种播种技术主要有点播和条播两种。

（1）条播主要以机械播种为主，播种深度约为3cm。由于水稻种子的顶土力较小，整地质量较差时或者遇到大雨后土壤容易板结，会导致部分幼苗不能及时钻出地面，影响水稻的出苗率。因此，可以在幼苗出土前，浅耙地表，破除地表板结土壤，助苗出土，还可兼除苗前杂草。

（2）点播主要以人工点播为主，用锄开沟，播种后覆土，每穴点播10多粒种子。具有点播机械的地区，也可以选用机械点播。为了防止遇雨后表面土壤板结，可以用腐熟的有机肥拌泥土覆盖。

（3）由于旱种是利用土壤水分发芽出苗，受降雨的影响较小。播种比较及时，也便于灌水前机械除草，更加有利于幼苗及时出土，从而实现苗全、苗齐和苗壮，获得较高的水稻产量。

（编撰人：潘圣刚；审核人：莫钊文）

133. 为什么要强调抓好直播稻的查苗补苗工作?

由于整地质量较差，播种不均匀，田面高低不平而引起的水层深浅不一致等问题，很容易引起直播水稻出苗不整齐、不均匀、缺苗断行等现象。因此，要想实现直播水稻的高产目的，做好直播水稻的查苗、匀苗和补苗工作是实现直播水稻高产的前提。

（1）由于直播水稻是将水稻种子直接播种于大田，由于受到整地质量参差不齐的影响，以及没有秧田的精细管理，通常会导致出苗不齐而缺苗。

（2）水稻直接播种于大田后，可能会遭受地下害虫或者鼠雀的啃食而导致出苗不整齐，从而引起直播水稻的缺苗。

（3）华南地区的直播早稻在幼苗期还经常会遭受冷害和冻害的影响，引起出苗缓慢或者小苗死亡，也会引起直播水稻的缺苗情况。

（4）通常情况下，在秧苗2～3叶时对全田进行检查，移密补稀，费工不多，效果显著，容易达到苗全和苗齐的目的。

水稻插秧同步补苗

★北大荒网，网址链接：http://www.chinabdh.com/ssgsxw/15935.jhtml

（编撰人：潘圣刚；审核人：莫钊文）

134. 水稻直播田的水分怎样管理?

直播水稻播种发芽，待长至2～3叶期后，稻田必须建立浅水层，有利于水稻幼苗生长所需要的水分要求。

（1）水稻直播出苗后，在二叶期以前，应该保持田面湿润不积水，促进幼苗生长。如果田面出现细小裂缝时，需要灌跑马水，保持田土湿润，三叶期后开始灌浅水促进分蘖。

（2）直播稻分蘖期以后的灌水，与移栽稻相似。即浅水灌溉促分蘖。当分蘖达目标茎蘖数时及时晒田，防止群体总苗数过多而引起成穗率下降。

（3）由于直播稻的根系分布较浅，晒田时应该多次轻晒，否则容易影响幼穗分化发育。

（4）在昼夜温差较大的丘陵和高寒山区，一般不晒田。够苗后灌10～12cm

的深水来抑制无效分蘖。中后期以间歇灌溉为主，促进发根、壮秆，防止倒伏。在孕穗中、后期和抽穗灌浆前期，注意适当保持浅水层，以满足水稻对水分的需求。

水稻直播田

★今日头条网，网址链接：https://www.toutiao.com/i6544961948952297997/

（编撰人：潘圣刚；审核人：莫钊文）

135. 水稻直播应怎样施肥?

由于直播水稻具有分蘖早、根层浅、群体大、成穗率较低等特点，要想实现直播水稻的高产目的，就必须从提高水稻成穗率和增加穗粒数开展工作，栽培上必须掌握好施肥技术。

（1）科学合理施肥对直播水稻很重要。通常情况下，需要施好基肥、分蘖肥和穗肥。

（2）首先要施足基肥，且氮、磷、钾肥配合施用。基肥以有机肥为主，辅以化学氮肥。基肥中氮肥占总氮量的50%，磷肥全部用作基肥在播种前一次性施入土壤，用作底肥的钾肥占总钾用量的70%。

（3）追肥要掌握“蘖肥早、穗肥巧”的原则。分蘖肥一般分两次施用，第一次在三叶期施入，每公顷施60～75kg尿素。第二次施保蘖肥，在第一次追肥后10d施用，每公顷施尿素75～100kg。

（4）早施促蘖肥促进分蘖早发生，大分蘖早出现，发挥低位蘖容易成穗的优势，还有利于保证早生分蘖不会因为缺肥而死亡。

（5）穗肥要看天、看土、看苗合理施用。对土壤肥力较低，前期生长量不足的田块，可在出穗前25d每公顷施尿素75kg左右，以促进颖花分化，增加颖花数量。对土壤肥力较高，前期生长较旺的田块，不施促花肥，而重施保花肥，以达到保花增粒的目的。施用穗肥时要考虑防倒伏问题。

水稻直播田施肥

★快资讯网，网址链接：http://sh.qihoo.com/pc/92cd9adba2818e22f?cota=1&sign=360_e39369d1

（编撰人：潘圣刚；审核人：莫钊文）

136. 直播稻田的杂草怎样防除?

由于直播稻田前期比较湿润，容易滋生杂草，而且杂草种类多、生长快，需要及时防除杂草。根据直播稻田杂草的生长特点，水直播稻田除草采取“一封二杀三补”，采用农业防治和化学除草相结合，水旱轮作相结合的策略。

（1）“芽前封杀处理、茎叶触杀处理和中期补除处理”相结合，重点抓好立针期和秧苗3～4叶期的两次用药。

（2）一封。播种后的2～4d每亩用30%丙草胺100ml+10%苄磺隆可湿性粉剂15～20g，对水30～40kg喷雾。喷药时田面湿润为宜，药后4h之后降雨一般不影响药效。

（3）二杀。在杂草2～3叶期时，每亩用量150ml的稻喜；3～5叶期，每亩用量为200ml稻喜，对水20～30kg喷雾。喷药前田间排水，使杂草2/3以上茎叶露出水面。施药后24～72h内灌水。

（4）三补除。对封闭除草效果不好或没有来得及封闭的直播稻田，根据杂草特点选用合适的药剂进行第二次防除。

直播稻田的杂草

★一点资讯网，网址链接：https://www.yidianzixun.com/article/O_00Ymwjz3

（编撰人：潘圣刚；审核人：莫钊文）

137. 水稻抛秧栽培及其主要优点是什么?

水稻抛秧栽培是指用育秧盘或者常规育秧的方法培育带土秧苗，以人工或者机械将秧苗抛向空中，利用秧苗自身的重力作用落入田间定植的一种水稻生产技术，它将传统的人工手插秧改变为直接向田间抛撒秧苗，使千百年来弯腰曲背艰辛劳作的农民得以减轻劳动强度，其优点主要如下。

（1）水稻抛秧栽培可以缩短秧苗在大田的生长时间，利用空闲田育苗，充分利用光热资源，缓解前后茬作物的生长季节矛盾。

（2）抛秧省工省力。抛秧效率比手工栽插效率高，劳动强度小。既节省工时，又有利于适时移栽。

（3）节省专用秧田。小苗抛栽的秧田与大田之比，一般为1：（30～40），也就是育1hm^2秧可以抛栽30～40hm^2的大田；大苗抛栽也可达到1：20以上，比常规手工栽插的秧田、大田比1：（6～10）节省一半以上的秧田。

（4）高产稳产。由于抛秧栽培比人工插秧浅，分蘖出生早，低节位分蘖多，不仅能保证高产所需要的穗数，而且能增加每穗的粒数，因而可以获得较高的产量。

（5）取得较高的经济效益。抛秧栽培的经济效益体现在增收和节支两个方面。既可以通过科学种植增加产量，又可以降低劳动强度，提高劳动效率，节约相关的人力开支，从而取得较高的产投比。

水稻抛秧栽培技术

★三峡传媒网，网址链接：http://www.sxcm.net/headlines/2017-04/20/content_41363177.htm

（编撰人：潘圣刚；审核人：莫钊文）

138. 水稻抛秧的生育优势在哪里?

（1）由于抛秧带土下田，根部入土浅，又加上不需要拔秧，秧苗植伤轻，返青活棵快，群体生长快而且数量多，分蘖早而旺。

（2）分蘖节位低、分蘖多，叶面积大，根系比较发达。由于抛秧稻入土浅，低节位分蘖发生快，由于抛秧秧苗为无规则的随机分布，抛栽秧苗的姿态分布多样化。

（3）后期单位面积的穗数及总粒数较多，群体光合层厚，源强库大，表现出旺盛的生产能力和多穗增产的优势。因为抛栽的水稻分蘖早而旺，群体密度较大，形成的穗数多，虽然每穗粒数相对减少，但是增穗的幅度大于减粒幅度，所以单位面积总粒数仍然是增多的，最终增加产量。

（编撰人：潘圣刚；审核人：莫钊文）

139. 水稻抛秧的生育弱点在哪里?

（1）分蘖成穗率较低。由于抛秧稻迟出生的高节位分蘖及二次、三次分蘖的生长条件较差，营养空间较小，往往到一定时期停止生长发育，不能正常地抽穗结实，尽管抛秧稻的分蘖量较大，从而导致成穗率较低。

（2）抛栽稻的根系主要集中在土壤表层。在群体大、土质松、烤田差的状况下，抗倒伏能力弱，容易出现根倒伏。

（3）由于抛栽稻不同个体占据的营养空间及营养面积不同，单株分蘖数多少不均，群体分蘖生长发育进度相差较大，植株高度相差也较大，茎蘖穗层的高低不齐，下层穗占的比例较大，群体灌浆结实期较长。

（4）由于抛栽秧下层穗的数量多质量较高，穗重比移栽稻的下层穗重，灌浆结实期相对延长，因此更要注意后期养根保叶。

（编撰人：潘圣刚；审核人：莫钊文）

140. 抛秧田整地有什么要求?

由于抛秧稻秧苗的秧龄小，植株矮，这就要求抛秧稻田的整地标准比较高，通常需要做到以下几个方面。

（1）平整。抛秧大田要求田面平整，高度相差低于2cm。

（2）泥糊。抛秧大田要求田泥要烂，土壤糊烂有浮泥。

（3）浅水。抛秧大田要求田面水层要浅，无水层或者水层深度不超过2cm。

（4）茬净。抛秧大田要求田面无残茬、杂草等杂物外露，无偏于抛秧秧苗的直立苗。

抛秧田

★中国政府网，网址链接：http://jiuban.moa.gov.cn/fwllm/qgxxlb/hunan/201304/t20130417_3436737.htm

（编撰人：潘圣刚；审核人：莫钊文）

141. 如何掌握好抛秧技术?

（1）抛栽要适时。一般以中小苗抛栽为好，操作方便，又容易获得高产。但要根据季节、茬口、品种（组合）特性以及育苗方式等因素综合确定。乳苗可在1.5叶时抛，小苗在3.5叶左右抛栽，中苗在4.5叶左右抛栽，大苗在5～6叶甚至7叶时抛栽。

（2）抛秧密度适当。要充分发挥抛秧稻的高产优势，抛秧的基本苗数通常比相同秧龄人工栽插增加10%左右，这样才能够达到所需要的总穗数。

（3）起秧和运秧。一般在抛秧前2d给秧盘浇一次透水，控制秧盘营养土块水分，使干湿适度。起秧时保持干爽，容易分秧。起秧时先松动秧盘，再把秧盘拿起，以免一次用力过猛而损坏秧盘。运秧时，盘育秧可先将秧苗拍打落入运秧筐内或直接将秧盘内折卷起装入筐中运往大田。抛苗要随起随运随抛，不可放置过长时间。时间过长会导致秧苗萎蔫死苗。

（4）抛栽。一般土壤在耕田后土质松软、表面处于泥浆状态时进行抛栽。抛秧最好选在阴天或晴天的下午进行，抛栽后的秧苗容易立苗。抛栽时人退着往后走，一手提秧篮，一手抓秧抛。可分批抛秧，尽量高抛、远抛，先远后近，先撒抛，后点抛。第一次先抛出总穴数的80%，余下的20%作为补空缺用，尽量做到抛秧均匀。

（编撰人：潘圣刚；审核人：莫钊文）

142. 抛秧后的大田如何管理?

要想实现抛秧水稻的高产种植，必须做好抛秧后的田间管理工作。

（1）施肥。抛秧稻属于带土浅栽，根系分布浅，对肥水反应敏感，前期分蘖发生多，所以基肥施用不能过多，防止群体过大。抛栽稻整个生育期所需要的总氮、磷、钾数量与人工移栽水稻基本相同。

（2）抛秧田应重施基肥，基肥施氮占总氮量的60%左右，磷、钾各占总量的100%和60%、保蘖肥面施占总氮量的10%～15%，大田不施或少施保蘖肥。在水稻的中后期，由于功能叶较多，总颖花量大，灌浆期长，应适当增加穗粒肥的比重，穗粒肥用量占总氮的25%～30%和总钾量的40%。

（3）水分管理。抛秧稻分蘖多、根系分布浅，为了促根深扎，促进壮秆，有效地防止倒伏，抛栽的稻田要在够苗时需要重晒田，促进根系的深扎，增加抗倒伏能力。

（4）杂草防治。抛秧稻秧苗在田间分布杂乱无序，有利于杂草的萌发与生长，而且无法机械除草，只能靠人工拔除，既费工费力，又不能拔除干净，只有靠化学除草来解决问题。化学除草要适时，使用药剂要适量，抛秧立苗后抓紧进行，即一般在抛秧后5～7d，当秧苗全部扎根竖立起来后施药。在杂草2～3叶期时，排干稻田的积水，每亩喷施150ml的稻喜；3～5叶期，每亩用量为200ml稻喜，对水20～30kg喷雾。喷药前田间排水，使杂草2/3以上茎叶露出水面。施药后24～72h内灌水。

（5）病虫害防治。抛栽稻病虫害发生的种类和规律与移栽水稻相同，因此，需要及时防治病虫害，特别要加强水稻主要病虫害的防治。

施肥

★网易，网址链接：http://news.163.com/14/0717/07/A1BBANOM00014AED.html

（编撰人：潘圣刚；审核人：莫钊文）

143. 什么是秧田期和大田期？时间大致是多少天？

根据形态、生理特点，可将营养生长期划分为秧田营养生长期和大田营养生长期（直播稻例外）。其中秧田营养生长期又可分为3个时期，即从种子萌发至不完全叶伸出的幼芽期，从不完全叶伸出至第三叶全出的幼苗期和从第四叶伸出至移栽的成苗期。种子在苗床上发芽2~3d长出第一片叶，水稻幼苗早期叶片继续以每3~4d出一片的速度生长，约18日龄的幼苗可移栽。

大田营养生长期可分为返青期和分蘖期。从插秧至叶色转青，新叶开始恢复正常生长这段时间叫返青期。分蘖期可分为有效分蘖期和无效分蘖期，有效分蘖期是指开始分蘖到全田总茎数达到与计划收获穗数相当的时期；无效分蘖期是指从全田总茎数与计划收获穗数相当时至停止分蘖的时期。移栽30d左右，分蘖发生，那些一次分蘖产生了二次分蘖。

分蘖期

★世界大学城网，网址链接：http://www.worlduc.com/blog2012.aspx?bid=45334596

（编撰人：苏金煌；审核人：郭涛）

144. 现行有哪些翻耕整地机械?

耕整地机械和种植机械两大类机械主要有铧式犁、旋耕机、圆盘犁、圆盘耙、水田耕整机、深松机、播种机械、机动水稻插秧机及水稻抛秧机等农业机具。翻耕整地的机械主要是70马力以上的水田轮式拖拉机（机型可选704、804、904等拖拉机）配套5~7铧水田犁（单幅宽要大于或等于25cm，保证扣垡严密，犁架无变形）。

耕整地机械

★邵阳日报网，网址链接：http://epaper.shaoyangnews.net/epaper/syrb/html/2013/03/28/02/02_47.htm

（编撰人：苏金煌；审核人：郭涛）

145. 水稻移栽前稻田的整地标准与要求有哪些?

（1）技术要求。①建立轮耕制。稻田耕作采取翻地、旋耕和深松相结合的耕作体制。②秋整地深度。垦区多年种水田一般整地深度标准为深翻20～22cm，旋耙耕14～16cm，深松20～25cm。

（2）整地标准。①根据不同土质严格控制耕翻深度，不得过深或过浅。②同一块田内耕深要深浅一致，不出墒沟，不起高垄，耕后田面平整。③耕垡要扣垡严密，紧密衔接，翻垡、扣垡良好。④要到头到边、不重不漏、不留生格、不甩边甩角。⑤盐碱地耕后不耙，防止闷盐闷碱；不是盐碱地耕后也可旋耕一遍，为翌年节水灌溉和及早水整地创造条件。⑥翻地要与条田规划结合，池埂取直，灌排方向与条田方向平行，为翌年更好地机械插秧与机械割晒奠定基础。

整地

★今日头条网，网址链接：https://www.toutiao.com/a6542224443874214408/

（编撰人：苏金煌；审核人：郭涛）

146. 水稻移栽通常包括哪几种方式?

水稻移栽分为手插秧、机械插秧和抛秧。手插秧速度比较慢，一个劳动力一天只能插约1亩地，而且劳动强度大。机械插秧比手插秧可提高效率20倍以上，劳动强度大大减轻。抛秧是把育成秧苗带土直接均匀地抛向大田，其优点是省工省力、稳产高产。有的稻区头季稻收割后蓄留稻桩，从稻桩上再生分蘖，培植成穗收获，这种再生稻培植技术省去育秧、拔秧和移栽工作，有效地降低了田间劳动强度。

（编撰人：苏金煌；审核人：郭涛）

147. 人工插秧有哪些技术要点?

手插秧质量包括拔秧和插秧质量。

（1）拔秧质量。要尽量注意在拔秧、捆秧、动秧过程中少伤秧或不伤秧，有条件的可用带泥秧。

（2）插秧质量。要求“四插四不插”，即插浅、插直、插匀、插稳；不插“烟斗秧”、不插“脚迹秧”、不插“隔夜秧”、不插“息风秧”，其中最重要的是“插浅”。

插浅：移栽深度是影响移栽质量的最重要因素。浅插的前提是插稳，以不倒为原则，深不过寸，一般以1.5～3cm为宜。浅插可使秧苗根系和分蘖处于通风良好、土温较高、营养条件较好的泥层中，有利于根系生长发育和养分吸收。浅插可以降低分蘖节位，对促进分蘖有利。浅插苗期呈扇形散开，有利于提高前期光能利用率。深插则推迟返青，提高分蘖节位，并产生“二段根”或“三段根”等不良现象。

插直：要求不插“顺风秧”“烟斗秧”“拳头秧”。这3种秧插得不牢，受风吹易漂倒，返青困难。

插匀：防治小苗插大棵，大苗插小棵，每穴苗数要均匀一致，行距、穴距大小也要均匀一致。这样苗才能分布均匀，单株的营养面积和受光率才能保持均匀一致，稻株生长才能整齐一致。

不插“隔夜秧”：当天拔的秧当天要插完，隔夜秧会影响秧苗的正常返青。

不插“息风秧”：指寒潮大风期间或寒潮大风刚过不插秧，这时由于秧苗生活力降低，根系吸水、吸肥能力弱，需要短时间恢复，若插“息风秧”易引起发僵死苗，延长返青期，不利于早生快发。

插秧

★中国农业信息网，网址链接：http://www.agri.cn/DFV20/hlj/llzy/201305/t20130515_3462665.htm

（编撰人：苏金煌；审核人：郭涛）

148. 机械化插秧有哪些优点?

（1）有利于实现粮食的高产、稳产，保障粮食生产安全。机械插秧，采用定行、定穴、定苗栽插，具有“直、匀、稳”的特点，通风性好，能充分利用温光资源，利于秧苗低位分蘖；具有根系比较发达、不易倒伏、抗病性好、抗逆性强等优点，最大程度地保证了水稻的高产、稳产。

（2）有利于水稻田间管理，提高光、肥、水、药利用效果。机插秧育苗集中，易于管理，大大提高肥、水、药的使用效果，减少了施用量，具有省工节本的优势。大田期，采用薄水活棵、浅水促蘖、间歇灌溉的灌水方式，亦可大量节省用水。适当调节用肥比例与用肥时机，可大大提高肥料增产效果。

（3）作业效率高，省工节本增效。一般手扶式插秧机每天栽插面积15～20亩，乘坐式插秧机每天栽插面积40～50亩，远远高于人工栽插效率，并且机械水田作业稳定性好、易操作，有利于抢季节保进度。

（4）社会效益十分显著。以机械插秧代替人工，大大减轻了栽插劳动强度，有利于促进劳动力转移，提高人民的生活质量。

机械化插秧

★人民网，网址链接：http://sd.people.com.cn/n/2014/0624/c173228-21498251.html

（编撰人：苏金煌；审核人：郭涛）

149. 水稻插秧的基本规格和基本苗范围是多少?

宽行小穴稀植，提高插秧质量。要求行穴距为（26.7～30）cm×10cm，每穴3～4苗，亩插2.2万～2.5万穴，亩基本苗控制在6.6万～10万株。人工插秧田间要保持“花皮水”，以利浅插。要坚持拉线插秧，不伤根、不窝根，秧苗直立，插深2cm，插后灌寸水。

（编撰人：苏金煌；审核人：郭涛）

150. 每亩稻田的基本苗是如何计算的?

根据水稻基本苗计算公式，合理基本苗数（X）是适宜穗数（Y）除以每个单株（主茎）的成穗数（ES），公式为$X=Y/ES$。

高产条件下，特定品种在特定地区有适宜的穗数（Y）。因而，单株成穗数（ES）取决于从移栽后的有效分蘖叶龄内能产生的有效分蘖理论值（A），以及对应的分蘖发生率（r）。机插秧由于育秧密度较高，秧田期一般不产生分蘖，其基本苗中单株成穗数（ES）的通用计算公式为$ES=1+Ar$。式中，A为主茎本田期有效分蘖叶位理论分蘖数，r为分蘖发生率。水稻大田期的有效分蘖叶位数（E）不超过9，不产生4次分蘖。

秧苗

★我图网，网址链接：https://account.ooopic.com/user/login.php?a=pl&from=vip_top_oriflag_1

（编撰人：苏金煌；审核人：郭涛）

151. 水稻节水灌溉有哪些优点?

水稻的节水灌溉栽培不仅可以减少淡水资源的利用，提高水分的利用效率，还可以在某些方面促进水稻的生长发育，例如，以水调肥，以水调气。因此，水稻节水灌溉具有多方面的优点。

（1）节水灌溉栽培可以保证水稻生长发育必需的水分，促进水稻个体健壮生长，形成理想的群体结构，充分发挥水稻的高产潜力。

（2）节水灌溉栽培可以通过以水调气，增加土壤中速效养分的释放，促进有机质分解，为水稻生长发育提供良好的营养条件。

（3）节水灌溉栽培可以通过以水调肥，抑制氮肥的过量吸收，控制无效分蘖，提高植株的碳氮比。

（4）节水灌溉栽培可以提高土壤供氧能力，改善土壤环境，促进水稻根系发育，增加水稻的抗倒性能。

（5）节水灌溉栽培可以通过以水调气，提高水稻生育期间的温度，促进水稻的灌浆结实。

（6）同时，节水灌溉栽培还可以改变稻田微环境，降低稻田的湿度，减轻病虫害的发生。

节水灌溉栽培

★慧聪网，网址链接：http://info.machine.hc360.com/2016/07/080942576440.shtml

（编撰人：潘圣刚；审核人：莫钊文）

152. 水稻节水灌溉有哪些途径？

水稻的节水灌溉途径主要有畦沟灌溉（垄作栽培）、干湿交替灌溉、覆膜灌溉、水稻喷灌旱种。

（1）畦沟灌溉，也称为垄作栽培。即，将水稻种植在畦面上，在水稻的返青期、孕穗期和抽穗期保持畦面有水，其余时间为畦沟有水、畦面无水的一种灌水模式。

（2）干湿交替灌溉是一种稻田灌浅水与湿润落干交替的灌溉技术，每次灌水深度3cm左右，灌水后让其自然落干，然后再复水，如此反复进行的一种灌水模式。

（3）覆膜灌溉是在农用地膜覆盖栽培的基础上，将地膜铺在畦沟内，灌溉时水在膜上流动的一种灌溉方式。

（4）水稻喷灌旱种是采用旱种旱管的方式种植水稻，以雨水浇灌为主，辅以必要的喷灌（利用专门设备将水送到灌溉地段，通过喷头喷射到空中，分散成细小的水滴，像降雨一样均匀洒落到地面而满足水稻供水）的一种节水栽培技术。

水稻喷灌旱种

★农机360网，网址链接：http://www.nongji360.com/list/20116/9584066145.shtml

（编撰人：潘圣刚；审核人：莫钊文）

153. 如何掌握好水稻浅—湿—晒—浅—湿的灌溉技术？

水稻浅—湿—晒—浅—湿灌溉技术是根据水稻移植到大田后各生育期的需水特性和要求，进行灌水和排水，为水稻生长创造良好的生态环境，达到节水增产的目的。

（1）“浅”，也就是浅水栽插促返青，水层保持在3cm以内便于水稻返青。

（2）“湿”，分蘖前期稻田保持湿润，促进分蘖的早生、快发，协调水气供给。

（3）“晒”，分蘖后期，当群体基本苗达到高峰苗的80%时及时晒田，一般采取多次轻晒田。

（4）“浅”，孕穗中后期及灌浆前期田间保持浅水层。孕穗期是水稻需水最敏感的时期，要建立1～2cm的浅水层，抽穗前后可适当落干，保持根系强健。

（5）“湿”，乳熟期保持田间湿润，3～5d灌一次跑马水。黄熟期由湿润到落干田水，便于收割。

（编撰人：潘圣刚；审核人：莫钊文）

154. 如何掌握好水稻间歇灌溉技术？

水稻间歇灌溉技术是一种稻田灌浅水与湿润落干交替的灌溉技术，每次灌水深度3cm左右，灌水后让其自然落干，晒田程度要根据水稻不同生育阶段的需水要求而定。

（1）一般分蘖后期为了抑制水稻的无效分蘖，促进水稻根系的下扎，旺长的水稻田块，晒田时间可长些，孕穗灌浆期晒田时间应短些，以3d左右为宜。

（2）遇到连续降雨，稻田淹水时间超过5d时，要及时排水落干。

（3）间歇灌溉改变了稻田长期淹水的状态，有效地改善了水稻的生态条件，促进水稻的生长发育。

（4）间歇灌溉可以减少田间的渗漏，显著减少灌溉水量，提高水分的利用效率。但是，需要在有水源保证的水稻种植区域采用间歇灌溉技术。

水稻灌溉

★昵图网，网址链接：http://www.nipic.com/show/1114557.html

（编撰人：潘圣刚；审核人：莫钊文）

155. 水稻收割前的田间管理有什么要求?

水稻在结实期管理上总的原则是：养根、保叶，防止叶片早衰，促使粒大粒饱，防止空壳秕粒。

（1）合理灌溉、适时排水。在出穗扬花期间，田间仍需保持一定水层，调节水温，提高空气湿度，以利开花授粉。到灌浆期，采取干干湿湿，以湿为主的灌水办法，就是灌一次水后，自然落干1～2d，再灌一次水。这样可以达到以气养根、以水保叶的目的，有利于促进灌浆，防止早衰。进入蜡熟期，要采取干干湿湿，以干为主的灌水方法，灌一次水后自然落干3～4d，再行灌水。后期，收割前7～10d把水放干。

（2）适时收获。水稻收获一般在蜡熟后期至完熟初期。这时谷粒变黄色，茎、叶、穗变黄色，应及时收割，确保丰产丰收。

（编撰人：苏金煌；审核人：郭涛）

156. 水稻收割有哪些方法技术?

收割分人工收割和机械收割两种。谷粒大部分变黄，稻穗上部1/3的枝梗变干枯，穗基部变黄，全穗外观失去绿色，茎叶颜色变黄色，开始收获。

水稻收割可用打谷机人工进行脱粒或用收割机进行机械化收割脱粒。人工收割时，最好边收割、边脱粒、边整晒，及时将水分降低到14%以下，禁止铺在沥青或水泥地面碾压脱粒。对于割稻后不能及时脱粒的稻株，不能急于打捆堆垛，应摊开晾晒，茎叶晒蔫后才能堆垛，以防稻谷被沤黄，霉烂变质。收割稻谷时水分在17%以上、气温在15℃左右时不要急于脱粒，要在田间铺开晾晒降水，堆垛时应将稻穗朝外，以利于干燥，但不要长时间堆垛。

如收获时正值雨季，为了避免稻谷发芽或发霉，雨天收获的稻谷必须人工干燥。此时，应注意尽量摊薄透风，并经常翻动，或用排风扇等机械加以吹干，待天晴后尽快摊晒，降低含水量。

水稻收割

★吾谷网，网址链接：http://news.wugu.com.cn/article/231071.html

（编撰人：苏金煌；审核人：郭涛）

157. 如何进行有机水稻栽培?

有机水稻是指不使用化学合成的农药、化肥、生长调节剂等物质，而是遵循自然规律和生态原理，采用一系列可持续发展的农业技术，维持持续稳定的农业生长过程。有机水稻在栽培过程中需要尽量避免化学肥料、农药等的使用，使用有机肥来满足水稻各个生育阶段的营养需求。

（1）品种选择。要选择适宜超稀植、旱育苗栽培模式、商品性好、富营养、抗逆性好、偏大穗、分蘖力强的优良品种，纯净度在99%以上，发芽率在95%以上，不能越区种植。

（2）产地选择。要符合国家关于有机水稻栽培的国家标准。产地应具有丰富的有机肥源，周围应避免存在污染源，有机水稻产地的土壤、空气、水质都应符合国家相应标准。

（3）合理施肥。有机水稻土壤的肥源分为天然肥源和人工有机肥，绝对不能施化肥，只能施有机肥，最好施发酵腐熟的鸡粪、饼肥等，施底肥要做到量足、质优。

（4）洁水灌溉，科学种植。灌溉有机水稻绝对不可采用工业用水、生活污水，必须采取洁水灌溉，要做到单排单灌。

（5）病虫害防治。有机水稻的病害防治以农业防治为主，药剂防治为辅。有机水稻如果发生虫害一般情况下应该采取物理的方式防治，在紧急情况下，可以使用药物，但是不能长期使用，有机水稻田中的杂草一般采取人工的方式进行清除，在水稻田里养殖鸭子以及科学轮作等方法也是防治草害的有效方法。

有机水稻栽培

★惠农网，网址链接：http://www.cnhnb.com/xt/article-51872.html

（编撰人：苏金煌；审核人：郭涛）

158. 稻谷储藏的安全含水量是多少?

稻谷的安全水分标准，随粮食种类、季节和气候条件变化。

30℃左右：早籼13%以下，中、晚籼13.5%以下；早、中粳14%以下，晚粳15%以下。

20℃左右：早籼14%左右，中、晚籼14.5%左右；早、中粳15%左右，晚粳16%左右。

10℃左右：早籼15%左右，中、晚籼15.5%左右；早、中粳16%左右，晚粳17%左右。

5℃左右：早籼16%以下，中、晚籼16.5%左右；早、中粳17%以下，晚粳18%以下。

做种子用的稻谷，为了保持它的发芽率，度夏水分还应低于上述安全标准的1%。

稻谷的水分测量

★新品快播网，网址链接：https://www.npicp.com/product/23718927.html

（编撰人：苏金煌；审核人：郭涛）

159. 用于稻谷储藏的仓库类型有哪几种?

（1）钢筋水泥板组合仓。该仓的特点是密封性能好，能防鼠、防湿、防虫，制作简单、经济耐用。

（2）新型农用储粮囤。该储粮囤的结构主要由5部分组成：聚丙烯编织条围圈；防鼠镀锌铁皮；出粮口设在防鼠铁皮的上部，备有闸板，可以人工控制；粮囤底座，用角铁根据需要制成不同规格的圆圈，上铺木板，下有支架；PVC双面涂塑革密闭外罩，可密封囤顶，使粮囤可在露天存放。

（3）玻璃钢储粮柜及储粮囤。具有自重轻，强度高、耐热性好、耐腐蚀、密闭性能好，防虫、防霉、防鼠及防火效果好。

（4）组合式软体粮仓。有立筒式、仓顶半球式，有效堆粮高度大于4m，可存稻谷110t。该仓的主要优点是改善了储粮条件，确保储粮安全。组合式软体粮仓，设计科学、结构巧妙，检查粮情方便，粮食进出仓操作简捷，便于应用气调储藏、熏蒸、通风等各种保粮技术。

粮仓

★焦作日报网，网址链接：http://epaper.jzrb.com/html/2012-11/12/content_157937.htm

（编撰人：苏金煌；审核人：郭涛）

160. 如何科学管理稻谷储藏仓库?

（1）做好入库前的各项准备工作。首先全方面排查准备入库的仓房，仓房须达到上不漏、下不潮、能通风、能封闭、能保冷。并对仓房通风、测温、测气、测水、熏蒸设施等进行检查，做到“三个到位”：通风系统安装调试到位；卫生清扫、防潮铺垫、空仓消毒到位；机械设备器材、装卸作业人员以及保管安全培训准备到位。

（2）严格控制粮食入库质量，确保入库稻谷达到“干、饱、净”要求。入库的稻谷要做到“六个分开”，即品种、好次、干湿、新陈、有虫无虫、种子粮与商品粮分开。

（3）清理杂质，减缓自动分级。

（4）稻谷通风降温。控制粮堆温度使其常年处于准低温状态是延缓粮食陈化的关键。新稻谷往往呼吸旺盛、粮温较高或水分较高，应适时采用机械通风，降温降水。特别到深秋天凉，粮堆内外温差大，这时应加强通风，结合深翻粮面，散发粮堆湿热，以防结露。

（5）防治稻谷害虫。通常多采用防护剂或熏蒸剂进行防治，以防害虫感染，杜绝害虫为害或使其危害程度降低至最低限度，从而避免稻谷遭受损失。

（6）密闭低温储藏，保温控温。需要多种综合措施维持保冷，必要时补充冷源。

（7）稻谷“双低”“三低”或氮气气调储藏。“双低”储藏一般指低氧储藏、低药熏蒸2项储藏技术同时用于保管稻谷的方法。“三低”储藏一般指低氧储藏、低药熏蒸和低温储藏3项储藏技术先后综合用于保管稻谷的方法。氮气气调储藏则是对仓房进行充氮，开展氮气气调储藏。

（8）日常保管期间的管理。做好入库后续工作，尽快进入正常保管阶段。新粮收齐后，做到“六个及时”，即及时扦样检验，及时平整粮面，及时布设测温电缆和内环流熏蒸管道，及时清洁仓内外卫生，及时制订安全储粮方案，及时规范填写账、卡、牌、簿。加强粮情检测，及时发现并处理问题，确保储粮安全。

粮仓

★江苏粮网，网址链接：http://www.jsgrain.gov.cn/default.php?do=detail&mod=article&tid=233544

（编撰人：苏金煌；审核人：郭涛）

161. 稻谷包装的主要材料有哪些？包装后如何堆垛？

稻谷主要用编织袋，又称蛇皮袋进行包装。编织袋是塑料的一种，包装用，其原料一般是聚乙烯、聚丙烯等各种化学塑料原料。此外，哑光膜PET镀铝、VMCPP、CPP镀铝膜等也是稻谷包装袋的主要材料。

如水分达到安全标准以下，则采用“非”字形或半“非”字形的实垛堆桩法，堆高袋数一般可达到10～12袋。如稻种水分较高，又值秋冬降温季节，应采用通风垛或风凉桩，保持麻袋间留有较大空隙，便于通风散温散湿。常用堆存方式有金钱孔形及“井”字形等，堆放高度宜低，一般适于临时性的短期保藏。

（编撰人：苏金煌；审核人：郭涛）

162. 什么是稻谷的深加工？

稻谷深加工是将稻谷按一定的工艺加工成满足工业、食用、医药及其他多种行业要求的各种用途制品的过程。谷物除了加工主产品外，还可将主产品及其副产品如碎米、米糠、米胚、稻壳、麸皮等进行再加工，制成新的产品，实现物尽其用。如利用碎米可制取多功能淀粉、淀粉基脂肪替代物；利用米糠可提取米糠油、米糠营养素、米糠营养纤维、功能性多肽；利用稻壳可以制备白炭黑、活性炭，生产多种美容化妆品。因此，稻谷主副产品是食品、化工、医药等工业的重要原料，有很大的开发潜力。

水稻深加工

★食品机械网，网址链接：http://www.foodjx.com/news/Detail/94760.html

（编撰人：苏金煌；审核人：郭涛）

163. 稻米加工中的“抛光”工艺是怎么做的？

抛光实质上是湿法擦米。抛光借助摩擦作用将米粒表面浮糠擦除，提高米粒表面的光洁度。具体操作是将符合一定精度的白米经着水润湿以后送入抛光机内，在一定温度下，米粒表面的淀粉糊化使米粒表面晶莹光洁不粘糠、不脱粉，提高其商品价值。

抛光大米

（编撰人：苏金煌；审核人：郭涛）

164. 什么是大米的“色选”与“食味”？

（1）色选。大米“色选”是利用光电原理从大量散装产品中将颜色不正常的或感受病虫害的个体及外来夹杂物拣出并分离的操作。设备为色选机，可将米粒中的异色粒、黄粒米、杂质等选出来。

（2）食味。大米食味是指人们对食用米饭的眼、口、鼻、牙齿的综合感觉。由于是主观感觉，所以食味因人而异，没有绝对的尺度，主要是从米的外观、香味、味道、黏度、硬度等综合指标来评价。影响食味的主要内部成分包括：直链淀粉、蛋白质含量、矿质元素（磷、镁、钾）含量、脂肪酸度和含水量等。

（编撰人：苏金煌；审核人：郭涛）

165. 稻米加工精细程度对营养成分有影响吗?

稻谷由谷壳、果皮、种皮、外胚乳、糊粉层、胚乳和胚等各部分构成，糙米只是脱去谷壳，而完整地保留其他各部分；精制大米则是仅保留胚乳，而将其余部分全部脱去的制品。由于稻谷中除碳水化合物以外的营养成分（如蛋白质、脂肪、纤维素、矿物质和维生素）大部分都集中在果皮、种皮、外胚乳、糊粉层和胚中，因此糙米的营养价值明显优于精制大米，尤其是表现在维生素B族、矿物质和膳食纤维的含量方面，长期食用精白米会出现人体维生素B_1的缺乏。因此，大米碾磨次数越多，营养素损失越大，B族维生素损失可达70%以上。

糙米

精米

★新浪网，网址链接：http://henan.sina.com.cn/food/2010-08-19/190722259.html
★123美食网，网址链接：http://www.haochi123.com/S_Tese/Data/Detail_Tese_444981178.htm

（编撰人：苏金煌；审核人：郭涛）

166. 什么是稻米深加工？副产品通常有哪些？

稻米深加工是以大米、糙米、碎米、清糠、精白米糠、米胚芽、谷壳等为原料，采用物理、化学、生物化学等技术加工转化为各类产品。

（1）加工米制品。主要以物理方法加工大米、糙米的米制品。米制品是“生”的制品，其质地是生的，有的需经后续加工、蒸煮后才可食用，也可作为稻米食品加工配料。

（2）发芽糙米和糙米芽。将具有发芽力（发芽率≥90%）和良好发芽势的优质稻谷，含巨胚米、有色米、香米、色香米及富硒、锌、锗等功能性大米（水稻种植时采用生物技术获得稻谷）等特种稻谷加工成食用糙米。糙米经发芽至适当芽长的芽体，芽体是具有生命力的活体，也是一个活性很强的多酶系。糙米发芽过程是一个生化反应过程，对人体生理活动调节有益有效的成分种类增多，含量增加。发芽糙米芽长为0.5 ~ 1.0mm，糙米芽芽长为2 ~ 3mm。前者是一种功能性食品，可作为主食用。发芽糙米和糙米芽经微粉碎，超微粉碎成粉体，是加工功能性食品的配料。

（3）稻米食品，以食品加工单元技术加工成的一类稻米制品，包括米制食品（含速食、即食食品）、糙米（含特色稻米糙米）食品、米糠食品、米胚芽食品和油脂制品（米糠油和米胚芽油）五大类。

（4）稻米精细化制品。稻米（含谷壳）应用高新技术加工成稻米精细化工制品，科技含量较高，产品附加值大。这类制品可分为轻工、食品、化工、医药工业原料和功能性食品及其基料两大系列。

稻米深加工

★搜狐，网址链接：http://roll.sohu.com/20130614/n378818533.shtml

（编撰人：苏金煌；审核人：郭涛）

167. 稻谷烘干通常采用哪些技术？

稻谷干燥方法主要有自然干燥和机械干燥两种。自然干燥是利用阳光和自然风力晾晒，最好使用洁净的竹垫翻晒，不宜在沥青或水泥地面上晒谷。要早上出晒，傍晚收拢，尽量避免中午高温时的暴晒。机械干燥是利用加温机械进行烘干，要有预热或预冷设备，要严格控制干燥温度和风速，不宜采用传导方式加热的干燥机，对高水分稻谷，一次不能降水过多，最好采用间歇干燥或先低温后高温的干燥方法。此外，为了提高稻谷质量，稻谷干燥可通过真空干燥工艺、微波干燥工艺、稻谷变温干燥工艺、远红外连续干燥、增湿加热干燥工艺及除湿干燥工艺等对稻谷进行干燥。

机械烘干稻谷

★农机网，网址链接：http://www.nongjx.com/news/Detail/56684.html

（编撰人：苏金煌；审核人：郭涛）

168. 稻谷烘干的基本原则是什么？

（1）及时晾晒。刚脱粒后的稻谷含水量较高，若不及时晾晒容易生芽、发霉。可采用竹席或三合土晒场多日间歇晒干或阴干、风干，以降低碎米率，提高整精米率。稻谷含水量在13%以下即可安全储藏。

（2）不宜暴晒。稻谷耐高温性差，要避免高温暴晒。若暴晒，爆腰粒多，加工成大米后，碎米多，出米率低，成色差，卖不上好价钱，影响农民增收。稻谷要以晾晒为主。如在日光下暴晒稻谷，要摊稍厚一些，特别是在水泥地晒时，要勤加翻动，以防局部稻谷受温过高，而影响稻谷品质。

（3）场地干净。晾晒场地要清扫干净，避免杂质（如杂草、泥块、砂石等杂物）混入。不能在公路旁或其他有污染物（如沥青等）的地面晒谷。

晒谷

★东楚网，网址链接：http://www.hsdcw.com/html/2018-10-9/940599.htm

（编撰人：苏金煌；审核人：郭涛）

169. 稻谷加工通常有哪些流程？

稻谷加工工艺过程，按照生产程序，一般可分为稻谷清理、砻谷及砻下物分离、碾米、成品及副产品整理4个工序。

（1）稻谷的清理。稻谷清理是整个生产过程中的第一道工序，一般包括初清、筛选、除稗、去石、磁选等。它的任务是根据稻谷与杂质物质特性的不同，采用一定的清理设备（如初清筛、平振筛、高速筛、去石机、磁筒等），有效地去除夹杂在稻谷中的各种杂质，达到净谷上砻的标准。

（2）砻谷及砻下物分离。稻谷加工中脱去稻壳的工艺过程称为砻谷。稻谷砻谷后的混合物称为砻下物，砻下物主要有糙米、未脱壳的稻谷、稻壳及毛糠、碎糙米和未成熟粒等。

（3）碾米。碾米工段的主要任务是，碾去糙米表面的部分或全部皮层，制成符合规定质量标准的成品米。

（4）成品及副产品的整理。①擦米除糠：擦除黏附在白米表面的糠粉。②凉米降温：降低米温，以利于储藏。③白米分级：根据成品质量要求分离出超过标准的碎米。④稻壳整理。⑤米糠整理。⑥碎糙米的整理。

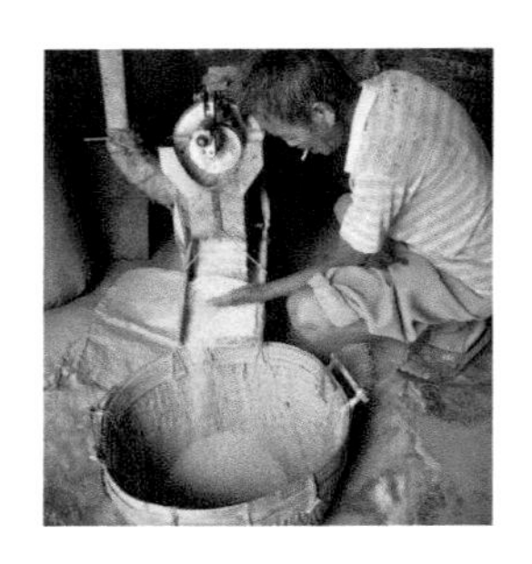

碾米

★西祠网，网址链接：http://www.xici.net/d233217916.htm

（编撰人：苏金煌；审核人：郭涛）

170. 稻谷加工脱粒的最佳时期是如何把握的?

稻谷成熟度达到85%～90%（85%～90%谷粒黄化）收割，边收割、边脱粒、边整晒，及时将水分降低至14%以下，禁止铺在沥青或水泥地面碾压脱粒。对于割稻后不能及时脱粒的稻株，不能急于打捆堆垛，应摊开晾晒，茎叶晒蔫后才能堆垛，以防稻谷被沤黄，霉烂变质。收割稻谷时水分在17%以上、气温在15℃左右时不要急于脱粒，要在田间铺开晾晒降水，堆垛时应将稻穗朝外，以利于干燥，但不要长时间堆垛。

脱粒

★机电之家网，网址链接：http://www.jdzj.com/p6/2014-9-14/2849024.html

（编撰人：苏金煌；审核人：郭涛）

171. 哪些原因导致大米加工过程中易发生害虫？应如何控制?

在大米加工过程中，由于养分充足、环境隐蔽，储粮害虫时常在待加工原粮、大米成品和加工设施中发生。目前，导致大米加工过程中易发生害虫的原因主要包括以下几点。

（1）农户与基层粮库仓储条件简陋，防虫措施较少，适用药剂缺乏，导致加工企业收购的稻谷中虫口密度较高，玉米象和麦蛾为害严重。

（2）收纳仓气密性较差，不易熏蒸，以及部分基层粮库的收纳仓离饲料厂太近，饲料中害虫极易入侵待调运的稻谷之中。

（3）生产车间不易隔离害虫。加工企业的生产车间一般宽敞空旷，门、窗、通道、洞孔多且宽大，以赤拟谷盗为主的储粮害虫嗅香而来，滋生繁殖，到处飞窜。

（4）加工设备中害虫不易处理。在加工溜管的缓冲弯头、各种碾米机内的空隙、提升机内壁和底部及水平输送地沟、各种入粮孔洞内，存留少量大米或细糠，容易吸引赤拟谷盗为主的储粮害虫嗅香而来，滋生繁殖。

（5）（成品库和超市仓库难避害虫入侵。加工企业的大米成品粮通常存放在大门敞开、车进车出的大型仓库，批次众多，而超市经常有多家公司的成品或多个粮种同存同销。

主要控制措施如下。

（1）提高储粮库房气密性，降低待加工稻谷的虫口密度。在有效浓度条件下，彻底熏蒸待加工稻谷，降低其虫口密度，尤其是降低稻谷的含卵量。

（2）加强加工环节虫害控制与隔离。提升车间防虫性能；应用紫外诱杀灯控制成品库害虫；采用有触杀、胃毒和隔离作用的长效储粮防护剂；采用“管道强力除虫清理剂”或“太阳能温控杀虫箱”，处理管道中害虫。

（3）加强调度管理，科学安排生产。根据本地气候条件和销售区域温度情况，科学安排大米生产计划，合理调节销售市场，加强调度，确保上市大米无虫害发生。

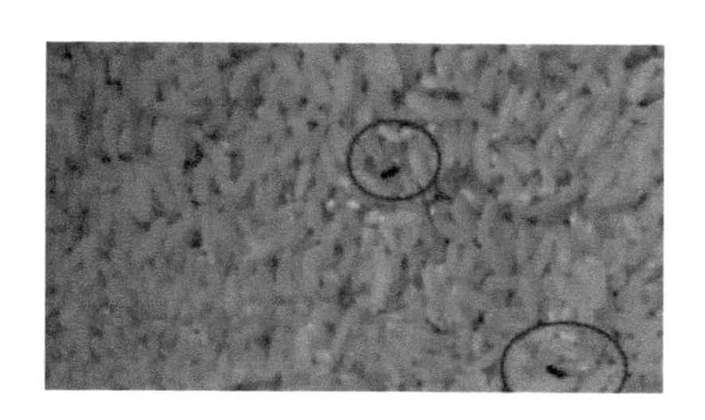

大米长虫

★三联网，网址链接：http://www.3lian.com/show/2017/08/24889.html

（编撰人：黎华寿，康智明；审核人：秦俊豪）

172. 稻米储藏过程中污染来源有哪些?

目前，物理因素、化学因素和生物因素是造成稻米储藏过程中受到污染的因素。这主要是由于在加工过程中保护稻米胚乳的稻壳和皮层被去除，胚乳处于裸露状态，极易受到周围环境的影响。大米加工、储藏过程中使用的机械、管道、容器等也会有微量的重金属元素或有机污染物进入食品引起污染。其中，加热、冷却、水分、干燥、光线和天然存在的菌类、微生物及其他肉眼可见的生物、工业污染、食物混杂和存放时间等因素，不合理的农业生产和加工方式，都会对稻米造成污染。具体污染的原因包括：①储藏光线控制不当。②储藏温度控制不当。③储藏水分控制不当，造成吸水或失水，特别是水分过多造成霉变。④物理胁迫或滥用。⑤氧参与的化学反应。⑥微生物生长活动。⑦稻米中酶的活动和其他化学反应。⑧昆虫、寄生虫和啮齿类动物的侵染。⑨储藏时间过长。

上述因素可单独造成稻米储藏过程中的污染，更常见的是多个因素共同起作用造成的污染。此外，粮食在储藏过程使用熏蒸剂杀虫，长期使用如PH3等熏蒸剂杀虫，使某些虫子对这些熏蒸剂已经形成了抗药性，只能够通过加重下药的剂量，增加下药的次数，导致PH3在粮食中的含量超标。在湿热地区，粮食容易长曲霉和青霉，导致粮食变腐。常见的霉素有镰刀菌霉素和黄曲霉菌素等，它们能够抑制人体的免疫功能，甚至致癌。一些家禽和牲畜吃了发霉的粮食，然后霉菌的毒素又进入牛奶或蛋中，并通过食物对人们的健康造成危害。因此尤其对储藏过程中控制水分含量要十分关注，连同流通领域的成品储存库房都必须满足“干燥、通风、无毒、无异味、无其他污染，库房内应设垫离架及防鼠等设施”的要求，防止稻米储藏过程中变劣和污染。

大米储藏

★黑龙江网，网址链接：https://www.chinahlj.cn/news/145096.html

（编撰人：黎华寿，康智明；审核人：秦俊豪）

173. 稻米运输过程中污染来源有哪些?

食品运输、储存、配送、装卸、保管和物流信息管理等一系列活动，构成了食品的物流。其中，运输环节是食品物流众多环节中一个十分关键的组成环节。食品运输环节的安全与否直接涉及物流全程安全目标能否实现。任何产品都需要经过运输、装卸、包装、运输和保管等活动才能被消费者所购买。稻米也是这样，都需要经过以上步骤才能最终来到人们的餐桌。因此，运输的安全问题关系人们能否吃到无污染的稻米。稻米运输的主要工具包括汽车、火车、轮船和飞机等。目前，稻米运输过程中造成污染的来源主要包括以下几种。①运输工具不符合卫生要求。②运输过程中包装破损。③运输过程中运输人员操作不规范。④运输前储藏不完善，稻米已被污染。

因此，通过建立一个科学、完整又适合中国国情的食品运输安全政策与法规体系，可为食品运输安全的全程监控和管理提供必要的依据。

大米运输

★新浪网，网址链接：http://news.sina.com.cn/c/p/2008-06-12/232215732867.shtml

（编撰人：黎华寿，康智明；审核人：秦俊豪）

174. 稻米包装污染来源有哪些?

稻米包装如同“名片”，采用不同的包装策略就会吸引不同顾客购买和品尝。同时，稻米又是属于一种易污染、不耐储藏的食品，其与包装材料直接接触，在各个包装环节稍有不慎极易被污染。因此，在生产过程中不仅需要注意包装材料自身的安全性，同时需要规范操作人员的操作和卫生标准。目前，稻米包装污染来源主要包括以下几种。

（1）生产包装材料的原材料已被污染，对稻米及其制品造成污染。

（2）生产包装材料过程中添加助剂，对稻米及其制品造成污染。

（3）包装材料的生产工艺及设备落后造成微生物污染，对稻米及其制品造成污染；特别是由于包装不合格，会造成大米吸湿霉变，大米霉变产生的黄曲霉素B_1是严重的致癌物质，不但很难溶于水和有机溶剂，且极耐高温，正常淘米、煮饭根本无法去除其毒性。

（4）生产包装材料自身的化学物质，对稻米及其制品造成污染。

（5）包装材料分解或降解出的有毒物质，对稻米及其制品造成污染。

（6）滥用包装材料，对稻米及其制品造成污染；有害的包装材料，往往导致包装材料的有害物质进入粮食当中。

（7）生产人员在生产过程中不按操作规范操作，对稻米及其制品造成污染。

回归自然的稻米包装

★印刷技术，网址链接：http://qikan.cqvip.com/article/detail.aspx?id=665067929

（编撰人：黎华寿，康智明；审核人：秦俊豪）

175. 稻米的重金属污染从哪来的?

稻米重金属污染元素包括铅、镉、汞、砷、锡、镍、铬等，这些元素在自然环境中广泛存在，但一般含量较低。大米中重金属来源有很多，归纳起来主要有5个。

（1）产地环境土壤背景值过高。某些大米产地处于有色金属矿带，岩层包裹的重金属在土壤形成、风化、淋溶等过程中释放到环境，造成重金属的自然本底值较高，即土壤在不受人为污染的情况下重金属含量就比较高。由于南方土壤的气候和地理环境土壤风化程度高，多为酸性的红壤、黄壤或黄沙壤，酸性的土壤环境使重金属的活性增加，更容易被水稻吸收，即使土壤重金属不超标，稻米也可能含重金属超标。

（2）产地环境污染。产地环境污染通常是人为因素造成，近年来我国工农业快速发展，但是冶金采矿、能源、化工和建筑材料等行业未经处理的废气、废水、固体废弃物排放造成大气、水体和土壤污染，并最终通过污水灌溉和大气干湿沉降等造成稻田污染。

（3）农业投入品质量不过关或施用不合理。为提高农业生产而施用有机肥、化肥、农药、地膜，部分上述投入品重金属含量超标或滥用，也会导致土壤重金属的污染，特别是用含重金属较多的矿石生产的过磷酸钙肥料，一些含重金属的农药等。

（4）大米对某些重金属的高富积的生理生态特性。水稻对某些重金属，特别是砷、镉有很强的富积性，可通过根、茎、叶吸收转运到籽粒中，从而引起大米中重金属的积累。

（5）不合理的农业生产和加工方式。大米加工、储藏过程中使用的防护药剂以及机械、管道、容器等也会有微量的重金属元素进入食品中，引起污染。

大米中存在符合食品安全标准（GB 2762—2012《食品中污染物限量标准》）的重金属一般不会造成健康损害，即使偶尔摄入少量重金属超标食品也并不意味着必然会伤害到身体。通过食物摄入重金属而造成健康损害的情况，通常只有在长期摄入并积累到一定程度时才会发生。为了尽可能规避这种风险，最好购买来源可靠符合标准的大米，并避免长期食用同一产地和品牌的大米。

土壤重金属超标

★新浪网，网址链接：http://finance.sina.com.cn/china/20130523/035915554995.shtml

（编撰人：黎华寿，康智明；审核人：秦俊豪）

176. 现行有哪些好的稻谷储藏保鲜技术？

（1）气调法。包括充CO_2、N_2和真空等措施。稻谷在充CO_2、N_2或真空等缺氧条件下，呼吸强度下降，品质劣变速率减缓，可有效控制霉菌和害虫的侵害。充氮（氮浓度95%以上）可有效保持稻谷的新鲜品质，减少大米营养物质的损失，延缓大米的品质劣变。

（2）保鲜剂法。食品保鲜剂是指用于防止食品在储藏、流通过程中，由于微生物繁殖引起的变质，或由于储存销售条件不善，食品内在品质发生劣变、色泽下降，为提高保存期，延长食用价值而在食品中使用的添加剂。

（3）物理杀菌法。杀菌是食品生产加工中一个非常重要的环节。通过杀菌，可以有效地防止食品不受病虫害及各种菌类的为害。虽然杀菌的方法很多，但是冷杀菌中的物理杀菌是杀菌技术的发展趋势，它是运用物理方法，如场（包括电场、磁场）、高压、电子和光等的单一或者2种以上的共同作用，在低温或常温下达到的杀菌目的。

（4）熏蒸法。熏蒸法是稻谷长期储藏的一种方法，它是通过在封闭的空间用气态的或可蒸发的杀虫剂或杀菌剂杀灭微生物和昆虫的方法来延长大米储藏期。

粮仓

★百度百科，网址链接：https://baijiahao.baidu.com/s?id=1587766813846841642

（编撰人：苏金煌；审核人：郭涛）

177. 如何防治稻谷（米）生虫？

（1）应用防护剂防治储粮害虫。防虫磷拌和储粮、凯素灵药布防虫（用500mg/L剂量的凯素灵溶液浸泡蚊帐布后晾干做成药布，分别铺在储藏粮堆的底部、表面、四周，然后盖好储粮容器。这样可保持安全水分稻谷在一年内基本无虫）、溴氰菊酯拌粮防虫。

（2）应用化学熏蒸剂防治储粮害虫。磷化锌加有机酸熏蒸灭杀农户储粮害虫。

（3）应用植物性杀虫剂防治储粮害虫。如将山苍子除杂晒干后碾成粉末装袋埋入粮中，具有明显的熏蒸触杀作用和较强的诱杀作用，防治效果达95%。此外，苦楝树皮、金钱草、半夏、五倍子、花椒、烟叶、香茅草、野薄荷等也具有良好的杀虫效果。

（4）应用物理隔阻法防治储粮害虫。泡沫防虫法（用厚度1cm左右开孔型低密度的聚氯乙烯塑料泡沫，按储粮器具形状大小，用乳白胶将泡沫粘贴在器具上，即可阻止害虫通过，起到防虫作用）、泡沫载体法（将聚氯乙烯塑料泡沫剪成蚕豆大小的颗粒，拌入粮内，因泡沫及其气味不利于害虫栖息、繁殖。拌入粮堆内部即可增大粮堆内空隙度，有利通风换气、防止结露生霉，又能妨碍害虫爬行，改变粮堆内害虫种群生态环境，起到防虫作用。若把防虫磷等喷洒在泡沫上，防治效果会更佳）。

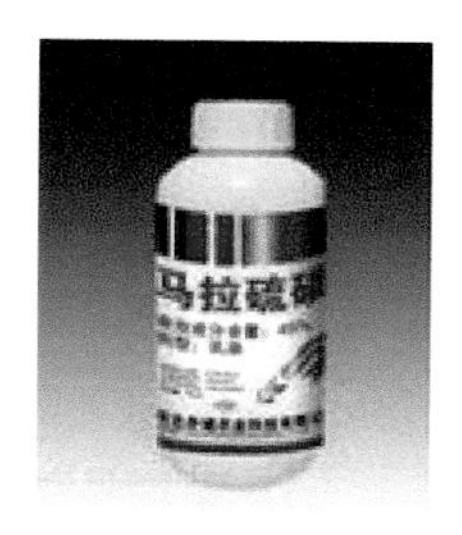

防虫磷

★中国供应商网，网址链接：https://www.china.cn/shachongji/3600427581.html

（编撰人：苏金煌；审核人：郭涛）

178. 稻田中有哪几类生态栽培模式？

（1）稻田水面立体利用，进行水稻、水面萍、水下鱼立体培植，模式有“稻—稻—鱼”“稻—萍—鱼”。

（2）稻田种植养殖模式，如“稻—鱼”“稻—虾”“稻—蟹”“稻—泥鳅”“稻—蛙”“稻—田螺”“猪—沼—稻”“稻—萍—鱼—鸭”“稻—间糯稻—萍—鸭—鱼”模式。

（3）稻田水面与稻田四周空间立体利用，如“蔬菜—稻—蔬菜（果树、茶树）”模式，主要有“菜—稻—菜”“稻—稻（再生稻）—菜”“稻—草莓”“稻—菇—菜”等。

①水稻轮作。“稻—稻—薯”“菜—稻—菜”“稻—稻—绿肥”“稻—麦”“烟—稻”“稻—豆”“稻—油”“稻—玉米”模式。

②水稻间作。“茶—稻”“水稻—水芹”“水稻—慈姑”“水稻—水蕹菜”“稻—木耳”“稻—花生”“稻—麦”“稻—橡胶”“稻—梨”间作模式。

（4）稻田免耕生态模式，如稻田免耕直播油菜、小麦、免耕覆盖马铃薯等。

（5）再生稻生态模式。水稻收割后，利用稻桩重新发苗、长穗，短时间内再收获一季的高效稻作模式。如“稻—再—虾”“稻—再—鸭”等绿色种养模式。

鱼、鸭、稻共育

★东北网，网址链接：http://www.chinabreed.com/6g/dianping/bencandy.php?aid=664650&fid=176

（编撰人：李妹娟；审核人：李荣华）

179. 稻田复合种养技术包括哪些方面？

举例：水稻品种遗传多样性栽培技术以及鸭稻共作相结合的复合种养技术。

（1）品种多样性栽培技术。

①选配生长协调的品种组合。早晚稻品种生育期长短的问题：根据不同地区的气候等环境特点因地制宜选择适合的品种组合。株型与分蘖的问题：根据当地的气候特点选择适合的株高（防倒伏）、分蘖较多、产量高、品质好的品种组合。吸肥力强弱的问题：选用吸肥力强或弱的品种，首先应根据当地土壤肥力和用肥水平，其次考虑早晚稻品种在共生期间吸肥协调的关系，从各地的试种情况看来，在早稻与晚稻的吸肥力上似有采用两者大致相同或晚稻稍强于早稻的组合为好的趋势。

②合理密植，多本种植。据各地经验，早晚稻混作其行株距应比间作稻密些，较连作稻稍稀或相似。

③加强田间管理，合理施用肥料。根据试种单位的反映，早晚稻混作的施肥技术，应注意施足插秧肥，酌施早稻拔节肥，早稻收后，早施晚稻长叶分蘖肥。

（2）鸭稻共作技术。

①稻田及水稻品种的选择。稻田地要选择水肥条件好的地块：稻田不仅要选择排水方便、土质保水力强、浮游生物多、不受洪水威胁的稻田，还要做好绿肥后期培育管理，为共育本田备足有机肥，以便在稻鸭共育少施化肥条件下，有足够的养分供应，以保证水稻健壮生长。选择适宜品种：适合养鸭的水稻品种一定要茎秆粗壮，叶片坚挺，而且具有较强分蘖能力，植株集散要适中，因为鸭子在稻田间活动，如果太密就容易造成稻茎的折断，影响水稻的生长。所以在选择水稻品种时要尽可能选择抗逆性好的优质品种。品种选好后，要对种子进行精选，

然后再进行消毒处理。晒好后，利用风力选种或是水选，经过选种后，保留优质的种子，利于苗齐苗壮。在播前还要用浸种灵稀释液浸种，达到消毒的目的，防止病害的发生。

②鸭种选择。雏鸭选择生活力、适应力、抗逆性均较强的中小型优良鸭品种，如滨湖麻鸭、建昌鸭等，以适应水稻栽培特点，使鸭在稻田中能自由穿行。有条件的可选择野鸭和家鸭的杂交种。同时，要做好疾病防疫。

③适时放养。待稻田栽插返青后，视气温高低投放10～25日龄、个体重100～200g的雏鸭。中等肥力田一般每亩放25只、上等肥力田放30只左右，以利发挥生态效益。田边用尼龙网或遮阳网围栏（离地高度为0.7～0.8m），防鸭子外逃和遭受天敌伤害。

④饲养管理。稻田可有目的地栽植如浮萍、绿萍之类的水生植物，增加鸭子的采食品种与数量。白天让鸭子在稻田觅食，晚上应补充精饲料让鸭子自由采食，可采用定时饲喂方式，控制饲料的摄入量，辅料以碎米、米糠、小麦为主，或者用玉米加鱼粉的混合饲料，也可用成鸭的配合饲料。各种营养成分补充料的参考比例为（%）：玉米40，麦麸25，稻谷10，豆饼15，鱼粉5，滑石粉2，碳酸钙2.5，食盐0.5。雏鸭在早、晚各补料1次，补料原则为“早喂半饱晚喂足”。喂量以稻田内的杂草、水生小动物的量而定。

⑤及时捕鸭，防病虫害。当水稻稻穗灌浆后，随着穗重的增加，慢慢地会变得穗弯下垂，这时由于稻穗上的谷粒将要成熟变得饱满，为鸭子所喜食，鸭群在这个时期会频频啄食稻穗上的谷粒，所以要及时把长足个体的鸭子赶出稻田，避免造成水稻损失，同时要将长得足够大的鸭子出售。鸭子离田后，一些害虫因无鸭子灭食，会大量繁殖，一定要做好防控工作，避免虫害的大规模发生，可以在水稻农药使用安全间隔期内，喷施无公害农药进行防虫，避免虫害造成减产。

鸭稻共作技术

★今日头条，网址链接：https://www.toutiao.com/a6399475224928321794/

（编撰人：李妹娟；审核人：李荣华）

180. 稻田养鱼的基本技术流程和要求有哪些?

选择地势平坦、保水能力强及排灌方便的田块，为防止田埂坍塌和漫埂跑鱼，前期共作需加高加固田埂，同时需挖鱼沟鱼溜，以便保证晒田、施肥、施药保护鱼类，可挖成“日”“目”“田”字形等，同时需做好防逸工作，注水口和排水口一般设置在相对两角的田埂上，并设置鱼栅。购买鱼苗后，一般在水稻（选择抗倒伏，茎叶粗壮的品种）插秧一周后，即返青期将鱼种投入饲养，放养品种和密度根据稻田生态环境而定，生长期长、气温高、条件好的地区可适当多放，在水稻插秧后1个月左右要进行水稻晒田，此时，要清理鱼沟、鱼凼，防止淤塞。在晒田时，鱼沟内要有足够的水，保证鱼能自动进入鱼沟、鱼凼。尽可能不要晒得太久，田晒好后，及时恢复原水位，以免影响鱼的生长。

稻田养鱼

★中研网，网址链接：http://www.chinairn.com/news/20170623/180237522.shtml

（编撰人：李姝娟；审核人：李荣华）

181. 稻田养虾的基本技术流程和要求有哪些?

稻田养虾前需对稻田进行挖沟、筑埂、进排水及防逃措施，一般是在插（抛）秧1周后开始放幼虾，每年的8月至9月中稻收割前投放亲虾，或9月至10月中稻收割后投放幼虾，第二年的4月中旬至5月下旬收获成虾，同时补投幼虾，5月底、6月初整田、插秧，8—9月收获亲虾或商品虾，如此循环轮替的过程。

（1）挖沟。沿稻田田埂外缘向稻田内7～8m处，开挖环形沟，堤脚距沟2m开挖，沟宽3～4m，沟深1～1.5m。稻田面积达到100亩的，还要在田中间开挖“十”字形田间沟，沟宽1～2m，沟深0.8m。

（2）筑埂。利用开挖环形沟挖出的泥土加固、加高、加宽田埂。田埂加固时每加一层泥土都要进行夯实，以防渗水或暴风雨使田埂坍塌。田埂应高于田面0.6～0.8m，埂宽5～6m，顶部宽2～3m。

（3）防逃设施。稻田排水口和田埂上应设防逃网。排水口的防逃网应为8孔/cm^2

（相当于20目）的网片，田埂上的防逃网应用水泥瓦作材料，防逃网高40cm。

（4）进排水设施。进、排水口分别位于稻田两端，进水渠道建在稻田一端的田埂上，进水口用20目的长型网袋过滤进水，防止敌害生物随水流进入稻田。排水口建在稻田另一端环形沟的低处。按照高灌低排的格局，保证水灌得进，排得出。

稻田养虾

★百度百科，网址链接：https://baijiahaobaidu.com/s?id=1601246579534271590

（编撰人：李妹娟；审核人：李荣华）

182. 稻田养蛙的基本技术流程和要求有哪些？

稻田放蛙时，选用体格基本一致、健康无病、体格强健、活动力强的幼蛙入田，体重在75～100g为佳。放蛙前，幼蛙需要2%～3%的食盐水浸泡5～10min进行消毒。为防止蛙种伤害稻株生长，投放选择在插秧结束后10～15d，秧苗返青期成活后进行，稻田养蛙因生长时间有限，养殖青蛙可直接放养当年繁殖的幼蛙，同时为防止蛙逃逸，在田埂上围起高1.2m的尼龙防护网。每隔1.5m用竹竿固定，网内应留出一定面积的田埂，以供投喂饲料用。挖沟建栏时，在搁田的同时建好青蛙活动沟，并做好防护围栏防鸟为害等养蛙准备工作，在稻田四周各留80～100cm不插种，并在搁田时开挖成30cm深的浅沟。

稻田养蛙

★吾谷网，网址链接：http://news.wugu.com.cn/article/1130164.html

（编撰人：李妹娟；审核人：李荣华）

183. 稻田养蟹的基本技术流程和要求有哪些?

稻田养蟹需在四周离田埂3～5m处开一条宽2～4m、深0.8～1m的环沟；田中可挖宽0.5～1m、深0.5～0.8m的“十”或“井”字形沟；田块一角可挖一池，以作前期暂养蟹种的暂养池，要求深度1.5m左右，面积按每亩暂养150kg蟹种设计，暂养蟹种期间该池不宜与其他沟渠相通。稻田养蟹的蟹种以长江水系天然捕捞的蟹苗为佳，也可进行人工繁殖蟹苗。蟹种规格要大于湖泊放养规格，以每千克80～100只为好。刚引进的蟹种，下池前必须在2%～3%食盐水中浸泡2～8min，然后取出搁置10～15min，如此反复2～3次，然后将蟹种倒入盆中，放进暂养池，任其自行爬动，及时捞出受伤蟹和死蟹，以免下池后影响水质。春季气温回升，当蟹种在池内活动频繁、食欲较强时，要挖通池埂，让蟹种自行爬到环沟内。待水稻栽插活棵后，拆除环沟防逃设施，任其自由进入稻田。

稻田养蟹

★网易，网址链接：http://hebei.news.163.com/14/1027/12/A9IGMVEB02790EMO.html

（编撰人：李姝娟；审核人：李荣华）

184. 水稻可以与莲藕进行间套作生产吗?

可以。

（1）注意茬口的安排。在两广地区，莲藕种植时间在3月底至4月上旬，日平均气温＞15℃时即可种植。过早种植，温度偏低，容易造成莲藕烂种；过迟种植，生育期不足影响莲藕产量和水稻种植。水稻在8月上旬前移栽到藕田上，确保寒露风来前抽穗。

（2）莲藕栽培技术。①选地整地。选择土质肥沃、土层深厚疏松、保水保肥性强的水田种植。②品种选择与种藕消毒。选用优质、高产、抗病虫、适应性强、商品性好的早、中熟品种。③定植。定植行距为120～150cm，株距为60～80cm，栽植8 340～13 800株/hm^2，用种量2 250～3 000kg/hm^2。④肥水管理。莲藕植株庞大，需肥量大，施肥以基肥为主，基肥约占全期施肥量的70%，追肥约占全期施肥量的30%。⑤耘田除草。定植后10～15d至封行前进行耘田。⑥转藕头。在莲藕旺盛生长期，为防止藕头穿越田埂，应及时将靠近田埂的藕梢向田内拨转，每3～5d查看1次。⑦病虫害防治。莲藕腐败病主要侵害地下茎节，造成莲藕变褐腐烂，植株地上部变褐枯死。

（3）水稻栽培技术。莲藕定植后100～110d进入成熟期，此时，先抛栽水稻，待水稻收割后再收莲藕。①品种选择。选择较耐肥且抗稻瘟病的早、中熟超级稻品种或其他耐肥型的杂交稻组合。②培育壮秧。③适时抛栽。④水肥管理。⑤病虫害防治。

稻藕套种

★广西新闻网，网址链接：http://www.gxnews.com.cn/staticpages/20101101/newgx4ccdf72e-3372006.shtml

（编撰人：李妹娟；审核人：李荣华）

185. 水稻免耕技术生产需要注意什么问题？

水稻免耕技术是继抛秧新技术以后的又一项重大改革，农民不再使用犁耙整地，而是通过合理的轮作，秸秆还田，采用施肥、免耕剂和化学除草等综合措施，使大田能达到无草的目的，可以进一步减轻耕种水稻的劳动强度，又为农作物创造了一个良好的生态环境。免耕需要注意的问题有以下几个方面。

（1）在插秧前药封除草。在抛前可用克无踪或百草枯、农民乐、农达等灭性除草剂封杀老草，早造在插秧前15d，排干田水用20%农民乐或用10%草甘膦水剂7.5～15.0L/hm^2，或41%农达水剂3.00～3.75L/hm^2，或克无踪2 250ml/hm^{2}与草甘膦7.5L/hm^{2}混合，对水750～900kg/hm^{2}均匀喷雾。晚造结合早造稻茬再生和落田谷粒的灭生防除，在早稻收割后灌田浸水1～2d后排水。保持湿润3～5d，待再生长和落田谷粒吸足水分发芽出叶后，再生田面积保持无水的情况下用上述同量的灭生性除草剂和免耕剂均匀喷雾，如药后4h内遇雨，需补喷。若发现再在稻茬再生及落田谷粒萌发继续分蘖，可再用农民乐补喷，在喷药时，最好加入0.2%

洗衣粉+适量碳铵。

（2）药杀后水控除草。喷施灭生性除草剂后第2d，灌水10～20cm，并结合施基肥300kg/hm^2、碳铵375kg/hm^{2}与腐秆灵1 500g/hm^{2}拌均匀，撒施全田，以加速杂草禾头及落田谷粒的软化、腐烂。在喷施灭生性除草剂后为确保除草效果必须做好以下几个方面。①选好水源充足、排灌方便的田块，最好是保水田。②田面要严整，才有利于杂草禾头的软化一致，沤好田。③早稻露明必须掌握好，不能过重，不然在晚造沤田过程中难度较大，影响插秧的质量。④适当筑高田基，以便灌深水淹没禾头，保水在5d以上，切忌长期断水或灌长流水，影响药效质量的发挥。

（3）喷药。喷药对水一定要采用清水，如果使用混浊的水，降低农药药效。喷药时采用背负式往复式喷雾喷药，步行要均匀，使雾状药液黏附在叶片和禾头上。雾天雨天不能喷药，由于增加水分含量，降低药液浓度，药效降低。晚造留下禾头的高度应在5～7cm，有利于水浸，软化禾头。

（4）插秧。插秧时应推倒田块和压倒禾头，有利于秧苗扎根，早生快发，禾苗不能太长。秧苗早造在25d左右，晚造在20d左右，即在3～4片叶时插秧。选择在晴暖天气插秧，有利于扎根返青。浅水插秧，防止漂秧。插秧时，插秧苗高度应在2～3cm，有利于秧苗直立。

（5）肥水管理。由于免耕作进行插秧，大田秧苗入泥浅或根本没有入泥，大部分倾斜，早造在5～7d，晚造在3～5d一般能够直立扎根。因此，在水分管理上应做到插秧时灌皮水，严防晒干死苗，漂苗不利于扎根，够苗时采取多露轻晒的方式进行，以后可照往常插秧水分管理要求进行管理。根据水稻免耕栽培技术规程的要求，水稻免耕栽插秧全生育期施肥总量应比常规抛秧增加10%～15%。免耕施肥原则是量少、次多，第1次早造在抛秧后5～7d，晚造在抛秧后4～5d，施纯N 30kg/hm^2；第2次早造在抛秧后10～12d，晚造在抛秧后7～8d，施纯N 45kg/hm^2；第3次早造在抛秧后15d，晚造在抛秧后12d，施纯N 37.5kg/hm^2。

免耕技术

★吾谷网，网址链接：http://news.wugu.com.cn/article/1013755.html

（6）抛秧后第2次除草。抛秧后3～5d，待秧立苗扎根后，结合第1次追肥，一般用乐吉丁1 200g/hm^{2}或者抛秧清750g/hm^{2}或者瑞飞特750g/hm^{2}或者抛秧灵750g/hm^2，拌碳铵195kg/hm^2、磷肥150kg/hm^2，均匀撒施，并保持田面3～5cm浅水层5～7d，否则引起药害，影响正常生长，当苗达到早造270万～300万株/hm^2，晚造300万～330万株/hm^{2}时，及时进行露晒田。

（编撰人：李妹娟；审核人：李荣华）

186. 水稻“三控”技术是如何操作的?

（1）控肥。指的是控制总施氮量和前期施氮量的比例。控制的目的有两个：一是减少无效分蘖，提高成穗率；二是减少氮肥损失，提高氮肥利用。

（2）控苗。指的是控制水稻的基本苗数和分蘖数。其依据是在水稻的分蘖中，只有一部分最终成穗、对产量有贡献，称为有效分蘖；而没有最终成穗的，称为无效分蘖。控苗的目的就是要控制无效分蘖，提高个体素质和群体质量。通俗地讲，就是对水稻实行“计划生育”，达到“少生优育”的目的。“控苗”技术是三控技术的核心问题。

（3）控病虫。指的是通过改善施肥和栽培管理措施，改善水稻群体结构和通透性，使之有利于水稻的生长发育，而不利于病虫害的发展，从而达到减轻病虫、减少农药用量的目的。

（编撰人：李妹娟；审核人：李荣华）

187. 水稻强源活库优米栽培技术是如何操作的?

作物源库关系是作物高产生理中的热点问题之一，作物产量形成实质上是源库互作的过程。综合“源-库”理论及株型相关理论，要实现水稻高产，掌握“强调重点，注重总体，保持均衡”原则是关键。因此，该技术具体操作如下。

（1）选用具有超高产潜力的品种。品种是产量形成的基础。超高产水稻品种应具有分蘖力适中、根系发达、光合生产率高、源库协调、耐肥抗病等特点。张洪程等的研究实践表明，选用具有超高产潜力的品种应遵循以下标准：①选择可确保安全成熟、生育期长且与季节进程优化同步的品种。②选择穗粒（包括粒重较大）协调的大穗型品种。③选用株高适中、株型较紧凑、叶片挺立、抗倒伏、抗病害（特别是抗条纹叶枯病、黑条矮缩病、稻瘟病等）的高效品种。

（2）培育带蘖壮秧。壮秧返青快、分蘖早、抽穗整齐，是争取大穗、多穗、高产的关键。水稻壮秧的标准：①秧龄适宜。秧龄即为播种到插秧的天数，人工插秧的秧苗为35～40d，但机插秧的秧苗一般在30～35d，不能超过35d，否则会影响秧苗的正常生长发育。目前，秧苗高度以不超过13.33cm为好，节间缩短是壮秧的标准。②茎宽。经多年调查，水稻秧苗的茎越宽，说明秧苗素质越好，例如，秧苗的假茎扁宽达4mm以上是健壮秧苗的条件之一。③植株干重高。植株干重越高，说明秧苗的干物质积累越多。目前，以每100株壮秧的干重在15g以上视为壮秧。④白根多。秧苗根系多少和根长的标准因数量和长短决定，壮秧的根系每片叶应有3条白根，如达到4片叶就应该有12条根，且根系必须是白根，不能是黑根或褐根。根长应达5～10cm，且要带有根毛。

（3）合理密植，建立高效群体。合理的种植密度是取得高产的重要因素，这是因为巨库强源是在合理穗数的基础上追求大穗，达到预期的总颖花量。为此，要在“精苗稳前”的基础上，通过有效分蘖期末适当减肥，并提前在群体80%够苗时即进行断水搁田，及早控制无效分蘖，将高峰苗约束在适宜穗数的1.3～1.4倍，调节形成合理群体动态及其规模，育壮秆、攻大穗。同时，以良好的株型优化群体结构，在满足群体抽穗期适宜干物质积累量的同时，建成足量安全库容的高光效群体。

双季超级稻强源活库优米栽培技术

★广东省农业农村厅，网址链接：http://www.gdagri.gov.cn/zyzx/nyzdpzhztjsk/sztjs/201503/t20150317_473957.html

（4）科学的肥水管理。科学施肥是根据实现目标产量的需肥量、土壤养分供应情况和肥料利用率，来补充当季水稻对肥料的需求。在确定施肥总量的基础上，考虑到水稻各生育期对养分的吸收量不同，还要确定各养分的合理比例及其施用时期。水分定量调控，前期以控制无效分蘖发生、提高茎蘖成穗率为重点，中后期以全面提高群体质量、增强结实群体光合生产率为目的。水分管理关键措施：①提早搁田。在N-n-1叶龄期，当群体总茎蘖数达到穗苗数的80%

（70%～90%）时开始排水搁田，搁田效应发生于N-n叶龄期，被控制的是N-n+1叶龄期起发生的无效分蘖。搁田应分次轻搁。②拔节至成熟期实行湿润灌溉，干干湿湿，保持土壤湿润、板实，满足水稻生理需水，增强根系活力，提高群体中后期光合生产积累能力，从而提高结实率和粒重。

综上，水稻强源活库优米栽培技术应是建立在改进移栽秧龄、种植密度、肥水管理、病虫草害防治等技术措施，充分发挥水稻植株个体生长潜能，以足穗大穗获得超高产的特色理论体系上，根据不同生态地区、不同水稻品种特性进行的精量栽培。

（编撰人：李妹娟；审核人：李荣华）

188. 稻田冬种绿肥技术要点有哪些？

（1）选用良种。①选品质纯正的迟熟品种、当年新种，发芽率高，亩产高。②播前晒种半天，然后加等量的细沙，装入编织袋用力揉擦，磨伤种皮除去蜡质，可提高发芽率30%，浸种24h，种子露芽眼即可播种。

（2）提高播种质量。①每亩用种量1.5～2kg，以保证每亩有30万～40万苗。②拌种肥每亩可用钙镁磷肥15kg，有条件的最好每亩加4g钼酸铵和草籽拌匀，对增瘤促根作用很大。③播种时间于晚稻禾穗钩头后进行，紫云英与晚稻共生期15～20d，播种时田间要保持湿润状态，水分过多或干旱都不利其生长。

（3）抓好越冬管理，防止缺苗。①晚稻收获前要晒田，千万不可软泥割禾，否则幼苗易被踏死，田土被踏实，不利于绿肥生长。②晚稻收割后，用稻草或猪牛栏粪及时盖好草苗，可收到抗旱、防冻、施肥之效。③草苗基本上长满田后，应及时施磷肥及钾肥。磷肥每亩施钙镁磷肥15～20kg，钾肥每亩施草木灰50kg左右，这对促进绿肥生根增瘤，分枝壮苗十分重要。

（4）抓好春发管理，以“小肥养大肥”。①清沟排水，做到雨停田干，降低地下水位，使土壤的水、肥、气、热协调，促进绿肥根深叶茂。②根据苗情补施少量氮肥，一般每亩施碳铵5～8kg，或窖沤肥500～750kg，促进绿肥均衡猛长。

（5）综合防治“二病三虫”。病害有菌核病、白粉病，虫害有蚜虫、蓟马、潜叶蝇等。在对待病虫害方面，应该做到以预防为主，加以综合治理，确保绿肥高产稳产。

稻田冬种绿肥技术

★广西农业网，网址链接：http://www.gxny.gov.cn/news/jcxx/201311/t20131104_347733.html

（编撰人：李妹娟；审核人：李荣华）

189. 稻田水旱轮作蔬菜技术模式要点有哪些?

（1）品种选择。选择优良高产、优质、抗病虫品种。

（2）菜花栽培技术。

①育苗。营养土配制消毒、确定播期与播量、掌握好播种方法、做好苗期管理。

②定植。施好基肥、整地作畦、严把定植标准、加强田间管理、防治病虫害、及时采收。

（3）水稻栽培技术。苗床培肥、播种育苗、大田移栽、田间管理及收获。

菜稻轮作

★川南在线网，网址链接：http://www.chuannan.net/Article/ttyw/201609/97326.html

（编撰人：李妹娟；审核人：李荣华）

190. 稻田冬种马铃薯的技术要点有哪些?

（1）品种选择及种薯处理。①品种选择。选择适应本地区栽种的品种，广东马铃薯以中早熟、优质、适合鲜食的品种为主。②种薯催芽。切块后进行沙藏催芽。③种薯切块。一是切块方法：选择健康或已经催芽的较大种薯进行切块，每块最适宜重量为25～30g，每个切块须带1～2个芽眼。二是切刀消毒：切刀可用酒精溶液或高锰酸钾溶液消毒。④种薯消毒。常见的切块种薯消毒方法有干拌、湿喷、浸种3种方法。

（2）耕田准备。①田块选择。栽培田土质以富含有机质、肥力较高、排灌方便、土层深厚、微酸性的前作为水稻的沙质土壤最为适宜。②开沟起垄。按110cm开沟起畦，其中畦面宽85～90cm，畦高20～25cm，垄间沟宽20～25cm，要求土块细碎，垄面，沟底平直，条施基肥。

（3）播种。①播期选择。广东冬种马铃薯在晚稻收获后进行播种，10月20日至11月30日为最适宜播种期，其中11月1—20日为最佳播种期。②播种密度。播种密度依品种特性、生产目的及栽培田块肥力状况而定。③播种方式。有沟播和穴播两种方式。④稻草覆盖。播种覆土后用稻草覆盖垄面，每亩用干稻草300～400kg，稻草与垄向平行，薄厚均匀，头尾相连，两端结合处用土压住，防止被风吹走。

稻田冬种马铃薯

★今日惠州网，网址链接：http://e.hznews.com/paper/hzrb/20141117/a4/3/

（编撰人：李妹娟；审核人：李荣华）

191. 稻—萍—鸭共生的生产技术要点有哪些?

（1）场地和品种选择。①稻—萍—鸭共作的场地应选择无污染、地势平坦、水源充足、土壤肥沃、灌溉方便的稻田。②水稻要以优质高产稳产、茎秆粗壮、株高适中、株型集散适度、抗倒伏、抗病性强的优质高产品种为宜。③鸭品种应选择生活力强和抗逆性强、适应性广、觅食能力强、体型中等适合稻田放养的鸭子。

（2）役用鸭饲养。①放鸭的时间。水稻秧苗移栽后10～15d是杂草萌发的第一高峰期，此时数量大、发生早、危害重是防除的重点，此时是放鸭的最佳时间。②建好栏网设施。用竹竿插在稻田四周，并用尼龙网将稻田围隔，建一小窝棚，便于喂鸭及作为鸭子休息和遮风避雨的场所。

（3）放鸭的地点和密度。雏鸭驯水后再放入稻田，使雏鸭尽早适应新环境自动吃食和下水，降低雏鸭死亡率。投放鸭苗后，并在鸭群中放养3只1个周龄的幼鸭遇外敌时起预警领头的作用。放鸭密度跟鸭子大小、田间面积与共生效果大小有关。

（4）做好饲养管理并注意防止天敌。鸭子的天敌主要有黄鼠狼等动物，沿田埂四周围防护网防鸭外逃和天敌侵害，暴风雨前将鸭群收回鸭棚，定期巡查围网及清点鸭的数量。

（5）适时适量放萍。鸭放到稻田20d左右，把预先繁殖的绿萍放养到稻田间。绿萍既可作为鸭的直接补充饲料又能引来部分食萍昆虫，增加鸭的动物饲料，同时还有固氮功能，老化腐烂后的绿萍是水稻优良的有机肥。

（6）鸭出栏、水稻收割。根据水稻田间生长情况，在水稻齐穗时，必须将鸭子从大田赶出，养在田间沟渠中，否则鸭子大量采食稻穗，造成减产。

稻—萍—鸭共生

★土流网，网址链接：https://www.tuliu.com/read-35304.html

（编撰人：李妹娟；审核人：李荣华）

192. 稻田冬种油菜花近年来会产生哪些新效益?

（1）生态效益。①稻—油轮作生态农业模式可减少和消灭病菌在土壤中的数量，破坏越冬场所，造成病虫大量死亡，减轻病虫为害。②稻—油轮作生态农业模式通过改变水、旱杂草的生长环境，达到抑制、减少和消灭杂草的目的，是一项较好的综防措施。③稻—油轮作生态农业能有效消除土壤有毒物质。④稻—油轮作生态农业模式，能提高土壤微生物量C和N的含量。⑤长期种稻土壤容易板结，而结合旱种油菜，可使土壤疏松。通过水—旱—水或旱—水—旱的交替，加上施肥和耕作的影响，可改良土壤的物理性状，恢复和提高地力。

（2）经济效益。合理的稻油轮作种植模式能够有效降低成本，增加农产品产量，提升农产品质量，从而增加农田经济收入，提高经济效益。

（3）社会效益。①长期种植双季稻的农田实行轮作，减少化肥的使用，节省肥料成本。②可以调节农忙时的劳动力，从而一定程度上可节省劳动力成本。③稻—油水旱轮作可以稳定粮食生产和发展经济作物，对农业结构的改善具有积极作用。④稻—油水旱轮作能够节约用水，提高水资源利用效率。

稻田冬种油菜花

★腾讯网，网址链接：http://hn.qq.com/a/20170308/008884.htm

（编撰人：李妹娟；审核人：李荣华）

193. 烟稻轮作主要应用在哪些地区，其技术要点有哪些?

广东、广西、江西、福建等地部分县、市多采取烟稻轮作种植制度，烟稻轮作栽培技术要点如下。

（1）因地制宜选择优良的品种进行耕作。通过良好的品种来保障烟稻的产量和品质，有利于提高轮作的效率。

（2）做好播种和幼苗培育工作。水稻的播种时间一般是在前作烟收获之时安排播种。在播种的过程中一定要做好种子的消毒和施肥工作，这样有利于秧苗的成长，在插秧的过程中需要注意合理密植。烟草的播种方式一般采用的是大棚漂浮育苗的模式，在翌年2月进行大田的移栽工作，并且采用膜上移栽的模式，在大约10d后，在大田中施肥，肥料主要以富含高硫酸钾的专用复合肥为主。在幼苗的培育移栽过程中要注意条施起高垄，盖烟叶的专用地膜，在中间需要经过淋定根水、追肥、揭膜培土等环节。

（3）做好施肥工作。稻田施肥需要注意重前、适中、补后的原则，前期要做好基肥工作，中期要及时追肥，保证成穗率，防治早衰现象。烟田要做到平衡施肥，注意选用一些钙镁磷的肥料以及一些烟草专用肥，按适当的比例在恰当的时间进行施肥，使烟草更好地生长，使烟畦更加饱满。

（4）对烟田的土壤进行改良，对病虫害进行综合治理。在种烟的过程中容易使土壤遭到破坏，出现一些土壤退化、土壤中养分不均衡的现象，一般采用石灰粉来对土壤的酸度进行调节，对于一些地质较沙的土壤可以通过有机肥来进行土壤的改良。烟田一般会出现大量的病虫害，需要做好病虫害的防控工作，在防治的过程中一定要及时、适量，采用科学合理的方式进行。

（5）做好烟苗的剪叶工作，适时进行采收和烘烤。在适宜时间进行移栽有效地保证了叶片的数量，也可以防止早花，克服苗木矮小问题，做好烟苗剪叶工作可以增加有效叶，使有效叶维持在20片左右。剪叶的次数一般是2次。对于一些长势较好的苗木，对于下部的叶子要进行早采，中部的叶子要成熟采收，上部的叶子要在充分成熟的情况下进行采摘。在采摘的时候还要避开强光烈日，避开雨天采摘。

烟稻轮作

★红网，网址链接：http://www.clxww.com/Info.aspx?Id=22400&ModelId=1

（编撰人：李妹娟；审核人：李荣华）

194. 水稻可分为哪几个生育期？有多长？

水稻生育期可分为两个阶段，第一个阶段是营养生长阶段，发芽、分蘖、根、茎、叶的生长称为营养生长。第二个阶段是生殖生长阶段。幼穗分化、形成和开花、灌浆、结实，称为生殖生长阶段。幼穗开始分化是生殖生长阶段开始的标志。而幼穗分化到抽穗是营养生长和生殖生长并进时期，抽穗后基本上是生殖生长期。

根据外部形态和生理特点可分为幼苗期、分蘖期、长穗期和结实期4个生育时期。还可以更具体地划分为秧田期、返青期、有效分蘖期、无效分蘖期、拔节期、孕穗期、抽穗期、开花期、乳熟期、蜡熟期和完熟期。

幼苗期是指从种子萌动发芽、出苗至三叶期。以田间50%种子出苗作为出苗标志。分蘖期指的是从第四叶出生开始发生分蘖直到拔节分蘖停止的时期。当群体中50%的稻苗出现分蘖即进入分蘖期。长穗期是从幼穗分化开始至出穗期止，大田以50%出穗为标准。结实期指从抽穗到成熟的过程，包括开花期、乳熟期、蜡熟期和完熟期。

水稻从播种至成熟的天数称为全生育期。水稻品种的生育期受自身遗传特性的控制，又受环境条件的影响。也就是说，水稻品种的全生育期既是稳定的又是可变的。

水稻品种生育期的稳定性是指同一品种在同一地区、同一季节，不同年份栽培，由于年际间都处于相似的生态条件下，其生育期相对稳定，早熟品种总是表现早熟，迟熟品种总是表现迟熟。这种稳定性主要受遗传因子所支配。因此在生产实践中可根据品种生育期长短划分为早稻，全生育期>125d；中稻，全生育期>150d；连作晚稻的全生育期>140d；而一季晚稻的全生育期>170d。还可把早、中、迟熟稻按生育期长短差异划分为早、中、迟熟品种，以适应不同地区自然条件和耕作制度的需要，从而保证农业生产在一定时期内的相对稳定性和连续性。

水稻品种生育期随着生态环境和栽培条件不同而变化，同一品种在不同地区栽培时，表现出随纬度和海拔的升高而生育期延长，相反，随纬度和海拔高度的降低，生育期缩短。同一品种在不同的季节里栽培表现出随播种季节推迟生育期缩短，播种季节提早其生育期延长。早稻品种作连作晚稻栽培，生育期缩短；南方引种到北方，生育期延长。

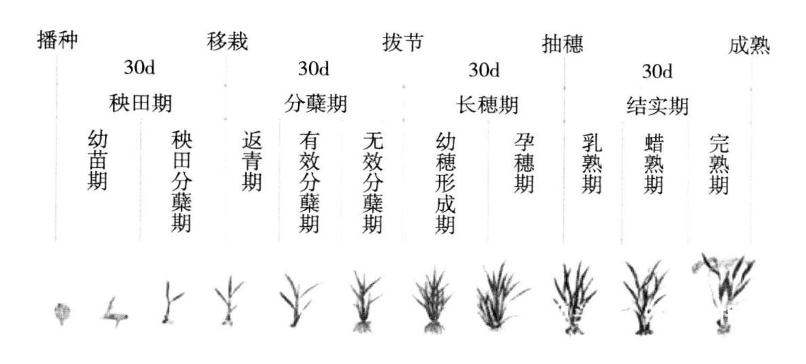

水稻生育期

★快资讯网，网址链接：http://sh.qihoo.com/pc/9d886e31828aa1aba?cota=1

（编撰人：苏金煌；审核人：郭涛）

195. 水稻幼苗期有何特点？如何诊断？

幼苗期是指从种子萌动发芽、出苗至三叶期。以田间50%种子出苗作为出苗标志。幼苗期稻株体内的输导组织还不健全。此时稻苗如泡在水里，根的生长会受到阻碍。尤其是灌水过深时，细胞壁变薄，茎叶较弱，浮在水面上；根系发育不良，不下扎，集中在土壤表层。

幼苗期的4个阶段：①萌动。胚根鞘（有氧时）或胚芽鞘（缺氧时）突破谷壳，外观上可看到“露白”或“破胸”。②发芽。当胚芽长度达种子长度一半，种子根长度与种子长度相等时为发芽，田间以“露尖”或“立锥”为标准。③出苗。发芽后不久，在氧气充足和光照条件下，胚芽鞘迅速破口，不完全叶抽出，生产上称“劈头放青”，随后第一叶抽出，当苗高达2cm时，叫出苗，这时第一对胚芽鞘节根出现。④三叶期（离乳期）。接着第二对（1.0叶龄）和另一条胚芽鞘节根（1.5叶龄）依次长出，故胚芽鞘节根一般为5条，种子发育不良时可能只有3条，2.5叶龄时，不完全叶节根长出。秧田生长初期立苗主要靠这些根。

幼苗期

★汇图网，网址链接：http://www.huitu.com/photo/dep/20161024/170234975800.html

（编撰人：苏金煌；审核人：郭涛）

196. 水稻分蘖期有何特点？如何诊断？

分蘖期分为返青期、有效分蘖期、无效分蘖期。秧苗移栽后到秧苗恢复生长时就称为返青期；从返青后分蘖发生至分蘖数达到与有效穗数相等的分蘖时期称为有效分蘖期；此后至拔节分蘖停止时称为无效分蘖期。禾本科等植物在地面以下或近地面处所发生的分枝就称为分蘖。在分蘖期期间水稻叶片增多、分蘖增加、根系增长，这些都在为生殖生长阶段积累必需的营养物质。

分蘖期

★百度百科，网址链接：https://baijiahao.baidu.com/s?id=1569873875888741

（编撰人：苏金煌；审核人：郭涛）

197. 水稻拔节期有何特点？如何诊断？

水稻拔节期可能开始于幼穗分化前，也可能开始于分蘖期即将结束时。因此，拔节期和分蘖期可能有部分重叠。在水稻分蘖的数目越来越多时，高度也在增加，叶片没有明显的衰老现象。而水稻生育期长短在相当大的程度上关系到其高矮，长生育期种类拔节期较长。由此，根据水稻生育期长短，可将其分为两大类：短生育品种，105～120d成熟；长生育期品种，其生育期达150d。

拔节期

★快资讯网，网址链接：http://sh.qihoo.com/pc/9662e752db509894b?sign=360_e39369d1

（编撰人：苏金煌；审核人：郭涛）

198. 水稻幼穗分化期有何特点？如何诊断？

从幼穗开始分化到抽穗，历时30d左右，整个分化发育过程可划为8个时期，即：①第一苞分化期。②第一次枝梗原基分化期。③第二次枝梗及颖花原基分化期。④雌雄蕊形成期。⑤花粉母细胞形成期。⑥花粉母细胞减数分裂期。⑦花粉内容物充实期。⑧花粉完成期。前4个时期属于生殖器官形成阶段，又称为幼穗形成期；后4个时期属于生殖细胞形成期，又称为孕穗期，各时期主要特征见下表。

幼穗发育时期	主要特征	目测法判别
第一苞分化期	出现第一苞原基	看不见
第一次枝梗原基分化期	第一次枝梗原基在生长锥基部出现并由下而上依次产生	苞毛现
第二次枝梗及颖原基分化期	第二次枝梗原基在顶端第一次枝梗基部出现，并由下而上依次出现，肉眼可见幼穗为大量白毛密布，幼穗长约1mm	毛丛丛

（续表）

幼穗发育时期	主要特征	目测法判别
雌雄蕊形成期	雄蕊分化出花药与花丝，雄蕊开始分化，内外颖逐渐包合，幼穗长0.5～1cm	粒粒现
花粉母细胞形成期	花粉母细胞形成，内外颖长度达护颖长度的1倍左右，颖花长1～3mm，幼穗长1.5～5cm	颖壳分
花粉母细胞减数分裂期	花粉母细胞减数分裂前期二至四分体形成，颖花长3～5mm，幼穗长5～10cm	粒米长 叶枕平
花粉内容物充实期	花粉单胞，外壁形成，萌发孔出现，花药尚未转黄，颖花增长达全长的85%或全长，颖壳尚未变绿，幼穗渐达全长	穗绿色
花粉完成期	花粉由二胞至三胞，内含物逐渐充实至完全成熟，花药转呈黄色，颖花在长宽方面均达最大值，颖花变绿	穗即现

水稻幼穗发育各期的主要特征

中国植物志，网址链接：http://frps.eflora.cn/

（编撰人：苏金煌；审核人：郭涛）

199. 水稻抽穗开花期有何特点？如何诊断？

圆锥花序（即稻穗）尖端从旗叶鞘抽出那刻就标记着抽穗期的开始。圆锥花序继续伸长直到其大部分或完全从叶鞘中抽出所经历的时间就是抽穗期。这时期叶片生长停止，颖花各部已发育完成，茎秆伸长在抽穗后也达最高度，生长中心由前一段的穗分化转为米粒生长。生理代谢以碳的代谢占优势，籽粒积累的干物质2/3是来自开花后绿叶的光合产物。此时期是决定实粒数和粒重的关键时期。

抽穗开花期

★360问答网，网址链接：https://wenda.so.com/q/1474545502723597

（编撰人：苏金煌；审核人：郭涛）

200. 水稻乳熟期有何特点？如何诊断？

乳熟期指谷粒开始灌充一种白色、乳状的液体，当手指挤压谷粒时，该液体会被压出。该时期中，谷物已经开始灌充乳状的物质，绿色的圆锥花序开始向下弯曲。分蘖的基部开始衰老，但旗叶和稍下的两片叶子仍是绿色的。

乳熟期

★安徽农网，网址链接：http://www.ahnw.gov.cn/nwkx/Content/e798f349-e358-4f8b-bf74-a617e834735f?cType=0

（编撰人：苏金煌；审核人：郭涛）

201. 水稻蜡熟期有何特点？如何诊断？

水稻蜡熟期是指谷粒乳状成分开始转变成一种柔软的如生面团之类的物质，再后来这种柔软物质变硬所经历的时间。这一时期，稻穗上的谷粒开始由绿变黄色。分蘖和叶片已经明显地衰老，整个田块看上去开始呈现微黄色。当稻穗变黄色时，每个分蘖最后两片叶子尖端也开始变干。

蜡熟期

★惠农网，网址链接：http://www.cnhnb.com/xt/article-41489.html

（编撰人：苏金煌；审核人：郭涛）

202. 水稻黄熟期有何特点？如何诊断？

水稻黄熟期是水稻成熟期的一个阶段。这一阶段，水稻籽粒会大量积聚支链淀粉，稻穗弯腰情况越来越明显。水稻外壳开始大面积由青转黄，黄色一天比一天加深。

水稻黄熟期

★新浪网，网址链接：http://blog.sina.com.cn/s/blog_4fa273650100kuuw.html

（编撰人：苏金煌；审核人：郭涛）

203. 哪些时期属于营养生长期？有何特点？

水稻的一生要经历营养生长和生殖生长两个时期，其中，营养生长期主要包括秧苗期和分蘖期。秧苗期指种子萌发开始到拔秧这段时间；分蘖期是指秧苗移栽返青到拔节这段时间。秧苗移栽后由于根系受到损伤，需要5～7d地上部才能恢复生长，根系萌发出新根，这段时期称为返青期。水稻返青后分蘖开始发生，直到开始拔节时分蘖停止，一部分分蘖具有一定量的根系，以后能抽穗结实，称为有效分蘖；一部分出生较迟的分蘖以后不能抽穗结实或渐渐死亡，这部分分蘖称为无效分蘖。分蘖前期产生有效分蘖，这一时期称为有效分蘖期，而分蘖后期所产生的是无效分蘖，称无效分蘖期。

水稻营养生长期的主要生育特点是根系生长，分蘖增加，叶片增多，建立一定的营养器官，为以后穗粒的生长提供可靠的物质保障。这一阶段主要是通过肥水管理搭好丰产的苗架，要求有较高的群体质量，应防止营养生长过旺，否则不仅容易造成病虫为害，而且也容易造成后期生长控制困难而贪青倒伏等，对水稻的产量形成影响很大。

水稻返青分蘖期

★天极网，网址链接：http://news.yesky.com/kepu/elite/155/99639155.shtml

（编撰人：苏金煌；审核人：郭涛）

204. 哪些时期属于生殖生长期？有何特点？

水稻生殖生长期包括拔节孕穗期、抽穗开花期和灌浆结实期。拔节孕穗期是指幼穗分化开始到长出穗为止，一般需1个月左右；抽穗开花期是指稻穗从顶端茎鞘里抽出到开花齐穗这段时间，一般5 ~ 7d；灌浆结实期是指稻穗开花后到谷粒成熟的时期，又可分为乳熟期、蜡熟期和完熟期。

水稻生殖生长期的生育特点是长茎长穗、开花、结实，形成和充实籽粒，这是夺取高产的主要阶段，栽培上尤其要重视肥、水、气的协调，延长根系和叶片的功能期，提高物质积累转化率，达到穗数足，穗型大，千粒重和结实率高。

水稻抽穗开花期

★昵图网，网址链接：http://www.nipic.com/show/1/70/7784422k8731db76.html

（编撰人：苏金煌；审核人：郭涛）

205. 哪些时期属于结实期？有何特点？

灌浆结实期是指稻穗开花后到谷粒成熟的时期，包括抽穗、开花、灌浆、成熟等时期。这时期营养器官基本生长停止，生长中心转移到米粒的形成和充实，一切生理活动都围绕灌浆结实而进行，根部吸收的养料、水分、叶片的光合产物以及茎秆、叶鞘中积累的养分都向穗部运输。这个时期是决定结实率高低和千粒重大小的关键时期。

灌浆结实期

★农资招商网，网址链接：http://www.3456.tv/news/1107251.html

（编撰人：苏金煌；审核人：郭涛）

206. 早熟品种、中熟品种和晚熟品种是如何划定的?

水稻品种成熟期划分标准概括为3条：一是从出苗到成熟所需要的天数（生育期）；二是主茎叶数；三是生育所需要活动积温数量，见下表。

水稻品种熟期划分标准

品种熟期	生育期	主茎叶片数	活动积温（℃）
早熟品种	128d以下	10～11叶	2 300～2 400
中熟品种	130～135d	12叶	2 400～2 500
晚熟品种	135d以上	13叶	2 500以上

★百度文库，网址链接：https://wenku.baidu.com/view/6d7bdb0516fc700abb68fc4c.html

（编撰人：苏金煌；审核人：郭涛）

207. 水稻各生育期对水分需求的特点和要求有哪些?

（1）种子萌发期。水稻种子在萌发期需水量较少，在适当的温度和氧气条件下，只要吸收种子本身重量30%的水分就可以萌发，40%的水分最为适宜。种子吸水的快慢与水温关系最密切，水温高浸种时间短，水温低浸种时间长，所以浸种时间由浸种水温来确定。把每天浸种的水温加起来达到100℃，就能满足种子吸水量。如浸种的水温为15℃时，应浸6～7d，水温为20℃时浸种时间为5d。浸种时间过长，胚乳养分外渗损失，时间过短，吸水量不足或不均匀，不仅发芽不整齐，而且往往有许多种子播后不能出苗而造成损失。

（2）播种至秧苗期。播种后芽谷的出苗率随土壤含水量的增加而提高，出苗速率也加快，因此，为了保证旱育秧播后达到全苗齐苗的要求，必须在播前浇透底墒水，浇透土层10cm以上，使土层的水与地干湿土相连。播后采取地膜覆盖保湿，使苗床出苗期土壤含水量稳定在80%以上，以满足芽谷出苗时对水分的要求。齐苗后要严格控制土壤水分，只要早上秧苗新叶尖能吐水珠，就表示不缺水，使秧苗尽可能接近旱地条件下，有利于提高土壤的温度和氧气，促进根系生长，培育出苗株矮，叶片挺，分蘖多的标准壮秧。一般在齐苗至二叶期前，适当减少土壤水分，促进种根下扎，提高抗旱能力。2～3叶期前土壤水分保持在70%～80%，发现苗叶卷曲不展开时表明已缺水，则及时补给水分，4～5叶期可以充分发挥根系从深层土壤吸收水分的功能，无特殊情况下可以不补给水分，中午前后发现部分秧苗出现卷叶至傍晚前后不展开时，则可浇一次水，秧苗不卷叶，一般可不用浇水。

（3）插秧期。插秧时田面水层控制在1cm左右，就是说要有一层瓜皮水。这样可以掌握株行距一致，插得浅，插得直，不漂秧，不缺穴，缓苗快。

（4）分蘖期。分蘖期稻株地上部、地下部均迅速生长，蒸发量与蒸腾量均较大，需要水分较多。而地下部根的生长不仅需要足够的水分，还需要充足的氧气。为了保证水分与氧气的供应，最好采用浅水与湿润灌溉相结合，浅水层有利于提高水温和地温，增加茎基部的光照强度，加强土壤养分的分解，促进根系生长。分蘖期间当稻田水层为1～2cm时，分蘖处于最佳状态，当水深达5cm时分蘖推迟，分蘖总数和有效分蘖数减少。浅水层湿润水分管理有利早分蘖，低节位分蘖，植株体健壮，为培育壮秆大穗打好基础。此时如缺水或发生干旱，就会延迟分蘖，减少分蘖数。

（5）分蘖末期。水稻分蘖末期，已处于营养生长向生殖生长的生育转换期。为调节各器官间的协调生长，解决壮秆与大穗这一对主要矛盾，同时又根据水稻在此期耐旱性较强的特性，在生产中应采取晒田处理，晒田的作用表现出很多方面。主要是控制无效分蘖，巩固有效分蘖，提高分蘖成穗率。改善土壤环境，土壤氧气含量增加，使原来存在于土壤中的有毒有害物质，如甲烷、硫化氢和亚铁等氧化，含量明显减少。有益微生物活动增强，加速有机物质的分解利用，促进根系生长，稻株的总根数及白根数增多，根系下扎，扩大根系活动范围，增进根的吸收能力。对地势低洼、地下水位高，排水不良的烂泥田，要早晒、重晒，使田面沉实，达到进入不陷脚的程度。水稻生长正常的高产田要及时晒，这类稻田一般土壤肥力高，通透性好，晒田主要是控制无效分蘖，晒到田面硬实，出现小裂纹时可灌一次浅水。前期施氮肥过多，秧苗生长过旺，有倒伏现象的要早晒、重晒，晒到田面出现小龟裂，进入不陷脚，中间可过1～2次水，以延长晒田时间。晒田时期应在有效分蘖终止前3d，广东省一般在6月末，晒田日期一般为5～7d。

（6）幼穗分化至抽穗期。幼穗分化到抽穗期是水稻一生中生理需水量最多的时期，也是耐旱性最弱的时期，此期如果缺水，幼穗发育受害或受阻，特别是花粉母细胞减数分裂期，对水分要求十分敏感，此期水分不足，会严重阻碍颖花分化，无花便不能有粒，对水稻产量有决定性的影响。此期田内水层管理应保持3cm左右，灌好养胎水，防止干旱受害。

（7）抽穗开花期。抽穗开花期也是水稻对水分反应较为敏感的时期，此期要求空气湿度为70%～80%，因此要求田内保持一定的水层，若受旱则延长抽穗或抽穗不齐。空气湿度过低，花粉和柱头受旱失水，花器容易枯萎，不能进行正常授粉，形成秕粒，所以要求在抽穗开花期内，田内要保持3～5cm的浅水层。

（8）灌浆结实期。抽穗后水稻开花受精，籽粒开始灌浆。此期水稻根系不再增加，并逐渐衰老，活力下降，根系吸水和氮素减少，因此，应采取干干湿湿，以湿为主，增加土壤氧气来维持根的生理机能，同时也利于保持叶片的活力，延长叶片的功能期，促使光合产物向籽粒运转，增加粒重。通过干干湿湿，以湿为主的调控管理，达到以水调肥，以气养根，以根保叶，以叶保粒的目的，才能达到活秆成熟，籽粒饱满。进入黄熟后，需水减少，一般不再灌溉，前期最好保持土壤有80%左右的含水量，以不间断叶、叶鞘、茎内养分向籽粒输送，使籽粒能获得更多的养分，提高水稻的产量和质量。

（编撰人：罗明珠；审核人：李荣华）

208. 水稻移栽期和返青期的水分管理有哪些特点和要求?

此时期水分管理的特点是“寸水返青”。移栽期为了栽后发根快，不需要栽后灌深水护苗。最好的办法是浅水整平，浅水栽插。栽后3～15d，让田水自然落干。稻秧返青期，秧苗嫩弱，既怕淹深水，又怕断水受旱。这时要实行浅水勤灌，水气协调，以水调肥，以气促根，有利于根蘖相互促进发展。

返青期

★百度百科，网址链接：https://baijiahao.baidu.com/s?id=1569157920029536

（编撰人：罗明珠；审核人：李荣华）

209. 水稻分蘖期的水分管理有哪些特点和要求?

水稻分蘖期的水分管理的特点是“薄水促蘖”和“够蘖晒田”。“薄水促蘖”指水稻返青后进入分蘖期，这时也不宜大水漫灌，宜采用浅水勤灌方式，这样可以保持薄层水，既能满足植株叶面蒸腾需要，确保代谢作用正常，对于分蘖及叶片生长都十分有利。另外薄水层能有效透光，提高地温，利于水稻根系发育，促进分蘖。薄水层也能增加土壤的含氧量，有微生物分解，增加养分利用率。还能促进低位蘖芽萌发，提高抽穗，提高水稻的成穗率。“够蘖晒田”：观察水稻的分蘖情况，当全田总茎蘖数达到穗苗数时，要进行撤水晒田，通过这样的控水晒田，能有效提高根系的活力，促进土壤的微生物活动，对于土壤的环境有很大的改善。另外对于水稻植株的有效分蘖能起到巩固作用，对于分蘖成穗率提高有利，同时也能起到壮秆的作用，增强抗倒能力，增强植株长势，减少病虫害的发生。

分蘖期

★今日头条网，网址链接：https://www.toutiao.com/i6452946760078721550/

（编撰人：罗明珠；审核人：李荣华）

210. 水稻拔节孕穗期的水分管理有哪些特点和要求?

水稻拔节和孕穗期是生长最快和需水最多的时期，也是耐旱、耐寒最弱时期。如果这个时期缺水，幼穗分化就会受影响，易造成穗短小、粒少、空批粒多。因此，要适当加深水层，一般可以保持6～8cm。如果这个时期温度低于18℃有必要把水层加深到15～20cm，通过深水来保护发育中的幼穗，预防障碍型冷害发生。低温过后应立即恢复6～8cm水层。抽穗前3～5d，稻穗的各部分器官发育完成时，要及时排水晒田，晒到田面不裂纹、稻退青转黄为宜。

拔节孕穗期

★永嘉新闻网，网址链接：http://www.yjnet.cn/system/2016/08/04/012446174.shtml

（编撰人：罗明珠；审核人：李荣华）

211. 水稻抽穗期、灌浆期、成熟期的水分管理分别有哪些特点和要求?

（1）抽穗期。水稻抽穗扬花期对水分反应十分敏感，要保证不缺水，不受旱。一般稻田保持需3cm的水层，使稻株对养分的吸收运转畅通，保持最大的光合效率，促进颖花分化，减少颖花败育。

（2）灌浆期。灌浆期既不能干水又不能长期淹水，采取湿润灌溉，进行“干干湿湿”，以间歇灌溉为主，田面不开裂为宜。也就是指灌一次水等落干后再灌，前水不见后水。当前潮水渗下去，再灌后潮水，这样能增加土壤透气性，达到以气养根，以根保叶，以叶保产，达到籽粒饱满、提高产量的目的。

（3）成熟期。黄熟前，还是实行间歇灌溉，使稻田处于干湿交替状态。黄熟后及时断水，一般田可在收获前1周左右排水落干，以促进成熟。深泥田在2周左右，沙田在3～5d。

成熟期

★汇图网，网址链接：http://www.huitu.com/photo/show/20130117/152113333158.html?from=nipic

（编撰人：罗明珠；审核人：李荣华）

212. 水稻返青分蘖期的栽培目标是什么?

水稻秧苗移栽到大田之后，开始进入返青期，返青大概经历7d，而后水稻适应环境，开始进行分蘖和生长发育。紧接着就进入拔节孕穗期。在返青分蘖期，决定了产量因素中的有效穗数大小；同时还会影响到秧苗的健壮程度，间接会影响到后期的颖花分化和灌浆结实。

为了提高产量，在返青分蘖期的主要目标是提高有效分蘖数量，遏制无效分蘖的发育，培育强壮的分蘖，通过落干等措施促进根系的生长发育，同时形成合理的叶面倾角以利用好光热资源，积累足够的干物质进行拔节和幼穗分化。

返青分蘖期

★网易，网址链接：http://dy.163.com/v2/article/detail/DGQVJ15N0512M4DM.html

（编撰人：莫钊文；审核人：潘圣刚）

213. 水稻返青分蘖期有哪些生育特点？

水稻秧苗在移栽之后，因为根系和部分叶片的损伤，水稻需要经过一段时间来恢复并适应大田的环境，这段时间被称为返青期，一般需要7d左右。返青结束后开始进入分蘖期，插秧后的15～20d被称为分蘖盛期。而后的10d左右进入分蘖末期。整个分蘖期大概持续20d。但是并不是所有的分蘖最后都能成有效穗，只有成穗后粒数能达到5粒以上的才能叫做有效分蘖，有效分蘖期持续5～10d。水稻返青分蘖期主要有两个生育特点：对地下部而言，为了供应地上部生长发育时对养分的需求，根系也开始分化生长，对氮素的利用和转化效率提升，植株根系生长旺盛，最后形成强健的须根系，所以返青分蘖期是培育健壮水稻根系的关键时期；对地上部而言，主茎第四片叶子抽出后开始第一个分蘖，叶子的抽出与分蘖发生同时进行，分蘖在长至三叶期后可以独立进行生长，同时也开始进行分蘖。

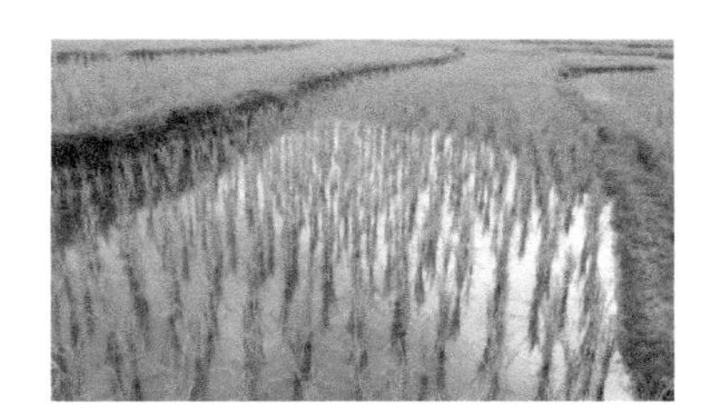

水稻返青分蘖期

★快资讯网，网址链接：http://sh.qihoo.com/pc/9f285e4ed537a6dc6?cota=1

（编撰人：莫钊文；审核人：潘圣刚）

214. 影响水稻分蘖发生和生长的环境条件有哪些?

影响水稻分蘖的环境条件主要有光照、水分、温度和土壤肥力。

（1）光照。充足的光照能够满足植物的光合作用需要，分蘖发生和三叶期前的生长都需要大量的营养物质和能量供应，这些都是通过光合作用来提供的。如果分蘖期处于阴天多雨天气，一定程度上会延缓水稻的分蘖发生。

（2）水分。水稻分蘖期对大田的水分变化极为敏感，如果土壤表面没有水层甚至干裂，水稻吸水吸肥受阻，分蘖就无法正常发生和生长，而如果水层过深，叶片被淹没，分蘖节无法吸收到足够的氧气进行物质合成和代谢，同样会对分蘖产生负面的影响。

（3）温度。气温在30℃左右比较利于分蘖的发生，此时水温大概在33℃左右，这时候植株体内酶效率很高，物质合成及代谢加快，当气温高于40℃时，植物的活动受到抑制，气孔关闭，无法进行正常的分蘖。如果气温低于20℃，植物体内酶活会被抑制，植物整体生长减缓，分蘖的发生也会延迟。

（4）土壤肥力。由于分蘖是需要消耗大量的营养物质的，除了自身可以合成的糖类，还有很多元素需要从土壤中吸取，所以土壤肥力也成为分蘖产生的一大制约因素，水稻在分蘖时，对于氮和钾的需求量比较大。

（编撰人：莫钊文；审核人：潘圣刚）

215. 返青分蘖期的田间水分如何管理?

水稻的返青期需要一个比较稳定的温度和水分环境，所以返青期需要保持一定深度的水层，促进发根扎根，提高返青的效率。但是水层不宜过深，过深淹没叶片会导致秧苗无法正常进行光合作用。一般移栽时保持水层大概3～4cm深，然后让水层自然落干即可，不进行排灌工作，保持土壤的水气平衡。大概7d进入分蘖期后，土壤应当保持饱和含水状态或者浅水层，可以通过灌浅水，然后自然落干，再灌浅水，自然落干来保持土壤的水气平衡。达到根与分蘖相互促进生长的目的。当全田度过有效分蘖发生时期之后，需要进行晒田以控制无效分蘖的发生，避免有效分蘖和主茎的养分流失，晒田的时间和标准要根据秧苗情况而定，长势好叶色浓绿的水稻田需要早晒，同时晒至田边有大裂口产生，叶色有所变黄为止。如果秧苗长势一般，叶色较淡，则需要轻晒，晒至田边出现鸡爪状裂缝，叶色稍微变黄为止。

水稻返青分蘖期

★网易，网址链接：http://dy.163.com/v2/article/detail/DGQVJ15N0512M4DM.html

（编撰人：莫钊文；审核人：潘圣刚）

216. 如何掌握返青分蘖肥的追施？

移栽后返青分蘖长势良好的秧苗，3～5d叶色不再发黄，开始回绿，轻拔秧苗有阻力感，说明根系已经开始生长并下扎。7～10d全田秧苗开始分蘖，分蘖的发生和生长需要合成大量的糖类和蛋白质等物质，所以对肥料的需求也开始增大，此时要适当追施肥料。一般在移栽后7d开始追施分蘖肥，从而促进早期有效分蘖的产生，这是提高水稻产量的关键。双季稻区的早晚稻有效分蘖期更短，所以可以提前1d进行追肥。对于比较肥沃的田块，可以少施，如果贫瘠的田块，不仅基肥要施足，分蘖期追肥也要适当增加。

（编撰人：莫钊文；审核人：潘圣刚）

217. 返青分蘖期怎样及时中耕与除草？

返青期秧苗还在恢复过程中，这时候进行中耕除草或者化学除草都会对秧苗产生一定的影响。在栽插后7d进入分蘖期后，秧苗适应了大田环境，可以对大田进行中耕和除草。中耕的过程不仅可以除掉已经生长出来的杂草，还通过对土层的翻动促进了土壤氧气含量的升高，加快肥料的分解和营养物质的释放，利于秧苗根系的生长。如果移栽前未进行化学除草的田块，可以在追施分蘖肥的同时喷施对秧苗无较大毒害作用的除草剂，移栽前已喷施除草剂的最好不要再喷施，以免造成药害。

喷除草剂

★网易，网址链接：http://dy.163.com/v2/article/detail/DGQVJ15N0512M4DM.html

（编撰人：莫钊文；审核人：潘圣刚）

218. 水稻拔节长穗期的栽培目标是什么？

水稻在分蘖末期，水稻节间开始伸长，幼穗开始分化，这个时期主要影响到了水稻的抗逆能力和产量因素中的颖花数。时间是移栽后30d左右，这个时期的主要栽培目标是，增强茎秆的强度，防治水稻后期结实后倒伏；防治水稻徒长，在保证不影响有效分蘖生长的情况下适当抑制营养生长，使水稻尽快向生殖生长转变，促进颖花的分化，提高每穗的颖花数，让水稻抽出大穗。

水稻拔节长穗期

★百度百科，网址链接：https://baijiahao.baidu.com/s?id=1593244834199415716

（编撰人：莫钊文；审核人：潘圣刚）

219. 水稻拔节长穗期有哪些生育特点？

水稻分蘖后进入生殖生长与营养生长同时存在的时期，从表面上观察可以看到，茎秆明显增粗，叶面积明显增大，此时全天的叶面积和根系生长总量达到整个生育期的最高值。与此同时，幼穗开始分化。根据丁颖的稻分化进程划分，幼穗分化一共会经历8个时期，最后稻穗开始抽出。根据品种和各地气候的区别，幼穗分化经历时间在25～35d。这时候也是需肥量比较大的时期，可以适当追施肥料来保证幼穗的正常发育。

（编撰人：莫钊文；审核人：潘圣刚）

220. 环境条件对水稻拔节长穗期的根、茎、叶、穗生长发育有哪些影响？

对根而言，环境条件中空气和温度条件会对其生长产生直接的影响，水稻拔节之后，叶片到根系的距离增长，氧气的转运速率下降，所以根系还需要从土壤中吸收一定量的氧气。所以土壤的同期状况直接影响到了根系的生长，可以通过控制土壤水分来调控土壤的同期状况，保证水稻生长所需水分的同时还要保证土壤同期良好。水稻根系最佳的生长温度在30℃左右，高于35℃和低于15℃时都会抑制根系内酶活，导致吸收营养元素的能力下降。

对茎秆而言，土壤肥力和元素含量是影响其生长的主要因素，首先想要高产就必须要有强壮的茎秆进行支撑。尤其是茎基部的第一第二节间，决定了水稻的抗倒伏能力。水稻是一种喜硅作物，在拔节期间适当增加钾、硅的施入，同时控制氮肥施入，达到促进茎秆强度增加，防止徒长的目的。

对叶片而言，光照、温度、水分和土壤肥力对其生长的影响都比较大，适当的光照强度是保证叶片正常光合作用的前提，同时气温对水稻叶片的酶活一样有很大的影响，温度过低或者过高都会让酶活受到抑制，同时温度过高还会导致气孔关闭，无法正常进行光合作用。水分不足会导致叶片萎蔫和卷曲，极大影响到其光合作用，同时细胞液浓度升高，物质转运和酶活都会被抑制。土壤肥力不足会导致叶片发黄，叶绿素含量降低。但进入拔节长穗期要控制好氮肥的施入，防止叶片消耗大量的氮肥，而幼穗无法得到足够的营养进行分化。

对穗而言，制约其生长发育的环境因素之一是温度，幼穗分化的最佳温度在26～30℃，同时昼夜温差在10℃左右更利于幼穗的分化。如果温度过低，如幼穗分化时遭受阴雨和降温天气，容易引起颖花的败育和不孕。幼穗分化的花粉母细胞减数分裂阶段对水分最为敏感，幼穗分化时干旱会导致颖花的败育，结实率大大降低。土壤肥力也是幼穗分化的制约因素之一，幼穗分化时需要较多的氮磷元素进行蛋白质和核酸物质的合成。光照对穗生长的影响是间接的，主要是通过影响叶片，从而影响到营养物质的转运和消耗。

水稻拔节长穗期

★百度百科，网址链接：https://baijiahao.baidu.com/s?id=1593244834199415716

（编撰人：莫钊文；审核人：潘圣刚）

221. 什么是化学防治?

化学防治是当前植物保护的常用方法，也称作农药防治，即是用有毒的化学药剂来防治病虫害、杂草等有害生物的一种方法，也是综合防治中的一项重要措施。化学防治适用于大规模的机械化操作，高效、快速、使用方便、不受地域限制等优点。但使用不当易于引起人、畜中毒、污染环境、杀伤有益物种，可引起次要害虫再次猖獗，同时也容易使某些害虫产生抗药性。

化学防治

★吉林网，网址链接：http://www.jl.gov.cn/zw/yw/jlyw/201606/t20160612_5175972.html

（编撰人：王瑞龙；审核人：罗明珠）

222. 什么是生物防治?

生物防治是利用有益生物及其代谢产生的物质来抑制或消灭有害生物的一种防治方法。生物防治主要包括：利用天敌防治有害生物能有效地抑制害虫的大量繁殖；利用耕作方法防治改变农业环境，减少有害生物的发生；利用农作物对病虫害的抗性防治和用不育昆虫和遗传方法防治等防治方式，都是依据生态系统中各种生物之间相互依存、相互制约关系，符合生物之间相互制约相互依存的规则。利用生物防治可以有效防治危害农、林、牧、副、渔业以及人类健康的有害生物，可以有效地减少对环境的污染，使产品安全，对人类健康有益，无农药残留，是对作物生态系统安全的防治措施。

稻一鸭生物防治技术

★农博网，网址链接：http://shuju.aweb.com.cn/technology/news/2006/9/12/11105195.shtml

（编撰人：王瑞龙；审核人：罗明珠）

223. 什么是生态防治?

生态防治是利用生态科学原理来杀害和防治作物病虫害的绿色安全的防治方式。在农业生态系统中，生物与非生物之间、生物与环境之间，构成了相互制约和相互依存的不可分割的统一体。在这个整体中，物种之间常保持着生态平衡关系。生物群落在农业生态系统中充分利用自身调节机制，通过改变这种生态平衡关系来达到防治病虫害的防治方式。生态防治对昆虫无毒害又不损害害虫的天敌，并对目标害虫有选择性，又能增效并避免对环境的污染，对人和其他动物安全。

"蓝天三衢"生态防治

★中国青年网，网址链接：http://news.youth.cn/jsxw/201708/t20170828_10598671.htm

（编撰人：王瑞龙；审核人：罗明珠）

224. 什么是农艺防控措施?

农艺防治措施是作物病虫害综合防治的基础方式，采取农业栽培技术有目的地改变一些农艺措施。如实行合理的轮作制度，增强作物的抗病能力；推行健身栽培管理控害技术；选择抗虫的种子以及消毒技术的使用；改变耕作方式，及时翻耕土壤，有效破坏害虫原有的生活环境，有效地避免和减少病虫害的发生和对作物的为害。

农艺师指导农户防治病虫害

★搜狐，网址链接：http://roll.sohu.com/20120703/n347113753.shtml

（编撰人：王瑞龙；审核人：罗明珠）

225. 物理防控措施有哪些？

物理防治是利用各种物理因素，如光、热、电、温度、声波和简单工具等物理因素对病虫害进行诱杀、驱赶或杀灭的防治措施。如利用害虫的趋光性，在田间设置一定数量的灯具来诱杀害虫；利用一些害虫对不同颜色的感应进行诱集或驱赶；模仿一些天敌的声音在一定时间录放以驱赶如麻雀、鼠类；利用不同的光谱、光波诱杀或杀灭病虫，常用的有黑光灯、频振式灯、紫外线等。随着近代科技的发展，近代物理学防治技术将很有发展前途。

物理防治

★网易，网址链接：http://news.163.com/14/0915/00/A652PPJG00014SEH.html

（编撰人：王瑞龙；审核人：罗明珠）

226. 我国注册的无公害农药有哪些？

无公害农药是指用药量少，防治效果好，对人、畜及各种有益生物毒性小或无毒，在外界环境中易于分解，对环境及农产品不造成污染的低毒、高效、低残留农药。包括生物源、矿物源（无机）、有机合成农药等。常见主要无公害农药有：苦参碱（植物源低毒杀虫剂，对害虫有强烈的胃毒作用，低毒、低残留，不污染环境），Bt乳剂（微生物源细菌性低毒杀虫剂，对人、畜安全，通过胃毒作用发挥药效），多氧霉素（微生物源低毒、广谱性抗生素类杀菌剂，有较好的内吸传导作用），以及绿保威、灭幼脲3号、蛾螨灵、抑太保、优乐得、卡死克、米满、抗蚜威、灭蚜松等。

配制无公害农药

★农资招商网，网址链接：http://www.1988.tv/baike/nongyao/21003

（编撰人：王瑞龙；审核人：罗明珠）

227. 我国注册的生物农药有哪些种类?

生物农药指直接利用生物活体或生物代谢过程中产生的具有生物活性的物质或从生物体提取的物质作为防治病、虫、草害和其他有害生物的农药。可分为植物源农药、动物源农药和微生物源农药。我国登记注册的生物农药有近140种，产业化的有14种，杀虫剂如阿维、甲级阿维、Bt、苦参碱、盐碱、棉铃虫NPV等；杀菌剂有井冈霉素、农用链霉素、农抗120、多氧霉素、中生霉素、宁南霉素等药物；生物调节剂如赤霉素、芸薹素内酯等。

生物农药

★湖北日报网，网址链接：http://news.cnhubei.com/ctjb/ctjbsgk/ctjb16/201304/t2523079.shtml

（编撰人：王瑞龙；审核人：罗明珠）

228. 水稻缺氮症状如何识别和矫正？

（1）识别和诊断。水稻缺氮植株生长缓慢，个体矮小，发根慢，根系细长，总根量减少，细根和根毛发育差，黄根较多；叶型小，分蘖减少；叶片小，叶绿素合成受阻，叶片色泽多为黄绿或浅绿色。缺氮时一般先从老叶尖端开始向下均匀黄化，逐渐由基叶延及至心叶，最后全株叶色褪淡，变为黄绿色，下部老叶枯黄，上部茎叶常带有红色或紫红色，严重时可使叶片早衰枯亡；抽穗早而不整齐，幼穗分化不完全，穗型较小，穗短粒少，早衰早熟早落。

缺氮不十分严重时，结实虽然良好，籽粒与秸秆的比值也有所提高，但成熟提早，产量和品质下降。由于缺氮时细胞壁相对较厚，抗病、抗倒伏能力有所增强。黄泥板田或耕层浅瘦、基肥不足的稻田常发生。

（2）矫正。①在翻耕整地时，配施一定量的速效氮肥作基肥。②制订施肥计划，确定施用氮肥合理的用量和施用时期，当发现缺氮症状时，应及时纠正实施方案。③在大量施用碳氮比高的秸秆等有机肥料时，应注意及时追施速效氮肥，配施适量磷钾肥，施后中耕耘田，使肥料融入泥土中。④前中期根据秧苗情况和出现缺氮的症状轻重，可施用速效氮肥；后期时可用2%的尿素溶液进行叶面喷洒；增施有机肥，提倡有机无机肥相结合。

水稻缺氮症状

★曲谱网，网址链接：http://qupu.122311.com/%E6%B0%B4%E7%A8%BB%E7%BC%BA%E6%B0%AE%E5%9B%BE%E8%B0%B1/2.html

（编撰人：王瑞龙；审核人：罗明珠）

229. 水稻缺氮的原因有哪些？

与气候条件相关，土壤渍水，干旱，多雨地区导致氮素流失严重等因素都会引起水稻缺氮症状的发生；与土壤条件有关，沙质土壤保肥性差，土壤有机物质缺少，容易缺少缺氮症状；与栽培方式及肥料有关，没有施用氮肥作底肥或施肥的量或施用时期及其方法不当，后期忽视追肥都会造成缺氮症状。

水稻缺氮

★天涯社区网，网址链接：http://blog.tianya.cn/post-4641172-112344473-1.shtml

（编撰人：王瑞龙；审核人：罗明珠）

230. 水稻缺磷症状如何识别?

秧苗插秧后普遍发生缺磷症状，植株瘦小，分蘖后生长速度显著降低，分蘖迟缓，分蘖少或没有，叶片细窄，叶鞘长而叶片短，根系细弱软绵，须根量少，弹性弱，新叶呈暗绿色，老叶呈灰紫色。缺磷严重时，叶片纵卷曲，叶尖紫红色，挺立叶夹角小，僵苗根系细而短，分支少；根量比正常苗少，根系易腐烂发黑；抽穗和成熟期延迟，穗粒数减少，千粒重降低，产量减少。

水稻缺磷症状

★中国农业网，网址链接：http://www.zgny.com.cn/ifm/tech/2010-3-8/77678.shtml

（编撰人：王瑞龙；审核人：罗明珠）

231. 水稻缺钾的原因有哪些？如何识别和矫正?

（1）原因。近年来南方扩大杂交稻的种植以及偏施氮肥和雨量冲刷，是缺钾增多的重要原因。我国农田缺钾土壤面积较大，且作物收获时从土壤中带走的钾素较多，导致缺钾面积增加，缺钾程度加剧；质地偏沙质的河流冲击物、灰岗片麻岩风化物发育的土壤有效钾含量降低，且容易淋失；氮肥的高投入造成养分的比例不平衡，导致水稻营养失衡，从而出现缺钾症状；土壤沙性强，保水保肥力差，加上钾素的移动性大，造成淋溶损失；土壤排水不良，渍水严重，还原性强（冷水田），根系活力低，影响对钾的吸收。

（2）识别。缺钾时水稻株高降低，根部发育受损，易脱落烂根，从下位叶开始出现赤褐色焦尖和斑点，并逐步向上位叶面扩展，严重时田间水稻叶面发红似火燎状；叶片由下而上叶尖先黄化渐及叶片基部出现黄褐色或红褐色斑点，最后干枯变为暗褐色，分蘖少，茎细而短，缺氮严重时叶片枯亡，有时茎秆、叶鞘也会发生病斑，即“铁锈病”；叶色灰暗，抽穗不齐，成穗率低，穗小，结实率差，籽粒不饱满；抗倒伏能力差，易感病。

（3）矫正。①据目标产量和土壤速效钾的含量合理的施用钾肥的用量。②在施用钾肥时应与其他肥料合适配合施加，调整氮、磷、钾适合的搭配比例。③钾肥分时期施加，水稻在分蘖盛期最易发生缺氮，且在幼穗形成时缺氮容易造成水稻减产，应适时追加钾肥。④作物秸秆还田，使得钾素再利用。⑤加强田间管理，及时晾田，提高土壤氧化势，采用耕翻晒垡、水旱轮作等措施，增强土壤通透性，提高根系活力和吸收能力。

水稻缺钾症状

★湘公网，网址链接：http://nks.changde.gov.cn/art/2018/7/17/art_21283_1295443.html

（编撰人：王瑞龙；审核人：罗明珠）

232. 水稻缺钙的原因有哪些？如何识别和矫正？

（1）原因。①人为因素。当施加氮肥、钾肥的量过多导致土壤盐类浓度过高，养分未能达到平衡状态引起水稻发生缺钙症状。②自然因素。干旱、长期降雨或阴湿天气影响水稻对钙素的吸收。南方气候致使土壤高度淋溶，土壤含钙量较低，土壤酸性较强，使钙的有效性降低，沙质土壤含钙量也相对较少，易使水稻发生缺钙症状。

（2）识别。缺钙时水稻植株矮小，出现未老先衰的症状，根系生长缓慢，茎和根尖分生组织受到破坏，根尖细胞腐烂死亡，幼叶卷曲，叶尖有黏化现象，叶缘发黄逐渐枯亡；定型的新生叶片前端及叶缘枯黄，老叶仍保持绿色，结实少，秕粒多。

（3）矫正。合理施用含钙肥料，水稻表现缺钙现象且土壤为中性、碱性时可叶面喷洒含钙肥料，土壤为酸性时可施加石灰，既可以中和土壤同时又为水稻提供钙肥；适时灌溉水稻可解决干旱引起的水稻缺钙症状；适合比例施用氮、钾肥料，有效预防盐类浓度过高引起水稻缺钙症状。

水稻缺钙症状

★植物网，网址链接：https://www.zhiwuwang.com/news/136658.html

（编撰人：王瑞龙；审核人：罗明珠）

233. 水稻缺镁的原因有哪些？如何识别和矫正？

（1）原因。酸性土壤和沙质土壤中有效镁的含量低，容易诱发水稻缺镁，如在河谷地区的河流冲积母质、酸性岩风化的坡积物、洪积物母质发育的沙质、砾质土壤；浅层漏水或者有潜水影响的淋溶显著的土壤易发生缺镁症状。

水稻缺镁症状

★191农资网，网址链接：http://www.191.cn/read.php?tid=220003

（2）识别。植株矮小，分蘖少，稻穗基部退化，颖花增加，严重时褪绿部分枯死。一般发生缺镁时中下位叶最先发生黄化症状，中部功能叶片的黄化症状最为显著，老叶叶脉仍为绿色但部分叶肉呈淡黄色，呈黄绿相间的条纹状。

（3）矫正。对缺镁的土壤，需合理施加含镁肥料，一般每亩需要10～15kg硫酸钾镁肥料，或者施加5～10kg硫酸镁，或者每亩施加100～150kg草木灰也可达到良好的效果。在后期水稻发生缺镁症状时叶面喷施浓度1%的硫酸镁，间隔5～7d喷施2次。

（编撰人：王瑞龙；审核人：罗明珠）

234. 水稻缺锰的原因有哪些？如何识别和矫正？

（1）原因。土壤中的锰元素与其他有机物结合生成不溶解的物质使得锰元素的有效性降低；气候湿润地区排水不良容易致使土壤缺锰，酸性及沙质土壤中锰的含量较低，根区淋溶出锰元素使得锰的有效性降低，造成水稻发生缺锰症状；土壤质地轻、有机物质含量较低、通透性较差时，土壤中有效锰的含量较低，容易导致水稻缺锰。

（2）识别。缺锰的水稻会出现植株矮小，分蘖减少，新叶叶脉间褪淡变黄，叶脉清晰并保持绿色；根系发育不良，根短、褐色。

（3）矫正。①用1%～2%硫酸锰溶液浸种1～2d。②施用硫酸锰作基肥，中性土壤每亩10～20kg，碱性土壤每亩施加20～30kg。③增施有机肥，如堆积肥或秸秆等使得土壤中腐殖质的量增多，提高土壤的缓冲能力。④水稻发生缺锰症状时，可用0.2%～0.3%硫酸锰溶液喷施，叶面喷撒2～3次，每次间隔10d左右。

水稻缺锰症状

★植物网，网址链接：https://www.zhiwuwang.com/news/137164.html

（编撰人：王瑞龙；审核人：罗明珠）

235. 水稻缺硅的原因有哪些？如何识别和矫正？

（1）原因。土壤缺少水分或者干旱影响水稻对硅的吸收；氮肥施加过量尤其是后期施加过多对硅的吸收造成影响；土壤还原性强时，还原状态下产生的还原性物质，如硫酸氢也会抑制水稻对硅的吸收；一般河流上游峡谷地带、溪江沿岸的浅层沙砾土水田中通常土壤的有效硅含量低，减少了水稻对硅的利用，诱发缺硅症状。

（2）识别。与正常的水稻相比较，缺硅容易使稻叶披散，萎垂无力，并会引发稻瘟病，胡麻叶枯病和铁、锰中毒症状等；易倒伏，生育较弱，茎叶黄化，叶上有褐色枯斑；有白穗，秕穗增多，出现畸形稻壳，谷粒有褐斑，米粒也带褐色，导致产量降低，水稻品质差。

（3）矫正。插秧前施用硅肥作为基肥，插秧前作耙面肥施加；用优质的黏土如石灰紫色土等客土改良沙质缺硅土壤，也可矫正水稻缺硅；磷肥多用含硅的肥料；施加堆积肥、生草、猪厩肥等，稻草还田也可补充硅肥。

水稻缺硅症状

★百度百科，网址链接：https://baijiahao.baidu.com/s?id=1612357055081510342

（编撰人：王瑞龙；审核人：罗明珠）

236. 有机肥料通常包括哪些？

有机肥料（简称有机肥），大致可归纳为4类：①粪尿类，包括人粪尿、厩肥、禽粪、海鸟粪等。②堆沤类，包括堆肥、沤肥、秸秆直接还田以及沼气肥等。③绿肥，包括栽培绿肥和野生绿肥等。④杂肥，包括泥炭及腐殖酸类肥料、油粕类、泥土类肥料，以及海肥等。

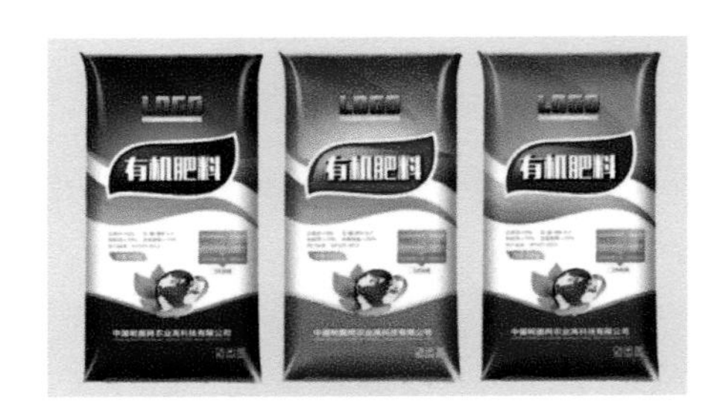

有机肥料

昵图网，网址链接：http://www.nipic.com/show/16390716.html

（编撰人：张新明；审核人：王瑞龙）

237. 微生物肥料通常包括哪些?

微生物肥料包括微生物接种剂、复合微生物肥料和生物有机肥。微生物肥料从菌种种类来说，可分为以下3种：细菌菌剂、放线菌菌剂和真菌菌剂。微生物肥料以功能类型划分，可分为以下几种：固氮菌菌剂、根瘤菌菌剂、硅酸盐细菌菌剂、溶磷微生物菌剂、光合细菌菌剂、菌根菌剂和促生菌剂、有机物料腐熟菌剂和生物修复菌剂等。

微生物肥料

★城际分类网，网址链接：http://www.go007.com/handan/jingxihuaxuepin/d929bb6d5a8feae9.htm

（编撰人：张新明；审核人：王瑞龙）

238. 什么是控释肥？有哪些配方?

控释肥料是指通过各种调控机制预先设定肥料在作物生长季节的释放模式（释放时间和速率），使其养分释放与作物需肥规律相一致的肥料。在实际应用中，常将控释性能好的聚合物包膜肥料叫控释肥料。

适合水稻生产的缓控释肥的配方因地域不同差别较大，如适合广东省水稻的配方有24-7-19、24-6-15和23-7-20等，即100kg肥料中分别含有24（或23）kg的纯氮、7（或6）kg的五氧化二磷，19（或15或20）kg的氧化钾。

控释肥料

★农化招商网，网址链接：http://www.1988.tv/pro/735593.html

（编撰人：张新明；审核人：王瑞龙）

239. 缓控释肥如何在水稻生产中施用？施用量怎样？

施用时，用量应根据前茬的施肥状况、土壤肥力水平和目标产量，合理添加速效氮肥和钾肥调整施肥量。以广东省水稻主产区为例，施肥建议如下。

黏质土、壤质土：目标产量≤450kg/亩的常规优质稻，推荐亩施总养分含量50%的控释肥35～40kg；目标产量500kg/亩，推荐亩施控释肥40～45kg；目标产量≥600kg/亩，推荐施用量50～55kg/亩。杂交稻每亩增施5kg。控释肥在水稻插秧或抛秧前施用，在犁翻耙田后均匀撒施，施肥后要求再耙一次田，施肥前必须调节好田间水，施肥后3d内避免排水和灌水。对沙质土、浅脚田等，建议分次施用，一般用60%作基肥，40%在水稻移栽后8～10d施用。

缓控释肥“种肥同播”技术服务现场

★农民日报网，网址链接：http://szb.farmer.com.cn/nmrb/html/2012-03/13/nw.D110000nmrb_20120313_4-08.htm?div=1

（编撰人：张新明；审核人：王瑞龙）

240. 水稻各生育期对养分需求的特点和要求有哪些?

水稻不同生育期的吸肥规律是：分蘖期吸收养分较少，其中氮素多于磷、钾养分。水稻从移栽到分蘖终期，吸氮率占全生育期吸氮总量的22.3%～35.5%，吸磷率占15.9%～18.7%，吸钾率占20.5%～21.9%。从幼穗分化期到抽穗期是水稻一生中吸收养分最多和吸收强度最大的时期，几乎一半左右的养分是在这一时期吸收的。抽穗以后直到成熟，吸收量明显减少，但仍需一定的养分。一般来说，早稻生育前期吸氮率高于晚稻，而生育后期则是晚稻高于早稻。

一般而言，每形成100kg稻谷所需的氮、磷、钾养分较为接近，多数为氮（N）2kg，磷（P_2O_5）0.8kg，钾（K_2O）2.5kg。这些养分的60%～70%来自土壤，其余则来自肥料。除少量肥料用于秧田外，大多数都施于本田中。

施肥

★农化招商网，网址链接：http://www.1988.tv/news/107504

（编撰人：张新明；审核人：王瑞龙）

241. 氮肥对水稻生长的作用有哪些？一般在什么阶段施用?

水稻是喜铵态氮作物，氮素供应充足时，水稻新根才能发生，分蘖才能正常进行，叶片才能伸长。大量施用氮肥常导致叶片过于繁茂，下层叶光照不足，有利于病虫滋生，引起后期倒伏；过量施用铵态氮时易引起氨毒，尤其是在低光照和低温度条件下。氮肥能提高根系活力，氮肥表施能提高上位根的氧化力而促进分蘖，深施则能提高下位根的活力而增加每穗颖花数。大田生产中一般在抛秧（插秧、直播等）之前施用基肥，抛秧后5～7d、35～40d追肥2次。如果施用缓控释肥，可以在抛秧之前施肥1次，施肥量根据地力和目标产量等指标确定。

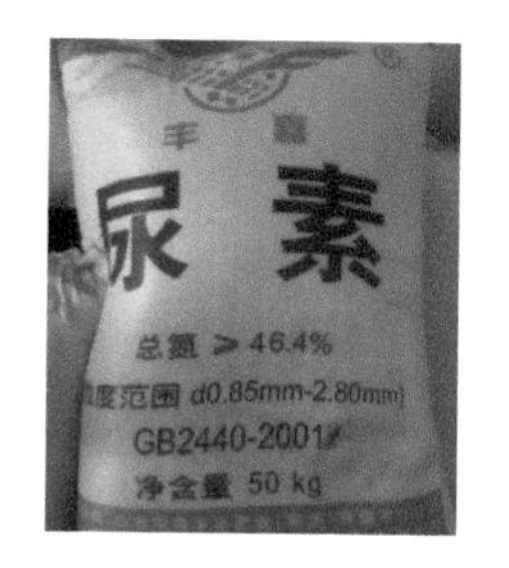

氮肥

★阿里巴巴，网址链接：https://www.1688.com/chanpin/-B5AAB7CA20C1D7B7CA20BCD8B7CA.html

（编撰人：张新明；审核人：王瑞龙）

242. 磷肥对水稻生长的作用有哪些？一般在什么阶段施用？

磷能促进植株体内糖的运输和淀粉合成，加速灌浆结实，有利于提高千粒重和籽粒结实率。水稻幼苗期和分蘖期磷的供应非常重要，此时缺磷会对以后的生长和产量产生明显的不良影响。因此，磷肥必须早施。在水稻开花以后追施磷肥会抑制体内淀粉的合成而阻碍籽粒灌浆。如果用缓控释肥则一次基肥施用。

磷肥

★中国报告大厅网，网址链接：http://www.chinabgao.com/k/linfei/16662.html

（编撰人：张新明；审核人：王瑞龙）

243. 钾肥对水稻生长的作用有哪些？一般在什么阶段施用？

钾能提高水稻对恶劣环境条件的抵抗力并减少病虫害发生，所以有人称钾肥为“农药”。钾通过促进碳、氮代谢，可减少病原菌所需的碳源和氮源、提高植株三磷酸腺苷酶的活力，促进酚类物质的合成，从而提高作物的抗病能力。钾能增加植株根、茎、叶中硅的含量，提高单位面积叶片上硅质化细胞的数量，茎秆硬度、厚度和木质素含量均随施钾量增加而增加，并最终增加水稻对病原菌侵染的抵抗力。如果施用单质肥料氯化钾则在抛秧后5～7d和35～40d追肥2次，分别占施肥量的50%。当然如果施用缓控释肥则一次基肥施用。

钾肥

★农化招商网，网址链接：http://www.1988.tv/baike/feiliao/16400

（编撰人：张新明；审核人：王瑞龙）

244. 水稻的主要病害有哪些？

水稻三大主要病害是稻瘟病、纹枯病和白叶枯病。此外还有稻曲病、水稻细菌性条斑病、水稻细菌性褐斑病、南方水稻黑条矮缩病、水稻黑条矮缩病、水稻锯齿叶矮缩病、水稻矮缩病、水稻黄萎病、水稻条纹叶枯病、水稻恶苗病、水稻烂秧病、水稻基腐病、水稻谷枯病、水稻细菌性谷枯病、水稻细菌性褐腐病、水稻胡麻斑病、水稻云形病、水稻窄条斑病、水稻粒黑粉病、水稻褐变穗病、水稻霜霉病、水稻疫霉病、稻叶黑粉病、水稻紫秆病、水稻小球菌核病、水稻干尖线虫病、水稻根结线虫病、水稻白化苗等。

稻瘟病

★土地资源网，网址链接：http://www.tdzyw.com/2018/0129/47920.html

（编撰人：王瑞龙；审核人：王瑞龙）

245. 目前市场上有哪些除草剂？主要针对哪些稻田杂草？

苄二氯是由苄嘧磺隆与二氯喹啉酸复配成的混合除草剂，可防除稻田稗草、阔叶杂草及莎草科杂草，施药一次可基本控制稻田杂草的为害。苄双草是由苄嘧磺隆与双草醚复配的混合除草剂，适合稗草多的稻田使用。苄毒草是由苄嘧磺隆与毒草胺复配的混合除草剂，主要用于防除水稻移栽田一年生杂草。苯噻酰苄是由苄嘧磺隆与苯噻酰草胺复配的混合除草剂，能防除稗草、阔叶杂草和莎草科杂草，对稗草特效，对大龄稗草也有较好的防除效果。吡嘧磺隆属于磺酰脲类除草剂，为选择性内吸传导型除草剂，主要通过根系被吸收，在杂草植株体内迅速转移，抑制生长，杂草逐渐死亡，可以防除一年生和多年生阔叶杂草和莎草科杂草。灭草松又叫苯达松、排草丹，用于水田防除莎草和阔叶杂草。乙苄是由乙草胺与苄嘧磺隆复配成的混合除草剂，杀草谱广，是一年生禾本科杂草、莎草科杂草及阔叶杂草混生稻田的一次性除草剂。苄丙草是由苄嘧磺隆与丙草胺复配的混合除草剂，防除稻田多种阔叶杂草、莎草科杂草及部分禾本科杂草。丁草胺主要防治禾本科杂草、一年生莎草及一些一年生阔叶杂草。乙草胺主要防治一年生禾本科及部分阔叶杂草。乙氧氟草醚主要防治稗草、牛毛草、鸭舌草、水苋菜、异型莎草、节节菜、陌上菜等一年生杂草。异丙甲草胺主要防治稗草、异型莎草等一年生杂草。二氯喹啉酸主要防治稗草。

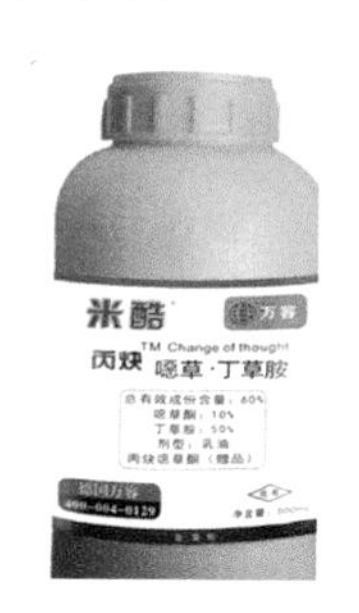

除草剂

★农资招商网，网址链接：http://www.3456.tv/chanpin/861933.html

（编撰人：李荣华；审核人：王瑞龙）

246. 稻瘟病如何识别和诊断？它有哪些为害症状？

稻瘟病是水稻三大重要病害之一，该病害在水稻从幼苗到抽穗的整个生育期中及水稻的各部位均可发生。根据发病的生育期和部位可分为苗瘟、叶瘟、节瘟、穗茎瘟、叶枕瘟和稻粒瘟。其中叶瘟发生最为普遍，穗茎瘟为害最大。其症状根据病斑大小、性状和色泽的不同可分为3种类型：①慢性型病斑。稻瘟病的典型症状，开始在叶上产生暗绿色小斑，逐渐扩大为梭形，常有延伸的褐色坏死线。病斑中央灰白色，边缘褐色，外围有淡黄色晕圈，叶背有灰绿色霉层，病斑较多时可连接成不规则大斑，这种病斑发展较慢。②急性型病斑。在适宜条件下，在感病品种上形成暗绿色椭圆形病斑，叶片两面都产生大量灰色霉层，是区域大流行的先兆，若天气转晴，湿度小，可转为慢性型病斑。③褐点型病斑。多在气候干燥时、高抗品种或老叶上，产生针头状的褐点小点，不生产子实体，无霉层，在适温高湿条件下，可转为慢性型病斑。

稻瘟病

★土地资源网，网址链接：http://www.tdzyw.com/2018/0129/47920.html

（编撰人：王瑞龙；审核人：李荣华）

247. 叶瘟和穗茎瘟各有什么特点?

（1）叶瘟。其症状根据其病斑大小、性状和色泽的不同可分为3种病斑：慢性型、急性型、褐点型，在秧苗四叶期以后到穗期均会发生。①慢性型病斑。发病严重时，叶片易枯死，开始在叶上产生暗绿色小斑，逐渐扩大为梭形，常有延伸的褐色坏死线。病斑中央灰白色，边缘褐色，外围有淡黄色晕圈，叶背有灰绿色霉层，病斑较多时可连接成不规则大斑，这种病斑发展较慢。②急性型病斑。在适宜条件下，在感病品种上形成暗绿色椭圆形病斑，叶片两面都产生大量灰色霉层，是区域大流行的先兆，若天气转晴，湿度小，可转为慢性型病斑。③褐点型病斑。多在气候干燥时、高抗品种或老叶上，产生针头状的褐点小点，不生产子实体，无霉层，在适温高湿条件下，可转为慢性型病斑。

（2）穗茎瘟。常在穗颈及小枝梗部位发生，且在染病初期为暗褐色后为黑褐色，湿度大时常有灰白色霉斑，较重的稻穗且发病早时易枯死呈白穗：发病晚则导致稻米质量差，产量有所减少。

叶瘟

穗颈瘟

★土地资源网，网址链接：http://www.tdzyw.com/2018/0129/47920.html

（编撰人：王瑞龙；审核人：李荣华）

248. 水稻纹枯病如何识别和诊断？它有哪些为害症状？

纹枯病是水稻发生最为普遍的主要病害之一，纹枯病在南方稻区为害严重，一般早稻重于晚稻。苗期至穗期都可发病，病斑先出现在近水面的叶鞘，初为暗绿色水渍状小斑点，后渐扩大呈椭圆形，边缘灰褐色，中央灰白色，发病快时病斑呈灰绿色，常致叶片发黄枯死，很快腐烂，继而由下部蔓延至上部叶片，茎秆受害症状似叶片，进而可为害穗部。发病严重时数个病斑融合形成大病斑，常会引起植株倒伏枯死。常不能抽穗，或抽穗的谷粒不饱满，空壳率增加，粒重下降。

纹枯病

★吾谷网，网址链接：http://news.wugu.com.cn/article/1223985.html

（编撰人：王瑞龙；审核人：李荣华）

249. 稻曲病如何识别和诊断？它有哪些为害症状？

稻曲病又名绿黑穗病、谷花病，该病主要发生在水稻的开花乳熟期的穗部，为害穗上部分谷粒，少则每穗1～2粒，多则每穗10多粒。病菌在颖壳内生长，开始时受到侵害谷粒颖壳稍张开，有黄绿色块状物质，后逐渐膨大，将颖壳包裹起来，形成“稻曲”。初有薄膜包被后薄膜破裂，颜色由黄色变为黄绿或墨绿色。发病后穗部易于发生霉变，致使空瘪量增加，米质降低，千粒重下降。

稻曲病

★昵图网，网址链接：http://www.nipic.com/show/1/8/5453078kc25051b8.html

（编撰人：王瑞龙；审核人：李荣华）

250. 水稻黑粉病如何识别和诊断？它有哪些为害症状？

水稻黑粉病又称黑穗病、稻墨黑穗病、乌米谷等，是水稻生长后期的常见病。主要发生在水稻扬花至乳熟期的穗颈部，一般为害个别谷粒，每穗一粒至数粒受害。一般在水稻近成熟时显症。发病的谷粒呈灰绿色或灰黄色，其内有黑粉状物，初外包一层薄膜，成熟时腹部裂开，露出黑粉。散出大量黑色粉末状厚垣孢子，并常有白色舌状的米粒残余从裂缝口凸出，上面也粘有黑粉。有些病粒呈暗绿色或暗黄色，不开裂，似青秕粒但内部充满黑粉，手捻有松软感，极少数病谷仅局部被破坏，有的种胚尚完整仍可能萌发。

黑粉病

★互动百科，网址链接：http://www.baike.com/wiki/%E9%BB%91%E7%B2%89%E7%97%85

（编撰人：王瑞龙；审核人：李荣华）

251. 水稻恶苗病如何识别和诊断？它有哪些为害症状？

水稻恶苗病又称徒长病，中国各稻区均有发生。从水稻苗期至抽穗期均可发生。带病种子播后常不发芽或萌发后不久即死亡。苗期发病的秧苗，根系发育不良，根毛稀少，表现纤细、瘦弱、叶鞘拉长，比健苗细高，全株呈黄绿色，大部分在插秧前即死亡，常有淡红色或者白色霉粉状物。发病植株叶色淡黄绿色，节间明显伸长，节上生有大量不定须根，剥开叶鞘，茎秆上有暗褐条斑，剖开病茎，可见白色蛛丝状菌丝，以后植株逐渐枯死。发病较轻的分蘖少甚至不分蘖，叶片狭窄，并自下而上逐渐枯黄，后期根系变黑，叶鞘褐色，严重时整株枯死。或部分病轻的提早抽穗，穗小不实，谷粒易受影响，严重的变褐，不能结实，颖壳夹缝处生淡红色霉，病轻不表现症状，但内部已有菌丝潜伏。

恶苗病

★世界大学城网，网址链接：http://www.worlduc.com/blog2012.aspx?bid=45335823

（编撰人：王瑞龙；审核人：李荣华）

252. 水稻黑条矮缩病如何识别和诊断？它有哪些为害症状？

水稻发生黑条矮缩病可导致植株矮缩，分蘖增多，叶色浓绿。发病后快速死苗。苗期发病，叶片僵直短小，叶色墨绿，叶枕间距缩短，根系短而少，植株矮小，不抽穗，生长发育停滞，或提早枯死。分蘖期发病，新生分蘖先显症，主茎和早期分蘖尚能抽出短小病穗，但病穗缩藏于叶鞘内；叶背的叶脉和茎秆显症后由蜡白色变黑褐色短条状瘤凸起。穗期发病，不抽穗或穗小结实率低，谷粒少，直接影响水稻产量。

黑条矮缩病

★好农资网，网址链接：http://www.haonongzi.com/news/20171101/153529.html

（编撰人：王瑞龙；审核人：李荣华）

253. 水稻条纹叶枯病如何识别和诊断？它有哪些为害症状？

水稻条纹叶枯病是由灰飞虱为媒介传播的病毒病，俗称水稻上的癌症。苗期发病，则先从心叶基部出现褪绿，后扩展成与叶脉平行的黄色条纹，条纹间仍保持绿色；水稻心叶黄白、柔软、卷曲下垂、呈枯心状，而矮秆籼稻不呈枯心状，出现黄绿相间条纹，分蘖减少。分蘖期发病，老叶不发病，心叶下的叶基部先出现褪绿黄斑，后形成不规则黄白色条斑，籼稻品种不枯心，糯稻品种半数表现枯心。发病植株常抽穗不良或穗小畸形不实。拔节后发病，在剑叶下部出现黄绿色条纹，各类型稻均不枯心，但抽穗畸形，所以结实很少。发病严重时使水稻叶片褪绿，不能抽穗或虽能抽穗但不能结实造成水稻直接减产外，还会诱发稻田胡麻斑病，使水稻叶片干枯、稻穗发红、空秕增多，产量降低，米质下降。

条纹叶枯病

★中国广播网，网址链接：http://china.cnr.cn/jryw/200906/t20090609_505360667.html

（编撰人：王瑞龙；审核人：李荣华）

254. 水稻胡麻叶斑病如何识别和诊断？它有哪些为害症状？

水稻胡麻叶斑病从秧苗期至收获期均可发病，稻株地上部均可受害，尤以叶片最为普遍。水稻叶片、叶鞘发病时显暗褐色，多为椭圆病斑，如胡麻粒大小，病斑多时可导致水稻秧苗枯死、穗枯，造成瘪谷等。水稻胡麻叶斑病由半知菌亚门稻平脐蠕孢侵染所致。病菌以菌丝体在病草、颖壳内或以分生孢子附着在病草或种子上越冬，翌年初成为侵染源。一般水稻在苗期最容易水稻胡麻叶斑病，在分蘖期抗性增强，而在分蘖末期抗性又减弱。在高温高湿、有雾露存在时水稻胡麻叶斑病发病重。水稻胡麻叶斑病与水稻在不同时期对氮素吸收能力相关。一般缺肥或贫瘠的地块，缺水或长期积水的地块，土壤为沙质土壤漏肥漏水严重的地块，发病较为严重。

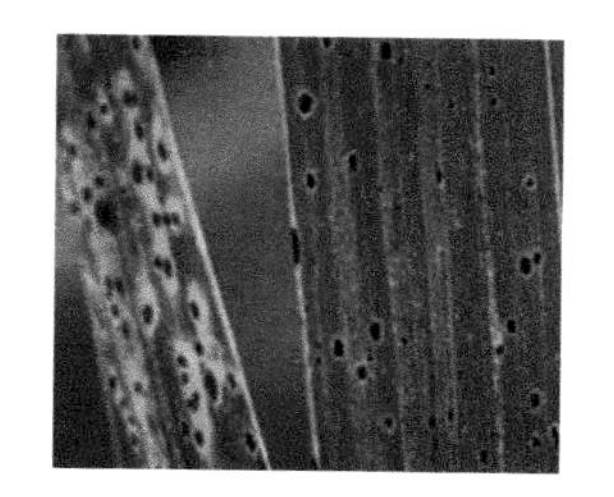

胡麻叶斑病

★百度百科，网址链接：https://baijiahao.baidu.com/s?id=1577443094254192516

（编撰人：王瑞龙；审核人：李荣华）

255. 水稻细菌性条斑病如何识别和诊断？它有哪些为害症状？

成株叶片染病，初为褐色小点，逐渐扩大为如芝麻粒大小的病斑，边缘褐色，中央灰褐色至灰白色，四周有深浅不同的黄色晕圈，严重时连成不规则大斑。叶鞘上染病，病斑初呈椭圆形，暗褐色，边缘淡褐色，水渍状，后变为中心灰褐色的不规则大斑。穗颈、枝梗发病，病部暗褐色，造成穗枯。谷粒染病，早期受害的谷粒灰黑色扩至全粒造成瘪谷。后期受害病斑小，边缘不明显。发病严重时谷质下降，脆而易碎。此病易与稻瘟病相混淆，其病斑的两端无坏死线，是与稻瘟病的重要区别。

胡麻叶斑病

★今日头条网，网址链接：https://www.toutiao.com/i6321556330884628994/

（编撰人：王瑞龙；审核人：李荣华）

256. 水稻细菌性褐斑病如何识别和诊断？它有哪些为害症状？

水稻插秧偏早的田块发生细菌性褐斑病的比例小。抽穗前后穗及剑叶叶鞘发病，叶片上的病斑初为赤褐色水浸状小点，逐渐扩大呈椭圆形或不规则形条斑，病斑周围有水浸状黄晕圈；后期病斑中心组织坏死呈灰褐色，常融成一个大条斑。水稻抽穗之前，病害主要发生在倒数3个叶片的中上部，叶片局部褪绿，发生红褐色且干枯症状。如果治疗不及时，抽穗后症状主要表现为谷壳上出现褐色斑点或变褐，后变成浓褐或黑褐色，形成褐变穗或褐变粒。病斑不常发生于包穗的叶鞘上，发生时初为赤褐色水浸状短条斑，后联合成不规则形灰褐色大斑。在剑叶叶鞘发病严重时，稻穗不能正常抽出，对产量影响较大。

细菌性褐斑病

★农博网，网址链接：http://shuju.aweb.com.cn/technology/2009/0625/143553830.shtml

（编撰人：王瑞龙；审核人：李荣华）

257. 水稻白叶枯病如何识别和诊断？它有哪些为害症状？

水稻白叶枯病俗称白叶瘟，是水稻严重病害之一。在白叶枯病流行年份，水稻发病后叶片干枯，秕谷增加，穗型变小，米质松脆，严重时甚至颗粒无收。白叶枯病菌通过伤口、气孔或者水孔侵入水稻植株，根部、茎基部、叶片等部位也都能侵染。白叶枯病菌在稻草、稻谷、杂草、稻茬和根际土壤中越冬。秧田期是初次感染的关键时期，一般粳稻抗病性好，籼稻比较差，糯稻更差。水稻的各生育阶段都能受侵染，从浸种催芽到灌浆成熟都能发病，感病的敏感期是水稻孕穗期到抽穗期，而早抽穗的受害轻。雨水多，湿度大，日照不足时容易造成水稻白叶枯病流行，因此暴风雨是导致流行的主要因素。白叶枯病流行年份，水稻发病后，引起叶片干枯，秕谷增加，穗型变小，米质松脆，严重时甚至颗粒无收。

白叶枯病

★互动百科，网址链接：http://www.baike.com/wiki/%E6%B0%B4%E7%A8%BB%E7%99%BD%E5%8F%B6%E6%9E%AF%E7%97%85

（编撰人：王瑞龙；审核人：李荣华）

258. 南方水稻黑条矮缩病如何识别和诊断？它有哪些为害症状？

南方水稻黑条矮缩病是由南方水稻黑条矮缩病毒侵染引起的，已成为为害南方稻区的主要水稻病害之一。发病水稻植株矮小僵直，典型的发病症状是茎节部倒生气生须根以及高位分蘖。水稻的苗期症状为病株矮小萎缩，株高仅为正常植株的1/3，叶片短阔、僵直，心叶生长缓慢，不能拔节，病重植株甚至早枯死亡。分蘖期感病植株分蘖增生、矮小，新生分蘖先显症，能抽穗，但主茎和早生的分蘖抽穗不实，穗型小或包穗，拔节期感病植株剑叶短阔，穗颈短缩，地上数节节部倒生气生须根及高位分蘖；病株茎秆表面有乳白色短条状瘤状凸起。抽穗期感病植株矮化不明显，中上部茎表面出现小瘤凸，能抽穗但抽穗相对迟且小，半包在叶鞘内，剑叶短小僵直，秕谷多，千粒重轻，但结实率低。

南方水稻黑条矮缩病

★农化招商网，网址链接：http://www.1988.tv/news/116564

（编撰人：王瑞龙；审核人：李荣华）

259. 水稻黄萎病如何识别和诊断？它有哪些为害症状？

水稻感染黄萎病后，植株矮缩，病株叶色均匀褪绿成为浅黄色，叶片变薄，质地柔软，叶形似淡竹叶；植株分蘖猛增，呈矮缩丛生状，根系发育不良。苗期染病的植株矮缩不能抽穗，后期染病的发病轻，主要表现为分蘖增多，簇生，个别病株出现高节位分枝，叶片似竹叶状；有的病株出现高节位分蘖，并在分蘖节上长出不定根。苗期感病，一般不抽穗；分蘖期感病，穗小而不实，结实差，病状一般先从新生分蘖开始，再向其他分蘖蔓延，最后扩展至主茎。

黄萎病

★农化招商网，网址链接：http://www.1988.tv/bch/news-2009.html

（编撰人：王瑞龙；审核人：李荣华）

260. 水稻烂秧病如何识别和诊断？它有哪些为害症状？

水稻烂秧病是种子、幼芽和幼苗在秧田期烂种、烂芽和死苗的总称。在种子期间，烂种指播种后，种子不发芽而逐渐发黑腐烂，多为不良环境引起的生理性病害。烂芽指秧苗扎根以前，幼芽腐烂死亡。烂芽可分为生理性和侵染性两种：生理性烂芽有淤籽、露籽，易导致倒芽、钓鱼钩和黑根等现象发生；侵染性烂秧则多指在不良环境下腐霉菌、绵霉菌、镰刀菌及丝核菌等弱性寄生菌为害而引起的大面积的烂芽和死苗，多属于侵染性病害。侵染性烂芽分绵腐型和立枯型。死苗多发生于2～3叶期，分青枯型和黄枯型两种。

烂秧病

★中国农资网，网址链接：http://www.zhongnong.com/BingHai/11761.html

（编撰人：王瑞龙；审核人：李荣华）

261. 水稻基腐病如何识别和诊断？它有哪些为害症状？

水稻基腐病主要为害水稻根节部和茎基部。水稻细菌性基腐病主要发生在分蘖至抽穗阶段。在分蘖至拔节期侵染为害，会造成稻株枯死，影响田中的基本苗数。根节变色，有短而少的侧生根，常伴有恶臭味。水稻分蘖期发病，常在近土表茎基部叶鞘上产生水浸状椭圆形斑，渐扩展为边缘褐色、中间枯白的不规则形大斑，剥去叶鞘可见根节部变黑褐，或可见深褐色纵条，植株心叶青枯变黄。严重的病株心叶青卷，随后枯黄，酷似螟虫为害造成枯心苗。拔节期发病，叶片自下而上变黄，近水面叶鞘边缘褐色，中间灰色长条形斑，根节变色伴有恶臭。在孕穗期后发病，造成枯孕穗、半枯穗和枯穗，其独特症状是病株根节变为褐色或深褐色腐烂，极易拔断，并有一股难闻的恶臭味。秕谷量增多，千粒重下降。

水稻基腐病

★农资招商网，网址链接：http://www.3456.tv/news/1053889.html

（编撰人：王瑞龙；审核人：李荣华）

262. 水稻谷枯病如何识别和诊断？它有哪些为害症状？

水稻谷枯病又叫水稻颖枯病，在长江流域各稻区均有发生，主要为害水稻的颖。在水稻抽穗后2～3周为害幼颖较重，初在颖壳顶端或侧面出现小斑，渐发展为边缘不清晰的椭圆斑，后病斑融合为不规则大斑，扩展到谷粒大部或全部，后变为枯白色，其上生出许多小黑点，即病菌分生孢子器。谷粒被害早的花器被毁或形成秕谷。乳熟后受害时，米粒变小，质变松脆，质量轻，品质下降，接近成熟时受害，仅在谷粒上有褐色小点，对产量影响不大。

谷枯病

★百度百科，网址链接：https://baike.so.com/doc/9583082-9928248.html

（编撰人：王瑞龙；审核人：李荣华）

263. 水稻细菌性谷枯病如何识别和诊断？它有哪些为害症状？

水稻细菌性谷枯病也称穗枯病，病害主要为害在谷粒上。水稻抽穗期，水稻细菌性谷枯病病穗在田间呈块状分布，谷粒褐色，病健部有一明显的棕色界限；

病苗常腐败、枯死，发病较轻的僵苗不发，叶鞘变褐色，叶片发白，芽鞘卷曲。水稻齐穗后乳熟期的绿色穗直立，染病谷粒初现苍白色似缺水状萎凋，渐变为灰白色至浅黄褐色，病粒内外颖变色，先端或基部变成紫褐色，护颖也呈紫褐色。每个受害穗的谷粒染病10～20粒，发病重的一半以上谷粒枯死，受害严重的稻穗直立而不下垂，受害严重的稻穗呈直立状而不弯曲，多为不稔，米质明显下降，若能结实多萎缩畸形，造成严重减产。

细菌性谷枯病

★百度百科，网址链接：https://baike.so.com/doc/7599474-7873569.html

（编撰人：王瑞龙；审核人：李荣华）

264. 水稻细菌性褐腐病如何识别和诊断？它有哪些为害症状？

水稻乳熟期受到感染，水稻的穗部、茎秆、叶鞘、叶枕变褐斑，高温、高湿的条件下发展为褐腐，使得水稻弯曲下垂，病部呈水渍状，有黏稠感。叶片染病初期为褐色水浸状小斑，后扩大为纺锤形或不规则赤褐色条斑，边缘出现黄晕，病斑中心灰褐色，病斑常融合成大条斑，使叶片局部坏死，不见菌脓。叶鞘受害多发生在幼穗抽出前的穗苞上，病斑赤褐，短条状，后融合成水渍状不规则大斑，后期中央灰褐色，组织坏死。穗轴、颖壳等部受害时，产生近圆形褐色小斑，严重时整个颖壳变褐，并深入米粒。

细菌性褐腐病

★互动百科，网址链接：http://www.baike.com/wiki/%E6%B0%B4%E7%A8%BB%E7%BB%86%E8%8F%8C%E6%80%A7%E8%A4%90%E6%9D%A1%E7%97%85

（编撰人：王瑞龙；审核人：罗明珠）

265. 水稻胡麻斑病如何识别和诊断？它有哪些为害症状？

水稻胡麻斑病从秧苗期至收获期均可发病，稻株地上部均可受害，以叶片为多。种子芽期受害时，芽鞘变褐，芽未抽出，子叶枯死。苗期叶片、叶鞘发病多为胡麻粒大小的椭圆病斑，暗褐色，有时病斑扩大连片成条形，病斑多时秧苗枯死。叶鞘上染病病斑初呈椭圆形，暗褐色，边缘淡褐色，水渍状，后变为中心灰褐色的不规则大斑。病叶由叶尖向内干枯，潮湿时，死苗上产生黑色霉状物。成株叶片染病时初为褐色小点，渐扩大为如芝麻粒大小的椭圆斑，边缘褐色，中央褐色至灰白，且病斑四周有深浅不同的黄色晕圈，严重时连成不规则大斑。穗颈和枝梗发病时受害部呈暗褐色，造成穗枯。谷粒染病早期受害的谷粒灰黑色扩至全粒造成秕谷。后期受害时病斑小，边缘不明显。病重谷粒质脆易碎。

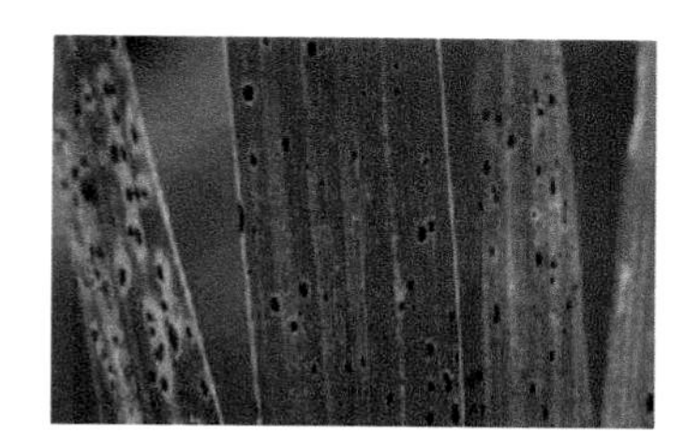

胡麻斑病

★互动百科，网址链接：http://www.baike.com/wiki/%E6%B0%B4%E7%A8%BB%E8%83%A1%E9%BA%BB%E6%96%91%E7%97%85&prd=button_doc_entry

（编撰人：王瑞龙；审核人：罗明珠）

266. 水稻云形病如何识别和诊断？它有哪些为害症状？

水稻云形病又称褐色叶枯病、叶灼病，是杂交稻和常规中籼稻后期重要病害之一。水稻云形病主要为害叶片，也可为害穗部。叶片枯死部分常见波纹状褐色线条为水稻云形病的典型特征。发病时先从下部叶的叶尖或叶缘产生水浸状小斑点，后迅速向叶基或内侧波浪状扩展，病斑中心灰褐色，外缘灰绿色，后期病斑上出现明显的波浪状云纹线条，严重时病斑连片使叶褐色枯死。叶鞘受害时以剑叶的叶枕部较重，初产生暗褐色斑点，后扩大为菱形或不规则形，病斑中部淡褐色，周围暗褐或紫褐，外围黄色部较宽；严重时叶鞘整段枯死，使叶片枯黄，穗轴和枝梗受害形成暗褐色或紫褐色长斑，枯死后呈淡褐色至褐色。潮湿时病部呈污褐色湿润状，病健交界不明显；干燥时病部呈黄褐色至灰褐色，病健交界明显。单季晚稻发生普遍，严重时，发病率可达50%以上，可造成减产10%～20%。

云形病

★农资网，网址链接：http://ahnzw.com.cn/show-66375.html

（编撰人：王瑞龙；审核人：罗明珠）

267. 水稻窄条斑病如何识别和诊断？它有哪些为害症状？

水稻窄条斑病又称水稻条叶枯病，在中国各稻区均有发生。该病在水稻拔节期到抽穗期普遍发生，地上部分均可发病，以叶和叶鞘最为普遍。叶片染病初为褐色小点，后沿叶脉向两边扩展，四周呈红褐色或紫褐色，形成中央灰褐的短细线条状斑。抗病品种的病斑线条短，病斑窄，色深。发病严重时病斑连成长条斑，引致叶片早枯。叶鞘受害后，多从基部出现细条斑，后发展为紫褐色斑块，严重时可致全部叶鞘变紫，造成上部叶片枯死现象。茎秆染病后，节间上部多发生狭长条状病斑。穗颈和枝梗染病时初为暗色至褐色小点，略显紫色，发病严重使穗颈枯死。谷粒染病时常在护颖或谷粒表面上有褐色小条斑。水稻窄条病在亚洲、美洲、非洲等多个国家均有发生，一般造成减产5%～10%，发病严重时，水稻整株呈暗褐色，田内成片倒伏，减产甚至超过40%。近年来，水稻窄条斑病在浙江温州和杭州稻区流行，对产量威胁日益加重。

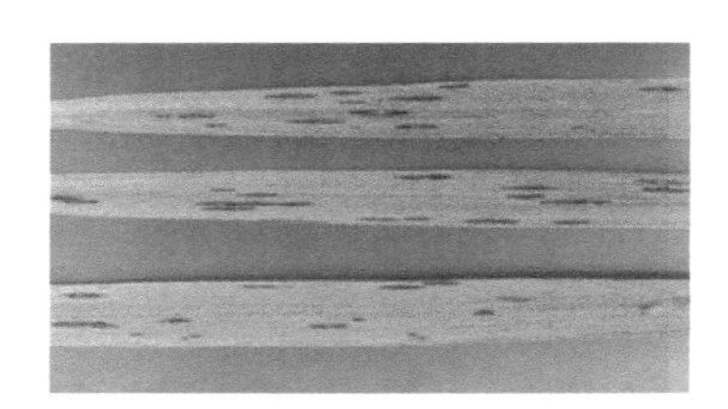

窄条斑病

★农博网，网址链接：http://shuju.aweb.com.cn/technology/2009/0625/151556680.shtml

（编撰人：王瑞龙；审核人：罗明珠）

268. 水稻褐变穗病如何识别和诊断？它有哪些为害症状？

水稻褐变穗病是我国东北水稻区发生的一种新病，水稻抽穗后遇到强风时易发生此病。其症状为水稻抽穗后不久，谷粒内颖出现褐色斑点或变褐，随病势进展变浓褐或黑褐色，称之为“褐变穗”、锈粒或黑穗，小穗轴并不坏死，对水稻生育后期灌浆影响较小。发病时谷粒上发生褐斑，严重时呈黑褐色，病斑不规则，进而形成空瘪粒，受害褐粒多数茶米、黑米率高，严重影响米质，产量降低。

褐变穗病

★191农资人网，网址链接：http://www.191.cn/read.php?page=e&tid=532748

（编撰人：王瑞龙；审核人：罗明珠）

269. 水稻霜霉病如何识别和诊断？它有哪些为害症状？

水稻霜霉病又称黄化萎缩病，为害水稻的叶片。水稻霜霉病在秧田后期开始表现症状，分蘖盛期症状明显。发病初期叶片上着生黄白色小斑点，而后叶片表面逐渐形成圆形或椭圆形黄白色褪绿斑点，排列不规则，呈斑驳花叶状；病株心叶呈淡黄色，卷曲，变短，不易抽出，病株分蘖减少，植株明显矮缩；主要特征是叶色淡绿，上生黄白色的小点，圆形或椭圆形，常连成线状；叶片短而肥厚，心叶黄白色，有时弯曲或扭曲，不易抽出，下部叶片逐渐枯死；孕穗后病株显著矮缩，株高不到健株的1/2，叶片短宽肥厚；病株根系发育不良，呈暗褐色，新根少或无新根。发病后期，先从基部叶片开始自下而上慢慢枯死，严重时整株枯死。一旦主穗植株感病，其余分蘖植株全部发病，后期由于叶片黄化，有时黄白斑点不清晰，病株心叶呈黄色卷曲或捻转。重病株不能孕穗，轻病株能孕穗但不能抽出，包裹于剑叶叶鞘中，穗小扭曲畸形不能结实。

霜霉病

★农资网，网址链接：http://www.nongzi100.com/thread-50835-1-1.html

（编撰人：王瑞龙；审核人：罗明珠）

270. 水稻疫霉病如何识别和诊断？它有哪些为害症状？

水稻疫霉病主要在早、中稻秧苗期发生，为害秧苗叶片，在叶片上形成绿色水渍状不规则条斑，条斑边缘呈褐色。病害急剧发展时，条斑相互愈合，以致叶片纵卷成弯折。一般只造成秧苗中下部叶片局部枯死，严重时全叶或整株水渍状腐烂死亡。秧苗三叶期前后遇低温、连阴雨、深水灌溉，特别是秧苗淹水，病害发生就重。病苗移栽至大田，病害还会继续发生并有零星死苗。随着气温上升，病害明显受到抑制，到分蘖盛期就很少发生。

疫霉病

★植物网，网址链接：https://www.zhiwuwang.com/news/136757.html

（编撰人：王瑞龙；审核人：罗明珠）

271. 水稻紫秆病如何识别和诊断？它有哪些为害症状？

水稻紫秆病又称褐鞘病、紫鞘病、锈秆黄叶病，在广东湛江、茂名农民俗称为“黑骨”，我国台湾称之为“水稻不捻症”。发病植株稻叶受害症状主要为：起初出现红褐色到褐色短线状条斑，而后条斑变为纺锤形，内部呈灰褐色。叶鞘受害时，尤其是剑叶鞘和剑叶下叶鞘受害时，剑叶变黄、叶鞘变褐色，严重时，可使叶鞘大部或全部变成紫褐色，造成叶片早枯，故称其为“紫秆病”。穗部受害时，病斑表现在穗颈和小枝梗上，初为红褐色短线状，后呈灰褐色而枯死；严重时穗颈折断，导致秕粒，结实率和千粒重明显降低；剥开褐鞘，则可见其内壁亦变褐，表面散布着疏密不等的“粉尘状物”。褐鞘严重田块，常出现稻穗不勾头或半勾头，穗粒不实或半实，有的穗颈明显扭曲。

紫秆病

★百度百科，网址链接：https://baike.so.com/doc/1225993-1296757.html

（编撰人：王瑞龙；审核人：罗明珠）

272. 水稻小球菌核病如何识别和诊断？它有哪些为害症状？

小球菌核病是一种真菌性病害，主要为害稻株下部的叶鞘和茎秆，发病时剖开叶鞘和茎秆的腐朽组织可以看到大量黑色菌核。发病初期在近水面叶鞘上产生墨褐色斑点，渐向上发展，可扩大至整个叶鞘，并逐渐扩大成黑色大斑，病斑表面常生一层灰色霜状物；茎秆上形成梭形或长条形黑斑，最后病株基部成段变黑软腐，很容易折断，出现早枯或倒伏；秕谷率增加，千粒重降低。该病在水稻整个生育期均可发生，但一般多在分蘖盛期开始发病，抽穗期大量发生，乳熟期以后病情迅速加剧，轻则影响产量，重则颗粒无收。

菌核病

★百度百科，网址链接：https://baike.so.com/doc/2120253-2243299.html

（编撰人：王瑞龙；审核人：罗明珠）

273. 水稻干尖线虫病如何识别和诊断？它有哪些为害症状？

水稻干尖线虫病又称白尖病、线虫枯死病。秧苗期感病时，上部叶尖端2～4cm处逐渐卷皱呈白色、灰色的干尖，病健部界限明显，干尖扭曲。病株孕穗后干尖更严重，剑叶或其下2～3叶尖端1～8cm渐枯黄，半透明，扭曲干尖，变为灰白或淡褐色。当湿度大、有雾露存在时，干尖叶片展平呈半透明水渍状，随风飘动，露干后又复卷曲。发病重的，旗叶全部卷曲枯死，抽穗困难；有的病株不显症，但稻穗带有线虫。受害稻株大多可抽穗，但植株矮小，穗短而小，秕谷增加，千粒重下降。

干尖线虫病

★百度百科，网址链接：https://baike.so.com/doc/6013957-6226945.html

（编撰人：王瑞龙；审核人：罗明珠）

274. 水稻根结线虫病如何识别和诊断？它有哪些为害症状？

水稻根结线虫病主要为害须根，尤以根尖为重，形成根结，严重时地上部矮化、发黄。发病时根尖受害，扭曲变粗，膨大形成根瘤，初为白色卵圆形，后来颜色由棕黄至棕褐，且两端稍尖，为长椭圆形，渐变软，腐烂，外皮易破裂。随着地下部根瘤数目的增加，地上部表现缺肥症状，病苗叶色变淡、纤弱，移植后返青慢，发根迟，长势差，死苗多。至分蘖期，根瘤数量大增，症状更加明显，表现为植株矮小，根短，叶片均匀黄化，茎秆纤细，分蘖力减弱。抽穗期病株矮小，叶黄，出穗难，呈包颈或不能出穗。结实期病株穗短，结实少，秕谷多。目前此病主要发生在广东、广西、海南、云南等地，多数发生在秧田和陆稻上，在浸水田中也能发生，对水稻有较大的为害，可引起减产10%～20%，严重时可达40%～50%。

根结线虫病

★百度百科，网址链接：https://baike.so.com/doc/8786102-9110299.html

（编撰人：王瑞龙；审核人：罗明珠）

275. 水稻白化苗如何识别和诊断？它有哪些为害症状？

水稻出现白化苗常表现为常从叶片尖端开始发生，色泽从黄色到白色，一般属于因低温冷害引起的白化苗，如果采取灌水、施肥等措施或天气转晴暖，又能恢复生长；或另一种在叶片初长出时即发生白化或部分长条状白化现象，属于生理性、遗传性的病症，全白化苗在三叶期时即会枯亡。

白化苗

★191农资人网，网址链接：http://www.191.cn/m/index.php?c=read&tid=110393

（编撰人：王瑞龙；审核人：罗明珠）

276. 稗草如何识别和诊断？它有哪些为害？

稗草为禾本科一年生植物，高度可达150cm，与水稻幼苗的主要区别是没有叶舌和叶耳，花序为圆锥花序。稗草茎秆光滑无毛，基部倾斜或膝曲。叶鞘疏松裹秆，平滑无毛；叶片扁平，线形，无毛，边缘粗糙。气温10～11℃时出苗，6月中旬抽穗开花，6月下旬开始成熟，一般比水稻成熟期要早。稗草适应力强，可以在水田和陆地生长，种子产量大，通过牲畜消化道后，仍然有部分会存活，与水稻争夺养分、光照等，是稻田为害最严重的杂草。防治需要结合物理防治和化学防治，如平整土地、施腐熟基肥等。

稗草

★中国植物志，网址链接：http://frps.eflora.cn/

（编撰人：李荣华；审核人：罗明珠）

277. 马唐如何识别和诊断？它有哪些为害？

马唐为禾本科一年生植物，高度可达80cm，秆无毛或节生柔毛。叶片线状披针形，基部圆形，边缘较厚，总状花序。马唐喜湿热，4月下旬至6月下旬大量发生，8—10月结籽，种子边成熟边脱落，生活力强。生于路旁、田野，下部茎节着地生根，蔓延成片，生长快，分枝多，竞争力强，难以拔除，是为害稻田的重要杂草。可用除草剂灭除，如草甘膦、农达水剂和克芜踪水剂等。

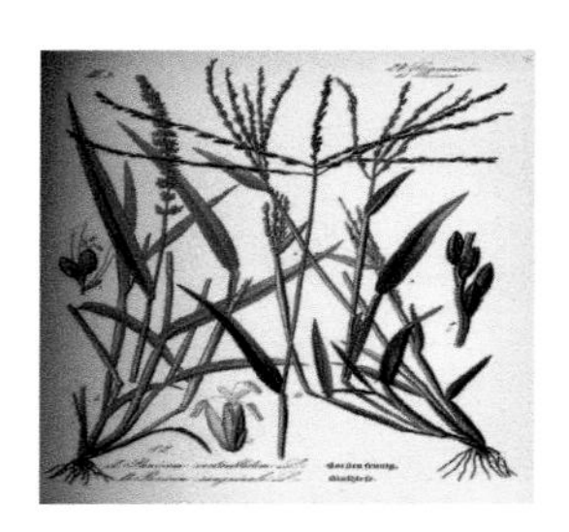

马唐

★中国植物志，网址链接：http://frps.eflora.cn/

（编撰人：李荣华；审核人：罗明珠）

278. 狗尾草如何识别和诊断？它有哪些为害？

狗尾草为一年生禾本科植物。须根系，高度可达100cm，基部径达3～7mm。叶片扁平，长三角状狭披针形或线状披针形，先端渐尖，基部钝圆形，长4～30cm，宽2～18mm，通常无毛或疏被疣毛，边缘粗糙。圆锥花序紧密呈圆柱状或基部稍疏离。狗尾草广泛分布在全国各地，花果期5—10月，每株可结数千到上万粒种子，种子寿命长，是农田常见的杂草，发生严重时形成优势种群，争夺水肥，造成水稻减产。

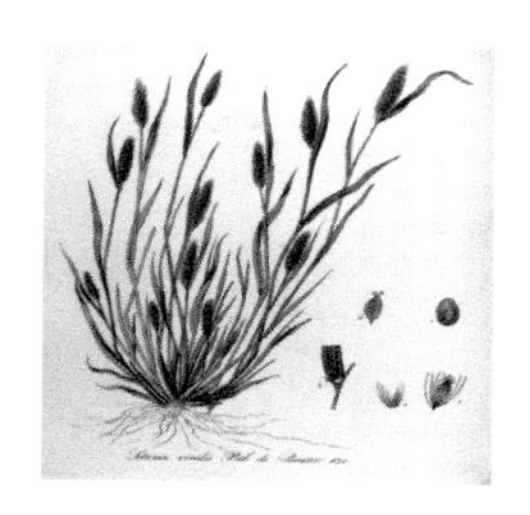

狗尾草

★中国植物志，网址链接：http://frps.eflora.cn/

（编撰人：李荣华；审核人：罗明珠）

279. 千金子如何识别和诊断？它有哪些为害？

千金子为一年生禾本科植物。秆直立，基部膝曲或倾斜，高30～90cm，平滑无毛。叶鞘无毛，大多短于节间；叶舌膜质，长1～2mm，常撕裂具小纤毛；叶片扁平或多少卷折，先端渐尖，两面微粗糙或下面平滑，长5～25cm，宽2～6mm。圆锥花序长10～30cm，小穗多带紫色，花果期4—11月。千金子喜湿，可营养繁殖，广泛分布于全国各地，为害农田。

千金子

★中国植物志，网址链接：http://frps.eflora.cn/

（编撰人：李荣华；审核人：罗明珠）

280. 丁香蓼如何识别和诊断？它有哪些为害？

丁香蓼为柳叶菜科一年生直立草本。茎下部圆柱状，上部四棱形，常淡红色，小枝近水平开展。叶狭椭圆形，先端锐尖或稍钝，基部狭楔形；托叶几乎全退化。萼片4枚，三角状卵形至披针形；花瓣黄色。蒴果四棱形，淡褐色，无毛，熟时迅速不规则地室背开裂。花期6—7月，果期8—9月。生于田间、水边、沟畔湿处及沼泽地，是稻田常见杂草。

丁香蓼

★中国植物志，网址链接：http://frps.eflora.cn/

（编撰人：李荣华；审核人：罗明珠）

281. 双穗雀稗如何识别和诊断？它有哪些为害？

双穗雀稗为禾本科多年生草本植物。具有匍匐茎，长达1m，向上直立部分高20~40cm，节生柔毛。叶舌长2~3mm，无毛；叶片披针形，长5~15cm，宽3~7mm，无毛。总状花序2枚对连，长2~6cm。花果期5—9月。以匍匐茎和种子繁殖，竞争力极强，蔓延迅速，会造成作物减产的恶性杂草。

双穗雀稗

★中国植物志，网址链接：http://frps.eflora.cn/

（编撰人：李荣华；审核人：罗明珠）

282. 空心莲子草如何识别和诊断？它有哪些为害？

空心莲子草为苋科多年生草本，茎基部匍匐，具分枝，幼茎及叶腋有白色或锈色柔毛。叶片全缘，两面无毛或上面有贴生毛及缘毛，下面有颗粒状凸起；花密生，具总花梗的头状花序，单生于叶腋，球形；苞片及小苞片白色；花被片矩圆形，白色；雄蕊基部连合成杯状。花期5—10月。原产巴西，营养繁殖为主，生长迅速，竞争力极强，在稻田难以根除，被列为中国首批外来入侵物种。

空心莲子草

★中国植物志，网址链接：http://frps.eflora.cn/

（编撰人：李荣华；审核人：罗明珠）

283. 莲子草如何识别和诊断？它有哪些为害？

莲子草为苋科多年生草本，高10～45cm；圆锥根粗，直径可达3mm；茎上升或匍匐，绿色或稍带紫色。叶片两面无毛或疏生柔毛；叶柄无毛或有柔毛。头状花序1～4个，腋生，无总花梗，初为球形，后渐成圆柱形；花密生，花轴密生白色柔毛；苞片及小苞片白色无毛，卵状披针形；雄蕊基部连合成杯状。花期5—7月，果期7—9月。莲子草既可以靠种子也可以靠匍匐茎繁殖，生长迅速，难以控制。

莲子草

★中国植物志，网址链接：http://frps.eflora.cn/

（编撰人：李荣华；审核人：罗明珠）

284. 大薸如何识别和诊断？它有哪些为害？

大薸为天南星科水生飘浮草本，有长而悬垂的根，根须羽状。叶簇生成莲座状，叶片常因发育阶段不同而形异：倒三角形、倒卵形、扇形、倒卵状长楔形，长1.3～10cm，宽1.5～6cm，先端截头状或浑圆，基部厚，二面被毛，基部尤为浓密；叶脉扇状伸展，背面明显隆起成折皱状。佛焰苞白色，长0.5～1.2cm，外被茸毛。花期5—11月。营养繁殖迅速，竞争力强，与秧苗争夺养分，是严重为害稻田的杂草。

大薸

★中国植物志，网址链接：http://frps.eflora.cn/

（编撰人：李荣华；审核人：罗明珠）

285. 我国安全水稻生产中病虫害综合防治的原则是什么？

（1）综合原则。充分利用农业生态系统中各种自然因素的调节作用，因地制宜地选用各种防治措施，以获得最高的产量、最好的产品质量、最佳的经济效益和社会效益。

（2）客观原则。从实际出发，目的明确，内容丰富，语言简明、流畅，量力而行，有可操作性。

（3）生态原则。根据病虫和环境之间的相互关系，通过全面分析各个生态因子之间的相互关系，全面考虑生态平衡及防治效果之间的关系，综合解决病虫为害问题。

（4）控制原则。充分发挥自然控制因素的作用，将病虫的为害控制在经济损失水平之下，不要求完全彻底地消灭病虫。

（5）效益原则。从农业生态学的观点出发，全面考虑农业生态平衡、保护环境、社会效益和经济效益，避免破坏生态平衡及造成环境污染，符合社会公德及伦理道德，避免对人、畜的健康造成损害。

病虫害防治

★金华新闻网，网址链接：http://www.jhnews.com.cn/jhrb/2013-06/23/content_2826246.htm

（编撰人：王瑞龙；审核人：罗明珠）

286. 何谓水稻有害生物的综合防治？

所谓的水稻有害生物的综合防治是指在水稻田生态系统中使用有益、安全、持久的方法管理害虫，注意与自然过程协调，向水稻田生态系统中引入生防物及其产物，种植抗性作物，使用窄谱农药。目标是安全、有效益、持久，有助于生态系统的健康发展。综合利用各种因子，最大限度地利用自然的力量、最大限度地降低害虫抗性的产生。

未来将是以生态学为基础的水稻害虫管理系统，水稻害虫防治的生态学基础是将作用于昆虫种群数量变化的自然控制因素归为气象因素、食料因素和天敌因素三大类。这些因子在昆虫种群数量控制中发挥了十分重要的作用。因此，在水稻害虫防治工作中，任何破坏害虫种群的自然控制因子的策略与技术都是错误的，只有与这个因子系统相互协调、相辅相成的策略与技术才能成功。

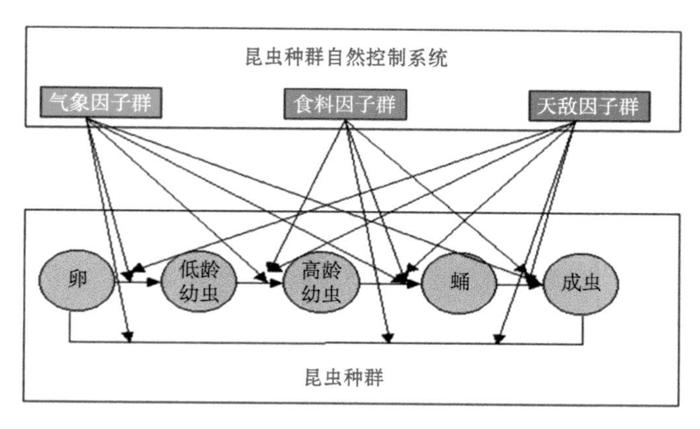

害虫种群自然控制系统结构示意图（庞雄飞，梁广文　绘）

捕食性天敌——瓢虫

★昵图网，网址链接：http://www.nipic.com/show/5234362.html

（编撰人：王磊；审核人：陆永跃）

287. 有害生物的综合防治原则是什么？

综合防治是对有害生物进行科学管理的体系。它从农业生态的总体出发，根据有害生物和环境之间的相互关系，充分发挥自然控制因素的作用，因地制宜协调应用必要的措施，将有害生物控制在经济受害允许水平以下，以获得最佳的经济效益、生态效益和社会效益。

在综合防治中，要以农业防治为基础，因地制宜的合理应用化学防治、生物防治、物理防治等措施，达到经济、安全、有效地控制病虫害的目的。选择措施应符合“安全、有效、经济、简易”的原则。

（1）改变害虫环境，增加各生物防治因素的效能，破坏害虫繁殖、取食和隐蔽场所，降低其种群密度。

（2）采用耐虫和抗虫品种，一般不要求免疫和高抗，有时低抗也很有效。

（3）引进或建立新的自然天敌种群。

以上3种措施一般能有效地控制害虫种群。但如果害虫种群数量突增，则必须使用应急措施，即使用杀虫剂，尽量做到合理用药，以寻求对生态系统破坏最小的方案。

果园种植驱避植物

★360个人图书馆，网址链接：http://www.360doc.com/content/14/1228/07/12386989_436292554.shtml

（编撰人：王磊；审核人：陆永跃）

288. 综合防治的重点是什么?

综合防治是对有害生物进行科学管理的体系，需要服从农业可持续生产的需要，是一种害虫可持续控制的战略，也是社会可持续发展的重要有机组成部分。因此在害虫综合防治中，要充分考虑到经济阈值，即只要将害虫控制在经济损害水平以下即可，完全没有将害虫彻底消灭的必要。同时要充分发挥自然因素包括天敌、作物的抗虫性等对害虫种群的控制作用。在农药使用方面要掌握节制用药，要适时适量使用农药，同时选择高效低毒具有高选择性的农药，同时注意使用合适的剂型和正确的使用技术。在害虫防治中要注意保护生态环境，维持优良的农田生态系统。

农田生态系统

★中国数学科技馆网，网址链接：http://amuseum.cdstm.cn/AMuseum/geography/01_cqjg/14_01_01.html

（编撰人：王磊；审核人：陆永跃）

289. 综合防治的措施有哪些?

综合防治的措施主要有植物检疫、农业防治、生物防治、物理机械防治和化学防治。

（1）植物检疫是有国家颁布法律建立专门机构，禁止或限制危险性病虫草害等从国内传到国外、由国外传到国内或者传入后限制其在国内传播并尽力清除，以保证农林业生产安全。分为国内检疫和对外检疫两类。

（2）农业防治是利用一系列栽培管理技术（包括利用抗虫品种），根据作物–害虫–环境之间的相互关系，有目的地改变农田生态系统中的某些因子，控制害虫种群数量或减少其侵染可能性，以达到保护作物，避免有害生物危害的一种植物保护措施。包括直接杀灭害虫、切断食物链、耐害和抗害作用、避害作用、恶化害虫生境、创造天敌繁衍的生态条件。

（3）生物防治是指利用生物或生物代谢产物来控制害虫种群数量，达到压低或消灭害虫的目的。包括天敌昆虫的利用、病原微生物的利用、其他有益动物的利用。

（4）物理机械防治是指利用各种物理因子及机械设备防治害虫，包括人工器械捕杀，诱集和诱杀，阻隔法，利用温湿度杀虫，利用电流、放射能等杀虫。

（5）化学防治是指利用化学农药防治害虫的方法。

植物检疫人员正在工作

诱虫灯

★库都尔林业局森防站，网址链接：http://www.nmsgsfz.com/Info/View.Asp?id=1227
★中国制造网，网址链接：cn.made-in-china.com

（编撰人：王磊；审核人：陆永跃）

290. 化学防治怎样做才能安全?

使用化学农药前，必须要仔细阅读农药的使用说明书，了解农药的性能、剂型、使用方法、防治对象以及使用注意事项等。要做好安全防护措施，以免造成农药中毒。选择低毒安全的农药，必须使用高毒农药时，要严格按照安全防护措施进行操作。

使用农药时，应注意作物的安全间隔期。同时，注意药剂在水稻上的使用范围，以免致使水稻产生药害。

同时防治不同害虫要选择适当的药剂，并根据害虫种群的发生动态和药剂的性能，适时适量用药，减少药剂使用次数，提高防治效果。

使用农药时穿戴好防护用具

★农博网，网址链接：http://news.aweb.com.cn/2010/6/11/359201006110821550.html

（编撰人：王磊；审核人：陆永跃）

291. 如何坚持农药的合理轮换?

在一个地区长期单独使用一种杀虫剂是导致和加速害虫产生抗药性的主要原因。因此，要避免或者减缓害虫对农药的抗性，在使用农药时必须强调合理轮换使用不同种类的农药以延缓抗药性的产生，提高农药使用寿命。不同种类的农药是指具有不同杀虫机制的农药，如有机磷的农药与氨基甲酸酯类农药交替使用等。对于容易导致害虫产生抗药性的农药，例如拟除虫菊酯类农药不能作为当家农药。同时要克服农药万能的思想，使用多种方法，实施害虫综合治理。

（编撰人：王磊；审核人：陆永跃）

292. 如何选用合理的用药方法?

在农业生产中，选用适当的药剂和合理的用药方法可以用最小的投入、最安全的方式来获得较高的效益。

（1）要对症下药，不同的病虫害使用不同种类的农药。药剂防治的对象害虫也是有一定的范围，因此要根据防治对象，选择最适合的农药品种。

（2）根据防治对象采用适合的用药方法。根据不同害虫选择适当的施药方法、施药部位和技术措施。由于各种害虫为害方式和生活习性均不相同，因此防治时的施药方法也应随之而异。只有选取适当的施药方法，才能获得不错的防治效果。

（3）要根据害虫的生物学特性适时用药。例如，对于傍晚出来活动的害虫，要在傍晚时用药才能取得不错的防治效果。

（4）施药时要注意施药时间的温湿度、风雨等环境条件。如施药后4h内下大雨将严重影响防效等。

（编撰人：王磊；审核人：陆永跃）

293. 福寿螺如何识别和诊断？它有哪些为害症状?

福寿螺，具一螺旋状的螺壳，颜色随环境及螺龄不同而异，有光泽和若干条细纵纹，爬行时头部和腹足伸出。头部具触角2对，前触角短，后触角长，后触角的基部外侧各有一只眼睛。螺体左边具1条粗大的肺吸管。体旋层大，螺旋层小。成贝壳厚，壳高7cm，幼贝壳薄，贝壳的缝合线处下陷呈浅沟，壳脐深而宽。卵圆形，直径2mm，初产卵粉红色至鲜红色，卵的表面有一层不明显的白色粉状物，在5—6月的气温条件下，5d后变为灰白色至褐色，孵化成幼螺。卵块椭圆形，大小不一，卵粒排列整齐，卵层不易脱落，鲜红色，小卵块仅数十粒，大的可达千粒以上。卵于夜间被产在水面以上干燥物体或植株的表面，如茎秆、沟壁、墙壁、田埂、杂草等上。幼螺发育3～4个月后性成熟。

福寿螺孵化后稍长即开始啃食水稻等水生植物，尤喜食幼嫩部分。它能咬断水稻主茎及有效分蘖，水稻插秧后至晒田前是主要受害期，导致有效穗减少而造成减产达20%以上。除啮食水稻等水生植物外还传播广州管圆线虫等疾病。

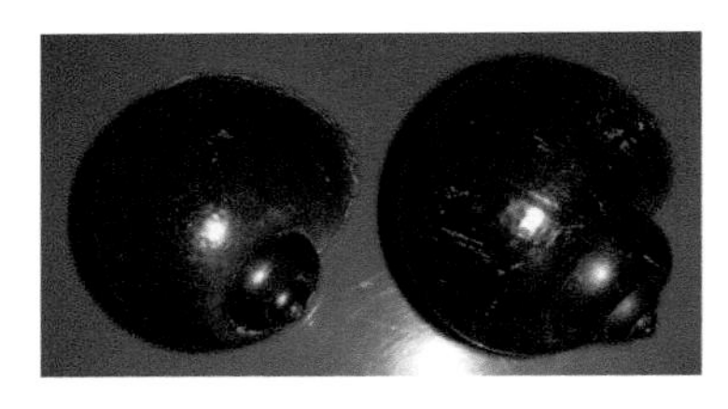
福寿螺（左为雄螺，右为雌螺）

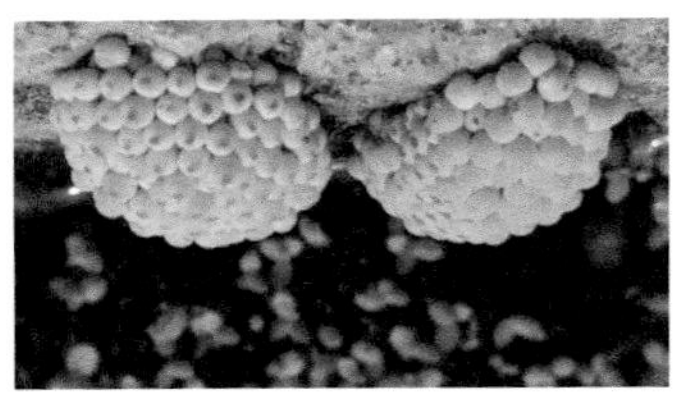
福寿螺的卵块

★洪晓月. 农业昆虫学[M]. 北京：中国农业出版社. 2017

（编撰人：罗明珠；审核人：王瑞龙）

294. 如何防治稻田鼠害?

（1）化学药物灭鼠。目前国内外灭鼠最为广泛应用的方法。其优点是见效快，灭鼠效果好，且方法简单、成本较低，尤其是大面积应用十分显著。缺点是易污染环境，易引起人、畜中毒。因此，在药物选择上，一定要本着安全第一的原则，坚决杜绝国家禁止使用的危险杀鼠剂。目前，较理想的药物是第二代抗凝血慢性杀鼠剂溴敌隆、溴鼠灵等，对人、畜比较安全，也有特效解毒药品。还有其他化学农药，如用丁硫克百威拌种或用敌鼠钠盐原药与饵料（玉米、小麦、谷子）配制成毒饵，但化学药剂使用时要避免家禽、家畜误食。药饵的投放量根据优势鼠种的特点适当调整，褐家鼠耐饥饿力差，取食频繁，食量大，因此，需实行少放、多堆的原则，每5m一堆，每堆5g左右，投饵量保证在200g/667m^{2}以上。

（2）物理灭鼠。目前最常用的是鼠夹法，选取老鼠喜欢吃而又新鲜易找得到的食物作诱饵，将鼠夹布放在田区及农户老鼠活动频率较高的场所，鼠夹的分布和数量要充分，才能达到控制害鼠数量的目的。物理灭鼠对人、畜安全，对环境无残留毒害。

（3）生物灭鼠。目前比较可行的就是尽可能保持自然界食物链条的完整和平衡，通过鼠类天敌如猫头鹰、蛇、鹰、狐等动物来控制鼠类的数量。在农业生产活动中，人类要努力保持自然界的生态平衡，让自然界生物的相互制约作用服务于人类的生产生活。

（4）生态控制。包括环境改造、断绝鼠粮、防鼠建筑、消除鼠类隐蔽场所等。如加强农田管理，减少田区的夹荒地、田埂等处的杂草，可减少其打洞的隐蔽场所，通过改变生存环境，造成不利于害鼠生存和繁殖的条件以降低害鼠密度，是生态防治的重要手段。生态灭鼠与自然生物灭鼠一起构成了生态环境控鼠的两大要素，虽然收效较慢，但对害鼠数量发展会起到持续制约作用，是综合防治中很重要的一环。

稻田鼠害

★央视国际网，网址链接：http://news.cctv.com/society/20070716/100302.shtml

（编撰人：罗明珠；审核人：王瑞龙）

295. 如何防治水稻的鸟害？

鸟类具有一定的记忆力及较强的适应能力，单一的防治方法往往易在较短的时间内失效，应综合利用，避免驱鸟方法固定化，以避免鸟类对环境产生适应。一般在不伤害鸟类的前提下，在鸟类开始啄食稻穗前开始，可采用如下防治措施，以减轻鸟害。

（1）视角驱鸟。①在稻田中放置假人、假鹰、气球，可短期内防止害鸟入侵。②在稻田中用竹竿扎起红色塑料袋、红色布条和红绳，红绳随风飘动，因为鸟对红色敏感，一见到红色就不敢来了。③利用鸟类惧怕银光进行防治。一种方法是：将银色的废弃光盘、易拉罐及磁带悬挂于田间，有一定的驱鸟作用。悬挂易拉罐时尽量将几个罐子悬挂在一起，风吹时可发出响声，增强驱赶效果。第二种方法是：在稻田中用竹竿扎起反光膜（条），反射的光线可使鸟短期内不敢靠近水稻田，如用红色彩带，彩带是以聚酯薄膜为基材，一面为银白色；另一面为红色的彩带，通过反射光线来驱鸟。第三种方法是：用镜片当作风车的叶轮，当风车旋转时反射出旋转的光线，进行驱鸟。④搭建防鸟网。

（2）电子声音驱鸟。将鞭炮声、鹰叫声、敲打声、鸟的惊叫及哀鸣声等用录音机录下来，声音设施应放置在稻田的周边和鸟类的入口处，以利用风向和回声增大声音防治设施的作用。

（3）拉网驱鸟。一般来说，大田拉网拦鸟就意味着花最多的钱，使用最多的劳力，一般用于育种试验。

（4）人工驱鸟。鸟类在清晨、中午、黄昏3个时段为害稻穗较严重，每个时段一般需驱赶3～5次。

（5）使用驱鸟剂。主要成分为天然香料，利用生物工程研制而成，使用时用水稀释喷雾，雾滴黏附于被喷物体表面，可缓慢持久地释放出一种影响禽鸟中枢神经系统的清香气体，鸟雀闻后即会飞走，有效驱赶，不伤害鸟类，而且该产品稀释液具生物降解性，绿色环保，对人、畜无害，如氨茴酸甲酯。

稻田鸟害

★新浪网，网址链接：http://hb.sina.com.cn/news/j/2013-09-05/0813102829.html

（编撰人：罗明珠；审核人：王瑞龙）

296. 稻纵卷叶螟有哪些习性?

稻纵卷叶螟主要分布亚洲。国内除新疆、宁夏无报道外，均有分布。主要为害水稻，还能为害粟、甘蔗、玉米、小麦等作物及多种禾本科杂草。以幼虫结苞为害（叶尖卷苞）。

稻纵卷叶螟在我国一年发生的世代数随纬度和海拔高度形成的温差而异，且世代重叠。稻纵卷叶螟抗寒力弱，越冬北界为北纬30°左右。

稻纵卷叶螟是一种具有远距离迁飞特性的昆虫，在我国，春、夏季随偏南气流逐区往北有5个代次的北迁；向南有3个代次的回迁。

发生世代自北向南逐渐递增。黄河以北包括河北及山东北部每年2～3代，河南南部、长江中下游的湖北中部、安徽南部、江苏、浙江北部每年4～5代，广东中部每年6代，广东南部每年7～8代，海南每年8～9代。

成虫具有趋嫩绿性，喜群集在生长嫩绿稻田；喜高湿度，喜荫蔽、湿度大稻田、生长茂密草丛或甘薯、大豆、棉花等田；具有趋光性，夜间活动，飞行力强，有一定的趋光性，对金属卤素灯趋性较强；需要补充营养，常吸食棉花、双穗雀稗、野花菜、女贞等植物上的花蜜及蚜虫排泄的“蜜露”，取食活动在18:00—20:00最盛。成虫羽化后1～2d交配，交配多在凌晨3:00—5:00，交配历时1h左右；交配后1～2d产卵，卵期5～7d，前3d产卵较多；喜产卵在嫩绿、宽叶、矮秆的水稻品种上，分蘖期卵量常大于穗期。卵散产，大多1粒，少数2～3粒连在一起；卵大部集中在中、上部叶片上。单雌产卵量平均100粒，最多314粒。雌雄比约1∶1。卵上午7:00—10:00孵化最多。

幼虫：一般5龄，少数6龄。初孵幼虫先从叶尖沿叶脉来回爬动，然后钻入心叶或由蓟马为害形成的卷叶中取食叶肉，在心叶为害，很少结苞；2龄在叶尖卷苞取食叶肉；开始在叶尖或稻叶的上、中部吐丝缀连稻叶成纵向小虫苞，幼虫在苞内啃食叶肉，余下表皮，受害处呈透明白条状。第3龄后开始转苞为害，转苞时间多在19:00—20:00和凌晨4:00—5:00；阴雨天，白天也能转苞。虫苞多为单叶纵卷、管状，第4龄后转株频繁，虫苞大、食量大，抗药性强，为害重。1～3龄食量小，占总食量的4.6%；5龄是暴食阶段，食量占总食量的79.5%～89.6%；一生可为害5～7叶，为害叶面积达22.57cm^{2}左右。

老熟幼虫经1～2d预蛹阶段后化蛹。化蛹部位一般在受害株或附近的稻株离地面7～10cm处，以主茎与有效分蘖的基部叶鞘中为多；其次在无效分蘖的叶片中；少数在稻丛基部或老虫苞中。

26℃下各虫态的历期分别是卵3.9d、幼虫15.2d、蛹6.9d。产卵前期3～4d，成虫寿命平均7d左右，可长达12d。

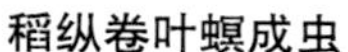

稻纵卷叶螟成虫

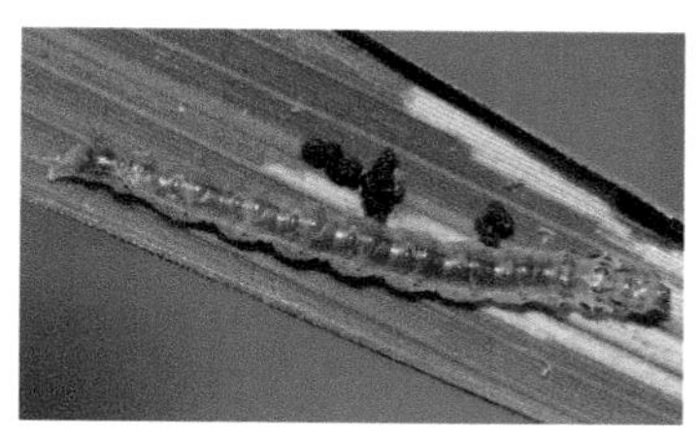

稻纵卷叶螟幼虫

★Basetkawna，网址链接：http://www.kasetkawna.com/article/

（编撰人：王磊；审核人：陆永跃）

297. 怎样防治稻纵卷叶螟?

以幼虫在叶片上结苞为害（叶尖卷苞），又称稻苞虫。

（1）农业防治。注意合理施肥，防止徒长，可减轻为害程度。抓紧早稻收获，及时暴晒稻草，以杀死稻草上的幼虫和蛹。用稻田面积的5%左右作诱集田，进行早培、肥培，并重点防治。种植抗虫品种，如黄金波和西海89等。

（2）生物防治。保护天敌。轻害年不用药，在稻纵卷叶螟盛孵期施药可保护天敌。释放寄生蜂。重害代产卵始盛期多点、均匀释放赤眼蜂；于晴天释放，每100丛水稻卵量为5～10粒的稻田，每3～4d放蜂1次，每次1万～2万头，连续3～4次。生物农药——杀螟杆菌、青虫菌等生物农药防治稻纵卷叶螟，取得一定效果。用苏云金杆菌液与化学农药复配的农药品种较多，有一定效果，可在试验的基础上选用。

（3）化学防治。施药时间为晴天9：00以前、16：00以后。防治策略为狠治穗期受害代，不放松分蘖期为害严重代。常用药剂为40%毒死蜱乳油、2%阿维菌素乳油、10%吡虫啉可湿性粉剂、5%氟铃脲乳油、10%氟铃毒死蜱乳油、阿维+茚虫威、40%丙溴磷乳油、5%氟虫腈乳油、50%敌氟腈乳油等。

稻纵卷叶螟成虫

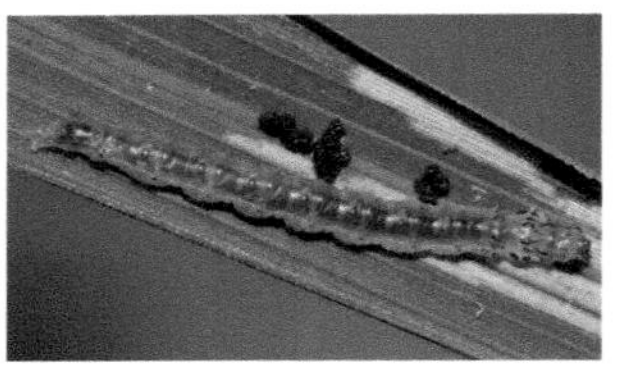

稻纵卷叶螟幼虫

★Basetkawna，网址链接：http://www.kasetkawna.com/article/

（编撰人：王磊；审核人：陆永跃）

298. 如何识别稻苞虫?

稻纵卷叶螟又称稻苞虫，主要为害水稻，以幼虫结苞为害，叶尖卷苞。稻纵卷叶螟成虫体长7～9mm，体黄褐色。前、后翅外缘有黑褐色宽带。前翅有3条黑褐色的横线，此两线之间接前缘有1短黑褐色横纹。后翅有黑褐色横线2条。雄蛾前翅前缘中央有1黑色毛簇组成的眼状斑。卵近椭圆形，长约1mm，宽0.5mm。初产时色浅，后逐渐变深为淡黄褐色。

幼虫共5龄，各龄幼虫特征如下。

1龄：体长1.7mm。头黑色，体淡黄绿色，前胸背板中央黑点不明显。

2龄：体长3.2mm。头黄褐色，体黄绿色，前胸背板前缘和后缘中部各出现2个黑点，中胸背板隐约可见2毛片。

3龄：体长6.1mm。头褐色，前胸背板后缘两黑点转变为2个三角形黑斑，中胸背板毛片褐色，后胸背板毛片隐约可见。

4龄：体长9mm。头暗褐色，体绿色。前胸背板前缘2黑点两侧出现许多小黑点连成括弧形，中、后胸背面斑纹黑褐色。

5龄：体长14～19mm。头褐色。前胸背板有1对黑褐色斑，中、后胸背面各有8个毛片，分成2排，前排6个，后排2个。

蛹：体长7～10mm。淡黄至黄褐色，末端尖细，臀棘明显凸出，有8根钩刺。翅、触角及足的末端均达第四腹节后缘，腹部气门凸出，各腹节背面的后缘隆起。

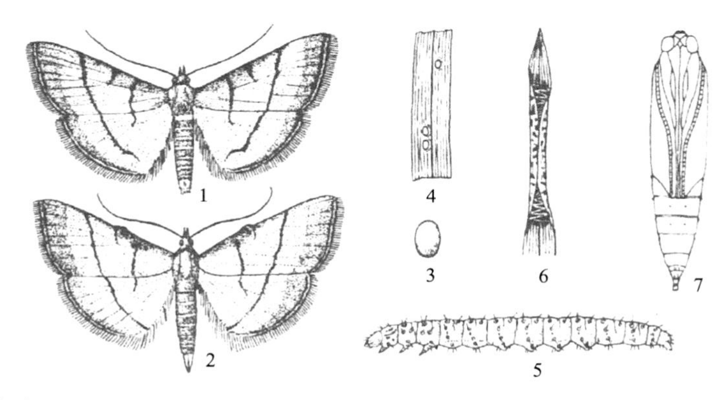

（1.雌成虫；2.雄成虫；3.卵；4.稻叶上的卵；5.幼虫；6.稻叶被害状；7.蛹腹面观）

稻纵卷叶螟

★洪晓月. 农业昆虫学. [M]. 中国农业出版社. 2007

（编撰人：王磊；审核人：陆永跃）

299. 稻苞虫的发生规律如何?

稻纵卷叶螟又称稻苞虫。稻纵卷叶螟是一种具有远距离迁飞特性的昆虫，在我国，春、夏季随偏南气流逐区往北有5个代次的北迁；向南有3个代次的回迁。

第1次北迁在3月中至4月中旬，虫源由大陆以外的南方迁入我国岭南地区，构成当地第1代虫源。

第2次北迁在4月中旬至5月下旬，仍由大陆以外的中南半岛及我国海南岛等地向岭南和岭北地区迁入，构成当地第2代（岭南）或第1代（岭北）虫源。

第3次北迁在5月下旬至6月中旬，由岭南地区向岭北及长江中游江南地区迁入，并波及江淮地区，构成该地区第2代或第1代虫源。

第4次北迁在6月下旬至7月中、下旬，由岭北地区向江淮地区迁入，波及华北、东北地区，分别形成当地第2代和第1代虫源。

第5次北迁在7月下旬至8月中旬由江南和岭北地区向江淮地区和北方迁入，构成北方第2代虫源。

稻纵卷叶螟8月底到11月有3次回迁过程。

第1次在8月下旬至9月上中旬，由北方和江淮地区向江南、岭北、岭南迁入。

第2、第3次分别在9月下旬至10月中下旬。在山区，如我国福建古田稻纵卷叶螟有“7月上山，8月下山”的垂直迁飞现象。

温暖、高湿有利于稻纵卷叶螟发生。适宜温度为22～28℃、适宜相对湿度90%以上。成虫在高温（30℃以上）和相对湿度90%以下寿命短，产卵量少。初孵幼虫在高温（35℃以上）或湿度在90%以下死亡率大。相对湿度在60%以下，蛹的羽化率显著降低；蛹期淹水48h以上，死亡率高。

稻纵卷叶螟的发生与施肥水平等有着密切的关系，多肥嫩绿、叶片下披、生长过旺、密闭、阴湿的稻田产卵越多。氨是引诱稻纵卷叶螟成虫产卵的最重要物质，叶色浓、叶绿素含量高、大量氨基酸的存在是引起稻纵卷叶螟落卵量增加的重要因素。

不同水稻类型和品种受害程度不同。一般粳稻比籼稻受害重，矮秆品种比高秆品种受害重，阔叶品种比窄叶品种受害重，杂优水稻比常规水稻受害重。

水稻不同生育期受害程度不同。在相同虫量下，因稻纵卷叶螟为害而减产的程度是：抽穗期>分蘖期>乳熟期。取食补充营养的成虫产卵多，产卵期和寿命都长。幼虫期食物及成虫期补充营养对迁飞有显著的影响。

（编撰人：王磊；审核人：陆永跃）

300. 稻叶蝉有哪些习性?

黑尾叶蝉发生世代由北向南递增，华南地区每年发生7代。黑尾叶蝉主要以4龄若虫及成虫在绿肥田、冬种作物田、田埂等禾本科杂草上越冬。4—5月黑尾叶蝉越冬成虫从越冬寄主迁至早稻秧田和本田，是将病毒传播到水稻上的关键时期。7—8月黑尾叶蝉出现第2次迁飞，其虫口数量和刺吸传毒为害都大大超过第1次迁飞期。

黑尾叶蝉白天栖息于稻丛中下部，早晚到上部叶片为害，行动活泼，趋光性强，并具有趋嫩绿习性。每雌产卵100～300粒，卵产在水稻叶鞘边缘内侧组织内，卵块有卵11～20粒，卵块中卵粒倾斜成单行排列，产卵处有隆起的斑块，2～3d变为褐色。若虫具有群集习性，喜在稻丛基部活动，随着植株组织老化，逐渐上移。主要天敌有褐腰赤眼蜂、捕食性蜘蛛等。

（编撰人：王磊；审核人：陆永跃）

301. 如何识别稻叶蝉?

为害水稻的叶蝉类害虫有黑尾叶蝉、二点黑尾叶蝉、大斑黑尾叶蝉、大白叶蝉、白翅叶蝉、电光叶蝉等，均属于同翅目，叶蝉科。稻叶蝉成虫和若虫均能为害水稻，若虫主要群集于水稻茎秆基部刺吸营养液，茎秆上出现许多棕褐色斑点，严重时稻茎基部变黑，后期烂蘖倒伏。

黑尾叶蝉成虫体长4.5～6.0mm。黄绿色，在头冠两复眼间，有1亚缘黑带，横带后方的中线黑色，极细（有时隐而不显）；复眼黑褐色，单眼黄绿色。前胸背板前半部为黄绿色，后半部为绿色，小盾片黄绿色，前翅鲜绿至黄绿色，雄虫翅末1/3处为黑色，雌虫翅端部淡褐色。卵长约1mm，长椭圆形，微弯曲。初产时乳白色，后由淡黄转为灰黄色，并出现红褐色眼点。5龄若虫体长3.5～4.0mm，复眼赤褐色，体黄绿色，有时腹背淡褐色。头部除后缘有倒“八”字形黑纹外，头顶还有数个褐斑。中、后胸背面各有1个倒“八”字形褐纹。

白翅叶蝉成虫3.5～3.7mm，头、胸部橙黄色，翅白色半透明，复眼黑褐色。头部前缘两侧各有月牙形白斑，前胸背板有褐线条组成的横菱形，中有纵线分开。腹部背面暗褐色，腹面及足橙黄色。

大白叶蝉成虫体型较大，体长约10mm。体白色，前翅白色微带浅绿，不透明，无翅斑。头部前端单眼具1近方形黑点，头顶前缘有3个横列的小黑斑。

电光叶蝉成虫体长3～4mm，浅黄色，具淡褐斑纹。头冠中前部具浅黄褐色斑点2个，后方还有2个浅黄褐色小斑点。小盾片浅灰色，基角处各具1个浅黄褐色斑点。前翅浅灰黄色，其上具闪电状黄褐色宽纹，色带四周色浓，特征相当明显。胸部及腹部的腹面黄白色，散布有暗褐色斑点。

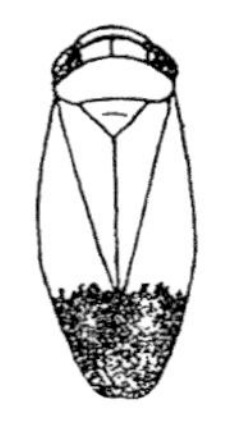
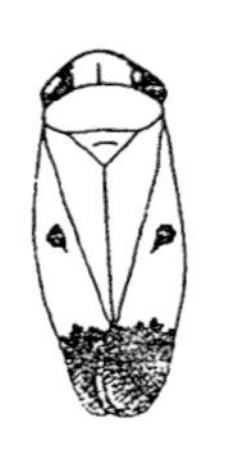

二条黑尾叶蝉　黑尾叶蝉　二点黑尾叶蝉

3种黑尾叶蝉形态特征（来自：华南农学院）

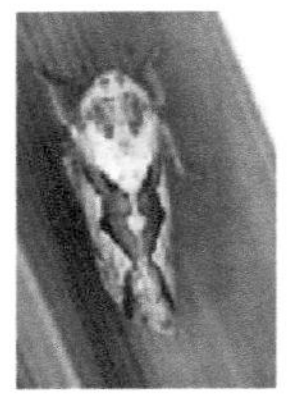

黑尾叶蝉　　电光叶蝉

★UniProt，网址链接：http://www.uniprot.org/taxonomy/94400
★FAO，网址链接：http://www.fao.org/docrep/006/Y2778S/y2778s04.htm

（编撰人：王磊；审核人：陆永跃）

302. 如何防治稻叶蝉?

（1）农业防治。种植抗虫品种，调整作物布局，避免混栽，减少桥梁田。春天及时清除田里或田埂的看麦娘等杂草，减少越冬虫源。还可以稻田养鸭防治叶蝉。

（2）生物防治。注意保护利用天敌昆虫和捕食性蜘蛛。

（3）物理防治。害虫盛发期进行灯光诱杀。

（4）化学防治。制定合适防治指标和防治适期。早稻秧田每33cm^{2}有1头虫以上，晚稻秧田每33cm^{2}有2头虫以上时就要用药防治。早稻田前期每丛有成虫1头以上，早稻抽穗前后平均每丛有成虫和若虫10～15头，晚稻本田初期每丛有虫1头以上。防治适期为2～3龄若虫高峰期。药剂选择喷洒2%叶蝉散可湿性粉剂3 000～3 750g加水750L喷雾。10%吡虫啉可湿性粉剂2 500倍液、2.5%保得乳油2 000倍液、20%叶蝉散乳油500倍液喷施。

（编撰人：王磊；审核人：陆永跃）

303. 如何识别稻蓟马？

稻蓟马属缨翅目，蓟马科。以成虫和若虫刮破稻叶表皮，吸食汁液，被害叶面先出现黄白色小斑点，后叶尖失水纵卷，严重时，秧苗成片枯焦，状如火烧。本田受害水稻生长受阻，严重影响返青和分蘖。

雌成虫体长1.0～1.3mm，雄成虫体长1.0～1.1mm。体黑褐色。头近似正方形，触角7节。单眼间鬃短，位于三角形连线外缘，复眼后鬃长。前胸背板发达，后缘角各有1对长鬃。前翅翅脉明显，上脉近基部有鬃7根，端鬃3根；下脉鬃11～13根。腹部第8节后缘有栉，雌虫第8～9腹节有锯齿状产卵器。

卵肾形，长0.26mm，宽0.11mm。微黄色，半透明，孵化前可透见两个红色眼点。

若虫有4龄。1龄乳白色，体长0.4～0.5mm，复眼红色，触角直伸头前方，无翅芽。2龄淡黄绿色，体长0.5～0.8mm，复眼褐色，触角直伸头前方，无翅芽。3龄米黄色，体长0.8～1.2mm，触角向两侧弯曲，翅芽明显。4龄淡褐色，体长0.8～1.3mm，触角折向头、胸背面，翅芽伸至第6～7腹节。3～4龄若虫不取食，但能活动，称为前蛹和蛹。

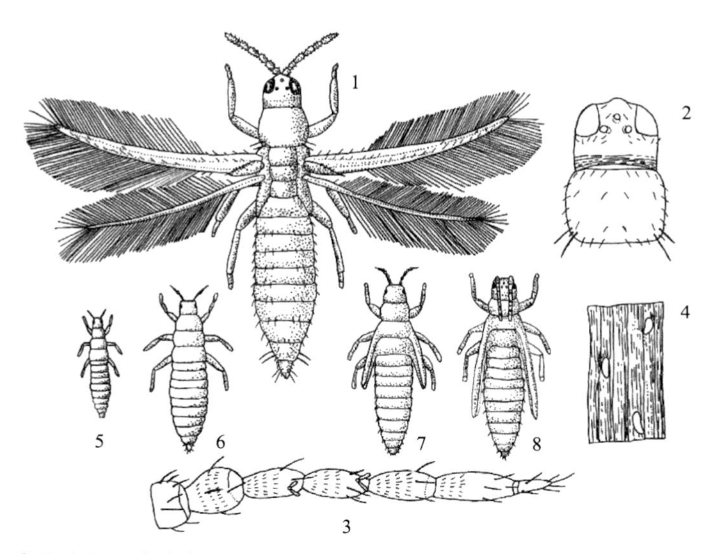

（1.成虫；2.成虫头部和前胸背面观；3.成虫触角；4.产在水稻叶片内的卵；5～8.第1～4龄若虫）

稻蓟马

★洪晓月. 农业昆虫学. [M]. 中国农业出版社. 2007

（编撰人：王磊；审核人：陆永跃）

304. 稻蓟马的发生规律如何？

稻蓟马在福建和广西、广东南部，终年繁殖为害，一年发生15～19个世代。

稻蓟马以成虫或若虫、蛹在麦类、看麦娘、游草、早熟禾、囊颖草等植物上越冬。越冬成虫多隐居在叶鞘和心叶内，或躲在土缝内；气温较高时，可以活动甚至为害。

越冬成虫于3月气温稳定在8℃以上时，在越冬寄主上产卵，繁殖。4月中旬，当田间出现稻苗后，迁往秧田，随后扩散。成虫扩散力强，喜选择三叶期至分蘖期的水稻产卵；卵多产于心叶下第2片嫩叶上；宽大、嫩绿秧苗着卵多。一般在稻田内可以繁殖7～8代。3～4代以后世代重叠，在各种稻苗间转辗为害。冬季转移到麦苗或越冬寄主上过冬。

成虫、若虫都怕光，多栖于寄主的隐蔽处如叶耳、叶舌、心叶或卷叶内。稻蓟马两性生殖为主，具孤雌生殖能力，孤雌生殖的后代多为雄虫。雄虫寿命大大短于雌虫，田间存活数量小，不易见到。成虫羽化后3～6d内产卵最多，单雌产卵量100粒左右，卵产于叶脉间组织内，在穗期则钻入穗苞内产卵。

若虫共4龄。第4龄若虫不食不动，被称为“蛹期”。初龄若虫活泼，潜入心叶内为害，至心叶完全伸出时，叶尖纵卷，若虫便在卷叶内或爬至老的卷叶内进入第3龄（即前蛹），直到羽化。卷叶内常有十几头甚至几十头3～4龄若虫群集一起。单株有若虫或蛹1～2头，秧尖初卷；有虫5头，卷叶3～5cm或全叶的一半；有虫10头以上，叶片大部纵卷。

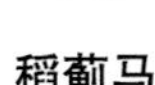

稻蓟马

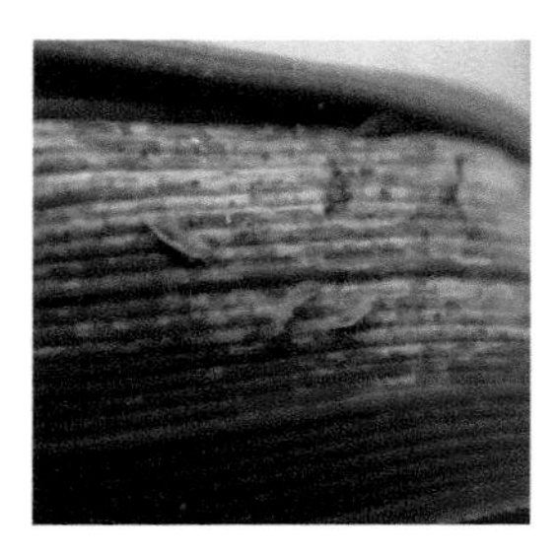

稻蓟马为害

★Thrips of California 2012，网址链接：http://keys.lucidcentral.org/keys/v3/thrips_of_california/identify-thrips/key/california-thysanoptera-2012/Media/Html/browse_species/Stenchaetothrips_biformis.htm

★360个人图书馆，网址链接：http://www.360doc.com/content/16/1022/13/28927026_600457780.shtml

（编撰人：王磊；审核人：陆永跃）

305. 如何防治稻蓟马？

（1）农业防治。避免混栽，防除田间杂草，破坏其越冬及春、夏繁殖场所；合理施肥，控制无效分蘖，均可减轻为害。

（2）药剂防治。秧田，于2～3叶期后的孵化高峰施药。本田，秧苗返青后，检查初卷叶，当若虫中有个别达4龄（蛹）时，或有2～3龄若虫2.5～3头/丛，或常规单季稻有1.0～1.5头/丛时需进行防治。①土壤施药。播种前在秧田表土施用杀虫剂，然后播种。②拌种。每100kg水稻干种拌70%吡虫啉可湿性粉剂100～200g，30%噻虫嗪悬浮剂2～3ml/kg、40%噻虫嗪·溴氰虫酰胺96g/100kg拌种。③秧田和本田防治。70%吡虫啉可湿性粉剂60g/hm^{2}对水喷雾；25%杀虫双水剂200ml对水30～40kg喷雾；50%辛硫磷乳油、50%杀螟松乳油、50%马拉硫磷乳油1 500倍液，每公顷喷施药液750～900kg。④移栽前药液浸沾秧尖，堆闷1～2h，然后移栽。

（编撰人：王磊；审核人：陆永跃）

306. 中华稻蝗如何识别和诊断？它有哪些为害症状？

中华稻蝗，成虫黄绿或黄褐色，复眼后方头两侧各有一黑褐色纵纹，直达前胸背板后缘及翅基部。卵长3.5mm，长圆筒形，略弯，深黄色，胶质卵囊褐色，囊内含卵10～100粒，多为30粒左右，斜列2纵行。若虫5～6龄，少数7龄，体绿色，胸背面为浅色纵带。

成、若虫多从叶的边缘开始取食，水稻被害叶片成缺刻，严重时稻叶被吃光，也能咬坏穗颈和乳熟的谷粒。

中华稻蝗成虫

★洪晓月. 农业昆虫学[M].北京：中国农业出版社.2017

（编撰人：罗明珠；审核人：王瑞龙）

307. 怎样防治中华稻蝗?

以成虫和若虫为害，取食水稻叶片，并可咬断稻穗，影响产量。在叶片上结苞为害（叶尖卷苞），又称稻苞虫。

（1）农业防治。复垦荒地，冬春通过压埂、铲埂和翻埂破坏越冬场所。打捞稻田浮渣，深埋或烧掉，以销毁卵块。通过人工网捕、放鸭等消灭集中为害的若虫。

（2）生物防治。保护利用青蛙、鸟类等天敌。

（3）化学防治。抓住防治适期，即中华稻蝗若虫3龄前进行防治，此时若虫集中为害，是防治中华稻蝗的最佳时期。药剂可用80%敌敌畏100ml/667m^2、2.5%敌杀死40ml/667m^2、18%杀虫双200ml/667m^2，加水50kg/667m^{2}喷雾。

中华稻蝗成虫

中华稻蝗为害水稻

★Animal Photo Album，网址链接：http://animal.memozee.com/view.php?tid=5&did=6641
★iNaturalist，网址链接：https://www.inaturalist.org/observations/4260747

（编撰人：王磊；审核人：陆永跃）

308. 稻象甲如何识别和诊断？它有哪些为害症状?

稻象甲，别名稻象、稻鳞象甲、稻根象。成虫体长5～5.5mm，有深浅不同的色型，黄褐至暗褐色，两翅鞘上各有10条纵沟，下方各有一长形小白斑。头部伸长如象鼻，触角黑褐色，末端膨大，着生在近端部的象鼻嘴上。卵为椭圆形，长0.6～0.9mm，初产时乳白色，后变为淡黄色半透明而有光泽。幼虫长9mm，蛆形，稍向腹面弯曲，体肥壮多皱纹，头部褐色，胸腹部乳白色，很像一颗白米饭。蛹长约5mm，初乳白色，后变灰色，腹面多细皱纹。

成虫以管状喙咬食秧苗茎叶，被害心叶抽出后，轻的呈现一横排小孔，重的秧叶折断，飘浮水面。幼虫食害稻株幼嫩须根，致叶尖发黄，重则整株枯萎，受害株易患凋萎型白叶枯病。严重时不能抽穗，或造成秕谷，甚至成片枯死。

稻象甲成虫

★洪晓月. 农业昆虫学[M].北京：中国农业出版社.2017

（编撰人：罗明珠；审核人：王瑞龙）

309. 稻水象甲如何识别和诊断？它有哪些为害症状？

稻水象甲别名稻水象、美洲稻象甲、伪稻水象，较稻象甲小。成虫长2.6～3.8mm，有深浅不同的色型；体表被覆浅绿色至灰褐色鳞片，从前胸背板端部至基部有一由黑鳞片组成的大口瓶状暗斑，沿鞘翅基部向下至鞘翅3/4处有一黑斑，无小盾片；触角生于喙中间偏前，赤褐色，仅端部密生细毛，基部光滑；中足胫节两侧各有一排长的游泳毛。卵，圆柱形，两端圆略弯，珍珠白色。幼虫共4龄，白色无足，末龄幼虫头部褐色，体呈新月形，腹部2～7节背面有成对锥状凸起，没凸起中央有一羊角状呼吸管，凸起与呼吸管均可伸缩。蛹白色，大小、形状近似成虫，在似绿豆形的土茧内。

与稻象甲一样，成虫和幼虫分别为害稻叶、稻根。区别在于成虫主要啃食秧苗叶肉，受害叶有透明白条斑，严重时全田叶片变白；幼虫蛀食稻根基部，受害株易倒伏、漂浮。

稻水象甲成虫

★洪晓月. 农业昆虫学[M]. 北京：中国农业出版社. 2017

（编撰人：罗明珠；审核人：王瑞龙）

310. 怎样防治稻水象甲?

以成虫、幼虫为害。成虫取食寄主嫩叶，造成纵向白色细条斑（长0.5～3cm，宽0.4～0.8mm），两侧平行、两端钝圆，时间长后条斑变褐、穿孔。在水稻抽穗期，成虫还能为害嫩穗，造成秕谷或虫伤粒。幼虫为害根部，影响水稻生长发育，造成根部腐烂、断根；植株分蘖减少，矮缩；穗株率和穗粒数减少；成熟期延迟，秕谷增多，千粒重降低；严重时导致死苗或枯株或不抽穗。

（1）植物检疫。严禁将发生区稻草（包括作包装或铺垫材料）、秧苗、新收稻谷（收后3个月内）和其他干鲜寄主（如芦苇等）、土壤、带土苗木运出发生区。应加强检疫检查，一旦发现上述物品调运就地烧毁。在发生区不将稻草晒在江河边、溪滩及公路两侧，也不抛弃于河、溪、江、海中；未发生区不向发生区调用稻草、秧苗、新收稻谷。

（2）农业防治。春季育秧前清除田边、沟渠边杂草；发生区稻田水“只灌不排、遇水防溢”；适当浅水栽培，水稻生长期间注意晒田，使稻田泥浆硬化，抑制幼虫为害；水稻收割后稻草实行灭虫处理，粉碎稻草、拔除禾蔸、铲除杂草，半月内翻耕灭茬；改变种植方式，推行旱育秧和无纺布旱育秧，有条件地方可改种蔬菜、果树等非寄主作物。4月上中旬防除田边、田埂和距稻田50m左右空旷地杂草，灭杀越冬代成虫，减少虫口基数。用草甘膦水剂15ml+48%毒死蜱乳油150ml或20%氯虫苯甲酰胺悬浮剂10ml对水40kg喷雾。

（3）物理防治。在水稻生长期设杀虫灯诱杀成虫，如黑光灯、频振式杀虫灯、日光灯、白炽灯等，亮度在100W以上。适用于小片孤立稻田。育秧时使用20目防虫网全程覆盖，防止越冬代成虫迁入。在拔秧移栽时清洗秧根，降低秧苗上携带幼虫的数量。由于其成虫产卵需要水分条件，故可以覆膜无水栽培，减少稻株上的落卵量。

（4）化学防治。水稻播种前，用种子处理剂进行拌种处理，推荐药剂为35%丁硫克百威种子处理干粉剂、60%吡虫啉悬浮种衣剂。水稻移栽时，对制好药液，将秧捆放入药液中浸泡30min后移栽，主要针对幼虫、成虫防治，防治药剂推荐使用70%吡虫啉水分散粒剂。主要在秧苗期和移栽后针对成虫防治，防治药剂推荐使用丁硫克百威、醚菊酯、三唑磷、辛硫・三唑磷、氯虫・噻虫嗪、氯虫苯甲酰胺、哒螨灵等。主要在秧苗移栽后针对幼虫防治，也可防治成虫，防治药剂推荐使用氯虫・噻虫嗪、丁硫克百威和三唑磷等、3%乐斯本颗粒剂1kg/亩、10%甲拌辛1kg/亩等。

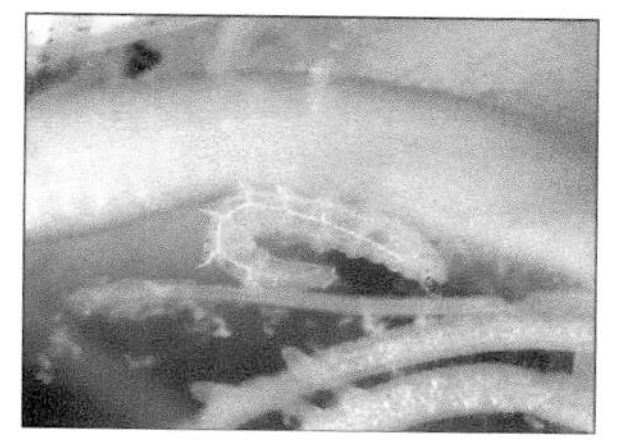

稻水象甲幼虫

成虫为害症状

稻水象甲成虫

★路易斯安纳州立大学农业研究中心，网址链接：http://www.lsuagcenter.com/topics/crops/rice/insects/photos/weevil

★Zaccaria，网址链接：http://www.risozaccaria.com/tag/curculionide

（编撰人：王磊；审核人：陆永跃）

311. 稻纵卷叶螟如何识别和诊断？它有哪些为害症状？

成虫长7～9mm，淡黄褐色，前翅外缘有灰黑色宽带，翅中部有3条黑色横纹，中间一条叫粗短。雄蛾前翅前缘中部，有闪光而凹陷的“眼点”，雌蛾前翅则无“眼点”。

卵粒椭圆扁平，黄白色。初孵幼虫头黑色，3龄时前胸背板前缘有2个淡褐色斑，两侧各有1个弧形褐斑，中后胸有8个褐斑，以后渐变黑色，5龄后黑斑又转淡褐色。蛹长7～10mm，初黄色，后转褐色，长圆筒形。

初孵幼虫一般先爬入水稻心叶或附近叶鞘、旧虫苞内，2龄幼虫则一般在叶尖或叶侧结小苞，3龄开始吐丝缀合叶片两侧叶缘，将整段叶片向正面纵卷成苞，一般单叶成苞，少数可以将临近数片叶缀合成苞；幼虫取食叶片上表皮及叶肉，仅留白色下表皮，虫苞上显现白斑。为害严重时，田间虫苞累累，甚至植株枯死，一片枯白。

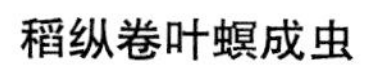

稻纵卷叶螟成虫

稻纵卷叶螟为害水稻的症状

★洪晓月. 农业昆虫学[M]. 北京：中国农业出版社. 2017

（编撰人：罗明珠；审核人：王瑞龙）

312. 直纹稻弄蝶如何识别和诊断？它有哪些为害症状？

直纹稻弄蝶，成虫体长17～19mm，体和翅黑褐色。前翅具7～8个半透明白斑，排成半环状，下边一个大；后翅中间具4个白色透明斑，呈直线或近直线排列。卵淡绿色至褐色，半球形，直径0.9mm。幼虫体似纺锤形，两端较小，中间粗大，末龄幼虫体长27～28mm，头浅棕黄色，头部正面中央有“山”字形褐纹，体黄绿色，背线深绿色。蛹淡绿至褐色，长22～25mm，近圆筒形，头平尾尖，第5腹节、第6腹节腹面中央各有一倒“八”字形褐纹。

1～2龄幼虫在叶片边缘或叶尖结2～4cm长小苞；3龄幼虫结苞长10cm，亦常单叶横折成苞；4龄幼虫开始缀合多片叶成苞，虫龄越大缀合的叶片越多，虫苞越大。食后叶片残缺不全，严重时仅剩中脉。

直纹稻弄蝶成虫

直纹稻弄蝶为害症状

★洪晓月. 农业昆虫学[M]. 北京：中国农业出版社. 2017

（编撰人：罗明珠；审核人：王瑞龙）

313. 稻螟蛉如何识别和诊断？它有哪些为害症状？

稻螟蛉，成虫体暗黄色。雌虫稍大，前翅淡黄褐色，有两条断开不连续的紫褐色斜带；后翅灰白色。雄虫前翅深黄褐色，有两条平行的暗紫宽斜带，完整不中断；后翅灰黑色。卵粒扁圆形，表面有纵横隆线，形成许多方格纹；初产时淡黄色，孵化前变紫色。幼虫深绿色，头部黄绿色或淡褐色，背线及亚背线白色，气门线黄色，第1腹足、第2腹足退化，仅有2对腹足和1对臀足，行走时似尺蠖。蛹初化时为绿色，渐变黄褐色。腹末有钩4对，后1对最长。

幼虫取食稻叶，1～2龄幼虫沿叶脉间取食叶肉，将叶片食成白色条纹；3龄后将叶片食成缺刻，严重时将叶片咬成破碎不堪，仅剩中肋。秧苗期受害最重。

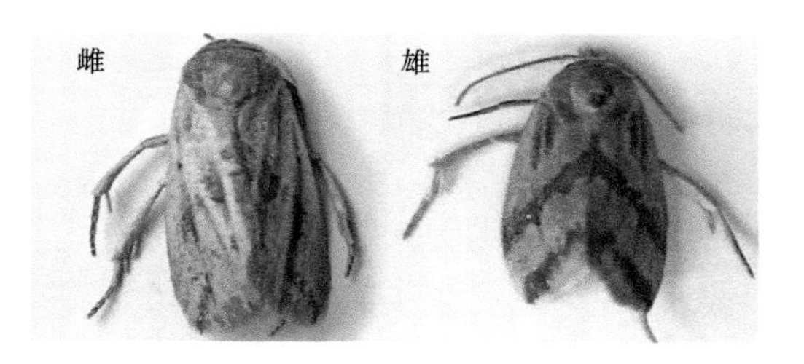

稻螟蛉（左为雌成虫，右为雄成虫）

（1.雌成虫；2.雄成虫；3.成虫静止状；4、5.卵粒和卵粒放大；
6.幼虫；7.蛹；8.化蛹的叶苞；9.被害状）

稻螟蛉

★洪晓月. 农业昆虫学[M]. 北京：中国农业出版社. 2017

（编撰人：罗明珠；审核人：王瑞龙）

314. 二化螟如何识别和诊断？它有哪些为害症状？

二化螟，俗名钻心虫、蛀心虫、蛀秆虫等。成虫雌体长12～15mm。前翅近方形，黄褐色，外缘有7个黑点。雄虫略小，前翅上还有不规则的褐斑，中央3个黑色斑。卵块扁椭圆形，有10余粒至百余粒组成，排列成鱼鳞状，初产时乳白色，将孵化时灰黑色。幼虫老熟时长20～30mm，体背有5条褐色纵线，腹面灰白色。蛹长10～13mm，淡棕色，前期背面尚可见5条褐色纵线，中间3条较明显，后期逐渐模糊。

二化螟是我国水稻上为害最为严重的常发性害虫之一，幼虫蛀食水稻茎部，为害分蘖期水稻，造成枯鞘和枯心苗；为害孕穗、抽穗期水稻，造成枯孕穗和白穗；为害灌浆、乳熟期水稻，造成半枯穗和虫伤株。幼虫常群聚为害，钻蛀孔圆形，孔外常有少量虫粪。为害株田间呈聚集分布，中心明显。

二化螟的成虫

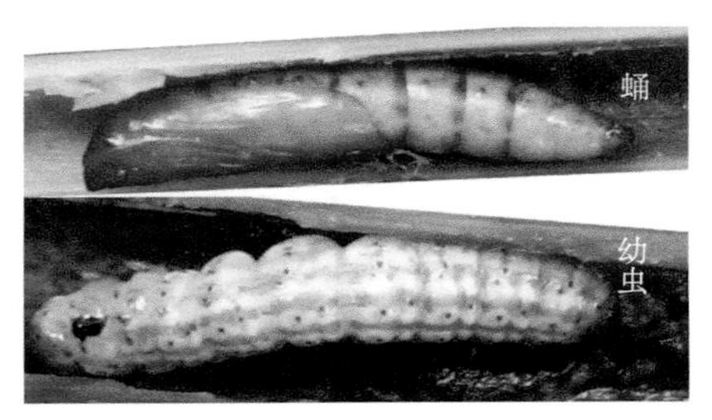

二化螟的蛹和幼虫

★洪晓月. 农业昆虫学[M]. 北京：中国农业出版社. 2017

（编撰人：罗明珠；审核人：王瑞龙）

315. 怎样防治水稻二化螟?

以幼虫蛀茎为害，形成枯鞘、枯心、枯孕穗、虫伤株等症状。

（1）农业防治。对冬作田、绿肥田灌跑马水，不仅利于作物生长，还能杀死大部分越冬螟虫。及时春耕灌水，淹没稻茬7～10d，可淹死越冬幼虫和蛹。合理安排冬作物，晚熟小麦、大麦、油菜、留种绿肥要注意安排在虫源少的晚稻田中，减少越冬基数。

（2）保护利用天敌。在使用药剂时，优选对天敌较安全的药剂。

（3）化学防治。运用狠治第一代，决战第二代的防治策略。防治枯鞘枯心：查卵块孵化进度，定防治适期。化学防治适期掌握在卵孵化高峰后至枯心形成前。查枯鞘团或枯鞘率，定防治对象田。每公顷有枯鞘团900个以上，列为防治对象田。

防治虫伤株：查发蛾情况，预测卵块孵化进度，定防治适期。掌握在卵孵化高峰后5～7d用药。查虫情与苗情配合情况，定防治对象田。每公顷查到中心凋萎虫伤株750个点的田块，定位防治对象田。

复合使用：5%环虫酰肼悬浮剂50ml/667m^2，20%三唑磷乳油150ml/667m^2，10%阿维·甲氧虫酰肼悬浮剂100ml/667m^2，35%水胺硫磷乳油100ml/667m^2，30%杀虫单可湿性粉剂60ml/667m^2；单剂使用：5%环虫酰肼悬浮剂100ml/667m^2，5%丁虫腈乳油200ml/667m^2，40%毒死蜱乳油100ml/667m^2。

二化螟成虫

二化螟幼虫

★Insectimages，网址链接：https://www.insectimages.org/browse/detail.cfm?imgnum= 5541382
★Mindenpicture，网址链接：https://www.mindenpictures.com/search/preview/striped-rice-borer-chilo-supressalis-caterpillar-on-damaged-rice-stem/0_80125540.html

（编撰人：王磊；审核人：陆永跃）

316. 三化螟如何识别和诊断？它有哪些为害症状？

三化螟的雌成虫体长9～13mm，前翅为黄白色，中央有一个黑点；雄成虫体长8～9mm，前翅灰褐色，中央小黑点较小，从翅顶到翅后缘有一条黑褐色斜线，外缘有8～9个黑点。卵有3层，叠成长椭圆形卵块，表面覆盖着褐色绒毛。幼虫4～5龄。初孵时灰黑色，胸腹部交接处有一白色环。老熟时长14～21mm，头淡黄褐色，身体淡黄绿色或黄白色，从3龄起，背中线清晰可见。腹足较退化。体表看起来较干燥，而不像二化螟和大螟那样的湿滑。蛹黄绿色，羽化前金黄色（雌）或银灰色（雄），雄蛹后足伸达第7腹节或稍超过，雌蛹后足伸达第6腹节。

它食性单一，专食水稻，以幼虫蛀茎为害，分蘖期形成枯心，孕穗至抽穗期，形成枯孕穗和白穗。与其他螟虫相比有一显著不同特征——幼虫钻入之后，在茎节上部将心叶或稻茎维管组织环切、咬断，切口颇整齐，形似“断环”，且一般每株仅有1头幼虫，株内虫粪较少，粪粒清晰，蛀孔整齐、圆形；3龄以上幼虫转株后常将叶囊或茎囊留于蛀口外边或下方泥土上。

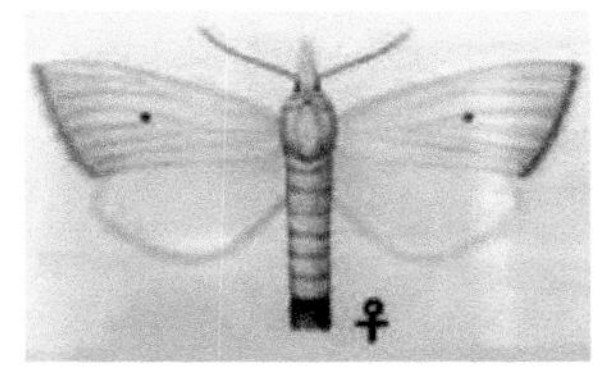

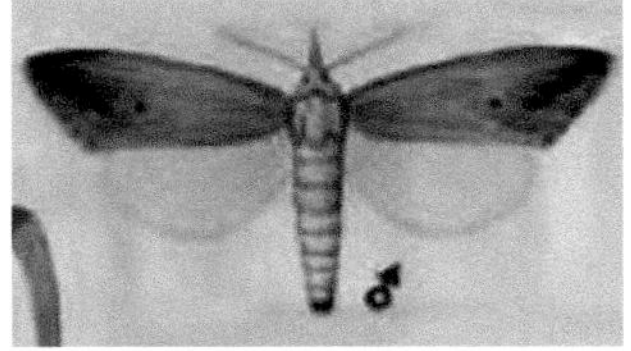

三化螟的成虫（左为雌成虫，右为雄成虫）

三化螟的为害症状

★洪晓月. 农业昆虫学[M]. 北京：中国农业出版社. 2017

（编撰人：罗明珠；审核人：王瑞龙）

317. 如何防治三化螟?

（1）农业防治。①采用抗性品种。多个改良品种对水稻螟虫具有中抗性能，IRRI-IR20、IR26、IR28、IR30、IR32、IR36，广东抗性品种——小青。②适当调整水稻布局，避免混栽，减少桥梁田。③选用生长期适中的品种。④及时春耕沤田，处理好稻茬，减少越冬虫口。⑤选择无螟害或螟害轻的稻田或旱地作为绿肥留种田，生产上留种绿肥田因春耕晚，绝大部分幼虫在翻耕前已化蛹、羽化，生产上要注意杜绝虫源。⑥对冬作田、绿肥田灌跑马水，不仅利于作物生长，还能杀死大部分越冬螟虫。⑦及时春耕灌水，淹没稻茬7～10d，可淹死越冬幼虫和蛹。⑧栽培治螟。调节栽秧期，采用抛秧法，使易遭蚁螟为害的生育阶段与蚁螟盛孵期错开，可避免或减轻受害。改变水稻播栽期，与螟虫配合的关系发生变化，对螟害发生程度有影响。多种栽培技术都与螟害程度有关，如：稻种混杂——生长不齐，易受螟害时间拖长，螟害加重；壮秧移植——返青、分蘖、抽穗、成熟提早，能减轻螟害；肥水管理——水稻生长健壮整齐，螟害轻；双季早稻及时收割——随即翻耕灭茬，减少下代螟虫发生量并缩短其发生期。螟害防治——施用农药的选择对螟虫种群及螟害程度都有很大的影响。

（2）化学防治。在卵的盛孵期和破口吐穗期，采用早破口早用药，晚破口迟用药的原则，在破口露穗达5%～10%时，施第1次药，每667m^2用25%杀虫双水剂150～200ml或50%杀螟松乳油100ml，拌湿润细土15kg撒入田间。也可用上述杀虫剂对水400kg泼浇或对水60～75kg喷雾。如三化螟发生量大，蚁螟的孵化期长或寄主孕穗、抽穗期长，应在第1次施药后隔5d再施1～2次，方法同上。

（3）物理防治。采用点灯诱蛾。

（4）生物防治。使用Bt制剂，每公顷Bt可湿性粉剂或Bt乳剂1.5～2.25kg，对水900L常规喷雾。

（编撰人：王磊；审核人：陆永跃）

318. 大螟如何识别和诊断？它有哪些为害症状？

成虫体长12～15mm，淡褐色。翅较短阔，外缘色较深，翅中至外缘有暗褐纵线，纵线上下各有两个小黑点；雌虫触角丝状，雄虫触角栉齿状。卵扁圆形，初白色后变灰黄色，表面具细纵纹和横线，聚生或散生，常排成2～3行。末龄幼虫体长约30mm，头红褐色至暗褐色，共5～7龄。蛹长13～18mm，粗壮，红褐色，头、胸部具灰白色粉状物。

幼虫蛀入稻茎为害，也可造成枯梢、枯心苗、枯孕穗、白穗及虫伤株。大螟为害的孔较大，且为长圆或长条形，边缘不整齐，秆外、秆内均有大量虫粪，易与二化螟和三化螟区分。大螟造成的枯心苗田边较多，田中间较少，别于二化螟、三化螟为害造成的枯心苗。

大螟的成虫

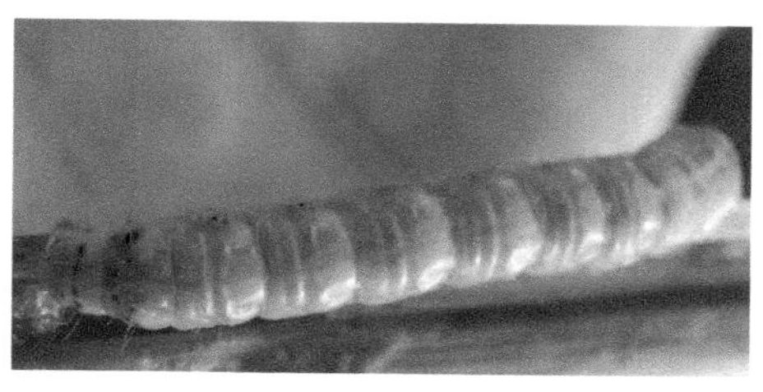

大螟的幼虫

★洪晓月. 农业昆虫学[M]. 北京：中国农业出版社. 2017

（编撰人：罗明珠；审核人：王瑞龙）

319. 如何防治大螟?

（1）对第一代进行测报，通过查上一代化蛹进度，预测成虫发生高峰期和第1代幼虫孵化高峰期，报出防治适期。

（2）有茭白的地区冬季或早春齐泥割除茭白残株，铲除田边杂草，消灭越冬螟虫。

（3）根据大螟趋性，早栽早发的早稻、杂交稻以及大螟产卵期正处在孕穗至抽穗或植株高大的稻田是化防的重点。

防治策略狠治一代，重点防治稻田边行。

生产上当枯鞘率达5%或始见枯心苗为害状时，大部分幼虫处在1～2龄阶段，及时喷洒18%杀虫双水剂，每667m^{2}施药250ml，对水50～75kg或90%杀螟丹可溶性粉剂150～200g或50%杀螟丹乳油100ml对水喷雾。也可用90%晶体敌百虫100g加40%乐果乳油50ml对水喷雾。虫龄大于3龄时，每667m^{2}可用50%磷胺乳油150ml对水补治。

（编撰人：王磊；审核人：陆永跃）

320. 负泥虫如何识别和诊断？它有哪些为害症状？

负泥虫体中型至大型，有时具花斑，一些类群有金属光泽，一些类群色泽十分艳丽。

体长4～4.5mm，头黑色。前胸背板黄褐色。鞘翅青蓝色，有金属光泽，每一翅鞘上有10条纵行刻点。卵：长椭圆形，初产淡黄色，后变黑褐色。幼虫：体长4～5mm，黄白色，近梨形，头小黑褐色。肛门向上开口，排泄的粪便堆积在体背上，故叫背屎虫。蛹长约4.5mm，鲜黄色，外有茧壳结在叶片上，白絮状，椭圆形。

成、幼虫均咬食叶肉，残留表皮，受害叶上出现白色条斑，植株发育迟缓，严重时全叶发白、枯焦，甚至整株枯死。

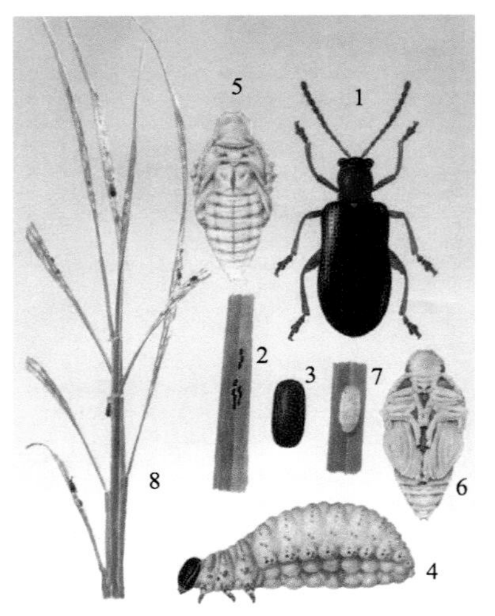

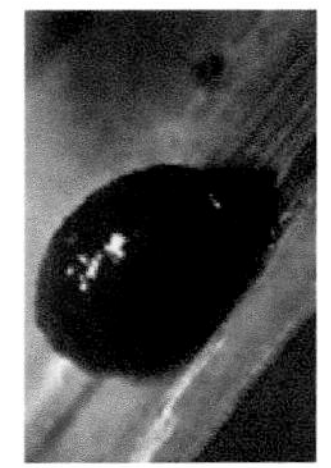

负泥虫

★洪晓月. 农业昆虫学[M]. 北京：中国农业出版社. 2017

（编撰人：罗明珠；审核人：王瑞龙）

321. 潜叶蝇如何识别和诊断？它有哪些为害症状？

稻潜叶蝇，又称为稻小潜叶蝇、螳螂蝇、稻小水蝇等，成虫体长2～3mm，青灰色，有绿色光泽，头部暗灰色，复眼黑褐色，被短毛；触角黑色，触角芒侧毛5根；中、后足跗节暗色，仅第一跗基部节黄色。卵呈白色，椭圆形。幼虫夹于叶片上下表皮间，末龄幼虫3～4mm长，圆筒形稍扁，乳白至乳黄色，尾端有2个黑褐色气门凸起。蛹长约3.6mm，呈椭圆形，开始为浅黄褐色，后变为红褐色，羽化前变为暗褐色，尾端有2个黑褐色气门凸起。

幼虫仅蛀食幼嫩稻叶，潜入叶片内部，在上下两层表皮间取食叶肉，使叶片出现白条斑。当叶内幼虫较多时，则整个叶片发白、腐烂，甚至引起全株枯死。

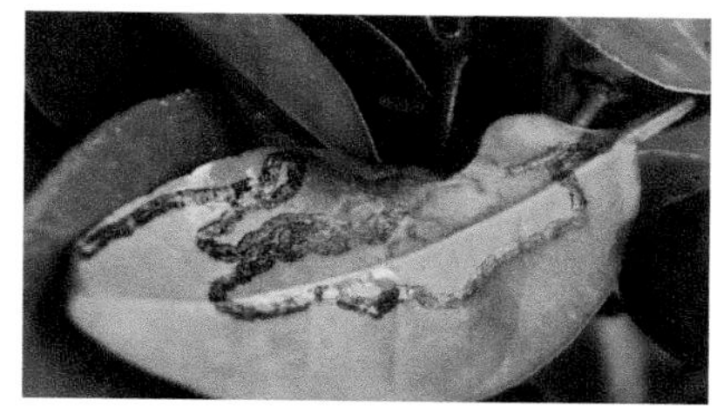

稻潜叶蝇

★洪晓月. 农业昆虫学[M]. 北京：中国农业出版社. 2017

（编撰人：罗明珠；审核人：王瑞龙）

322. 稻眼蝶如何识别和诊断？它有哪些为害症状？

稻眼蝶成虫体长15～17mm，翅正面暗褐至黑褐色，背面灰黄色；前翅正反面第3、第6室各具1大1小的黑色蛇眼状圆斑，前小后大，眼斑中央呈白色，中圈粗呈黑色，外圈细呈黄色；反面3个眼斑，最大者与正面大眼斑对应。后翅正面无眼斑，反面具2组各3个蛇眼圆斑。卵圆球形，米黄色，半透明，表面有微细网纹，孵化前转为褐色。幼虫头部均具角状凸起1对，腹末具尾角1对，体节多横纹，体绿色。蛹倒悬于稻株，绿色至黑褐色。

幼虫沿叶缘取食叶片成不规则缺刻，严重时整丛叶片均被吃光。

稻眼蝶成虫

★洪晓月. 农业昆虫学[M]. 北京：中国农业出版社. 2017

（编撰人：罗明珠；审核人：王瑞龙）

323. 黏虫如何识别和诊断？它有哪些为害症状？

黏虫成虫体色呈淡黄色或淡灰褐色，体长17～20mm，触角丝状，前翅中央近前缘有2个淡黄色圆斑，外侧环形圆斑较大，其下方有1个小白点，白点两侧各有1个小黑点。在顶角有1条褐色斜纹伸向后缘，外缘有7个小黑点。卵半球形，初产时乳白色，表面有网状脊纹，孵化前呈黄褐色至黑褐色。卵粒单层排列成行，但不整齐，常夹于叶鞘缝内，或枯叶卷内，在水稻和谷子叶片尖端上产卵时常卷成卵棒。幼虫共6龄，体色多变，一般为墨绿色或黄褐色，腹足4对。头部黄褐至红褐色，有暗色网纹，中央沿蜕裂线有一个“八”字形黑褐色纵纹。体表有许多纵行条纹，背中线白色，边缘有细黑线，背中线两侧有2条红褐色纵条纹，近背面较宽，两纵线间均有灰白色纵行细纹。蛹红褐色，腹部第5～7节背面近前缘处有横列的马蹄形刻点，中央刻点大而密，两侧渐稀，尾端具有1粗大的刺，刺的两旁各生有短而弯的细刺2对，雄蛹生殖孔在腹部第9节，雌蛹生殖孔位于第8节。

低龄时咬食叶肉，使叶片形成透明条纹状，3龄后沿叶缘啃食水稻叶片成缺刻，严重时将稻株吃成光秆，穗期可咬断穗子或咬食小枝梗，引起大量落粒，故称“剃枝虫”。大发生时可在1～2d内吃光成片作物，造成严重损失。

黏虫幼虫及为害症状

★洪晓月. 农业昆虫学[M]. 北京：中国农业出版社. 2017

（编撰人：罗明珠；审核人：王瑞龙）

324. 稻秆潜蝇如何识别和诊断？它有哪些为害症状？

稻秆潜蝇成虫体长2.2～3mm，鲜黄色。头顶有1钻石形黑斑，胸部背面有3条黑褐色纵纹，中间的一条较大。腹背各节连接处都有一条黑色横带。卵长椭圆形，白色，表面有纵行细凹纹。幼虫蛆形，老熟时体长约6mm，略呈纺锤形，11节，乳白色或黄白色，口钩浅黑色，尾端分2叉。围蛹体长约6mm，淡黄褐色，尾端分叉与幼虫相似。

稻秆潜蝇幼虫时期蛀入茎内为害心叶、生长点、幼穗。苗期受害长出的心叶上有椭圆形或长条形小孔洞，后发展为纵裂长条状，致叶片破碎，抽出的新叶扭曲或枯萎。受害株分蘖增多，植株矮化，抽穗延迟，穗小，秕谷增加。幼穗形成期受害出现扭曲的短小白穗，穗形残缺不全或出现花白穗。

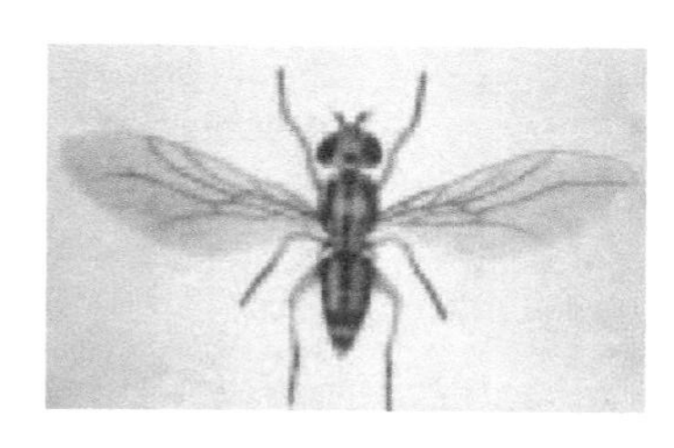

稻秆潜蝇

★洪晓月. 农业昆虫学[M]. 北京：中国农业出版社. 2017

（编撰人：罗明珠；审核人：王瑞龙）

325. 水稻褐飞虱如何识别和诊断？它有哪些为害症状？

稻褐飞虱成虫有长翅型和短翅型两种，黄褐或黑褐色，前胸背板和小盾片上都有明显的3条隆起纵线。长翅型雌虫体大色浅，雄虫体小色深。短翅型雌虫腹部肥大，翅长不到腹部末端，雄虫腹部呈喇叭状。卵粒香蕉形，产在叶鞘和叶片组织内，排成一条，称为“卵条”。卵帽顶端圆弧，稍露出产卵痕，露出部分近短椭圆形，粗看似小方格，清晰可数。初产时乳白色，渐变淡黄至锈褐色，并出现红色眼点。若虫分5龄，暗褐或黄褐色。若虫落水后，两后足呈“一”字形，易与白背飞虱和灰飞虱若虫区别。

对水稻的为害主要表现在以下几方面：①直接吸食为害。以成、若虫群集于稻丛基部，刺吸茎叶组织汁液。虫量大，受害重时引起稻株瘫痪倒伏，俗称“冒穿”，导致严重减产或失收。②产卵为害。产卵时，刺伤稻株茎叶组织，形成大量伤口，促使水分由刺伤点向外散失，同时破坏疏导组织，加重水稻的受害程度。③传播或诱发水稻病害。褐飞虱不仅是传播水稻病毒病——草状丛矮病和齿叶矮缩病的虫媒，也有利于水稻纹枯病、小球菌核病的侵染为害。取食时排泄的蜜露，因富含各种糖类、氨基酸类，覆盖在稻株上，极易招致煤烟病菌的滋生。

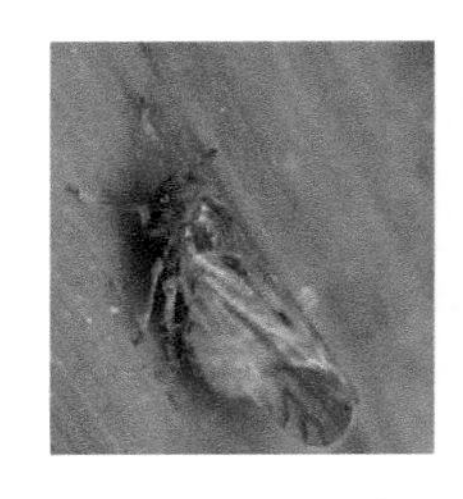

褐飞虱及为害症状

★洪晓月. 农业昆虫学[M]. 北京：中国农业出版社. 2017

（编撰人：罗明珠；审核人：王瑞龙）

326. 怎样防治稻飞虱?

我国为害水稻的飞虱主要有褐飞虱、白背飞虱和灰飞虱。华南地区主要为褐飞虱和白背飞虱。成虫、若虫都为害，群集于稻丛下部刺吸汁液，一方面消耗养分，另一方面稻株的褐色伤痕，影响水分和养分的输送，同化作用减弱。严重时，下部变黑褐色，渐渐全株枯萎，又称此症状叫“穿顶”“黄塘”“飞虱火烧”。产卵刺破稻株叶鞘与茎秆，造成伤口，影响营养物质输送和丧失水分。分泌物招致霉菌滋生，并影响光合。

（1）农业防治。选用优质、抗虫品种，实施健康控虫栽培，合理肥水管理。种植新优6号、汕优56号，汕优6161-8号、汕优64号、汕优33号、汕优177号、威优6号、威优35、威优64号等抗褐飞虱品种。利用捕食性生物除虫（如放鸭食虫）。田边留种胜红蓟，给天敌提供保护地，种植驱虫植物。

（2）物理防治。利用诱虫灯诱杀。

（3）化学防治。确定防治指标，查虫龄，定防治适期：各地主为害代田间成虫高峰出现后，系统调查有代表性的类型田1～2块，每隔2～3d抽查一次，采用直线跳跃取样或5点取样，共查25～50丛。当查到田间以2～3龄为主时，即为防治适期。查虫口密度，定防治对象田：当田间1～2龄若虫明显增多时，即进行普查，达到防治指标的列为防治对象田。合理的施药方法：最好深层施药、根区施药；减少用药量和用药的次数；选用对天敌杀伤小的药剂，如叶蝉散、扑虱灵、稻虱净、吡虫啉等；在早、中稻和一季晚稻区，推行插秧后30d尽可能不用有伤害天敌的杀虫剂，以利天敌建立种群，控制后期害虫。

药剂：25%扑虱灵可湿性粉剂，1～2龄若虫期用；10%吡虫啉、10%叶蝉散、10%速灭威，2～3龄喷雾。

褐飞虱

白背飞虱

★Pestnet，网址链接：http://www.pestnet.org/SummariesofMessages/Crops/Grains/Rice/Nilaparvatalugens，identcontrol，Cambodia.aspx
★Innovation Toronto，网址链接：https://www.innovationtoronto.com/2015/12/123854/
★闲居记博客，网址链接：https://blog.goo.ne.jp/rinbe_20/e/c493a47b801452e11e1c30020a7623ba

（编撰人：王磊；审核人：陆永跃）

327. 水稻白背飞虱如何识别和诊断？它有哪些为害症状？

水稻白背飞虱有长翅型和短翅型。头顶长方形，凸出于复眼前方，中胸背面中央有蓝白或灰白色钢笔嘴状的条纹。长翅雌虫体背黄白色，雄虫黑褐色。短翅雌虫灰黄或淡黄色，翅长达腹部的一半。卵新月形，卵块产于叶鞘组织内，单行排列，卵帽不露出产卵痕。若虫近椭圆形，淡黄至灰褐色，腹末较尖，腹背有淡灰色云状斑。落于水面后两后足呈“八”字形。

与稻褐飞虱相似，但成、若虫在稻株上的分布位置较褐飞虱稍高。虫口大时，受害水稻大量丧失水分和养料，上层稻叶黄化，下层叶则黏附飞虱分泌的蜜露而滋生烟霉，严重时稻叶变黑枯死，并逐渐全株枯萎。被害稻田渐现“黄塘”“穿顶”或“虱烧”，造成严重减产或颗粒无收。

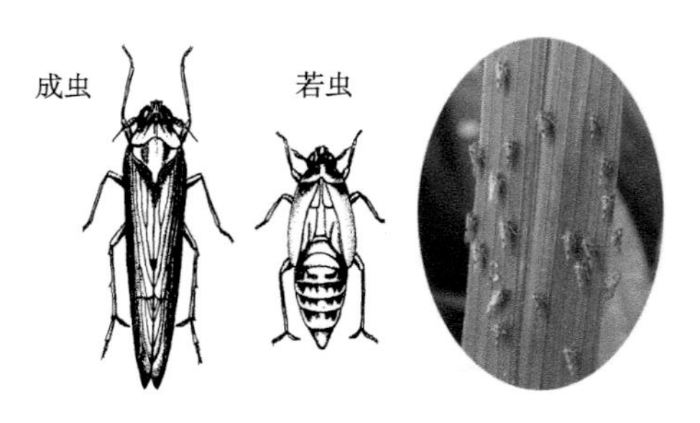

白背飞虱

★洪晓月. 农业昆虫学[M]. 北京：中国农业出版社. 2017

（编撰人：罗明珠；审核人：王瑞龙）

328. 稻灰飞虱如何识别和诊断？它有哪些为害症状？

水稻灰飞虱成虫有长翅型和短翅型两种，体型较褐飞虱小。雌虫头顶、前胸背板黄色，两侧暗褐色，在整体上可见头胸部背面有黄色或浅黄色纵带；雄虫仅头顶、前胸背板黄色，中胸背板深黑色。卵初产时乳白色略透明，后期变浅黄色，香蕉形，双行排成块。若虫5龄，胸背面沿正中有纵行浅色部分，后端与腹部背面中央浅色的中纵线相连，腹部第4～5节有“八”字形浅色斑纹，附近有一个较周围色浅的区域，腹部各节分界明显，腹节间有白色的细环圈；落水若虫后足向后伸呈“八”字形。

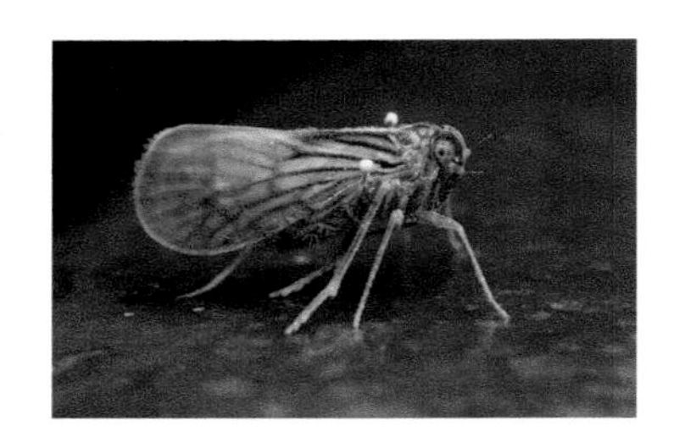

水稻灰飞虱的成虫

★洪晓月. 农业昆虫学[M]. 北京：中国农业出版社. 2017

成、若虫均以口器刺吸水稻汁液为害，一般群集于稻丛中上部叶片。虫口大时，稻株汁液大量丧失而枯黄，同时因大量蜜露洒落附近叶片或穗子上而滋生霉菌，但较少出现类似褐飞虱和白背飞虱的“虱烧”“穿顶”等症状。灰飞虱是传播条纹叶枯病等多种水稻病毒病的媒介，所造成的为害常大于直接吸食为害，被害株表现出相应的病害症状。

（编撰人：罗明珠；审核人：王瑞龙）

329. 水稻黑尾叶蝉如何识别和诊断？它有哪些为害症状？

水稻黑尾叶蝉体长4.5 ~ 6mm，黄绿色，头冠两复眼间有一黑色横带。雌雄异型，雄虫翅端1/3处黑色，形似“黑尾”，虫体胸、腹部腹面及背面黑色；雌虫前翅端部为淡黄绿色，虫体腹面橘黄色，腹背淡黄色。

黑尾叶蝉取食和产卵时刺伤寄主茎叶，破坏输导组织，受害处呈现棕褐色条斑，致植株发黄或枯死。

水稻黑尾叶蝉成虫

★洪晓月. 农业昆虫学[M]. 北京：中国农业出版社. 2017

（编撰人：罗明珠；审核人：王瑞龙）

330. 稻赤斑黑沫蝉如何识别和诊断？它有哪些为害症状？

稻赤斑黑沫蝉，别名稻沫蝉、赤斑沫蝉，俗称雷火虫、泡泡虫。成虫体长12mm，前翅覆质，后翅膜质，可见腹节为6节。雌虫前翅基部有两白斑，端部有一红斑；雄虫前翅基部也有两白斑，翅端有一大一小两红斑，产卵器为凿状，口器为刺吸式口器。若虫腹部有发达的泡沫腺，能分泌胶质，与呼出的气体相混造成泡沫盖住全体，以作保护，故称“吹沫虫”或“吹泡虫”。

稻赤斑黑沫蝉主要是成虫在水稻中后期为害，以在稻株上部为害为主，中部次之，下部极少。成虫在水稻叶片上刺吸汁液，剑叶等倒三叶受害最重。被害叶片首先出现零星的色斑点，随后多在主脉和叶缘间形成菱形斑，叶尖变红，日久叶片中叶绿素全被破坏，全叶逐渐枯黄，直至全叶干枯，呈土红色。孕穗前受害，则抽穗困难；抽穗灌浆期剑叶受害，可导致谷粒不饱满，秕粒增多，严重影响产量。

稻赤斑黑沫蝉成虫

★洪晓月. 农业昆虫学[M]. 北京：中国农业出版社. 2017

（编撰人：罗明珠；审核人：王瑞龙）

331. 稻褐蝽类如何识别和诊断？它有哪些为害症状？

稻褐蝽，半翅目蝽科，又名稻穗褐蝽、稻白褐蝽。成虫体长12～13.5mm，宽5～5.5mm，盾形，淡黄褐色，体密布褐色小刻点。触角5节，小盾片前缘有4个平排的小黑点。前翅前缘白色，静止时显出左右体侧两条白边。若虫分5龄，长椭圆形，灰黄色，密布黑褐色小刻点。

成若虫刺吸水稻茎叶和稻穗汁液，影响水稻生长、结实，以穗期受害造成损失最大；在抽穗扬花期受害，会造成花器凋零变成空壳；在灌浆乳熟期受害，会造成结实不良，甚至形成秕谷。

稻褐蝽

★洪晓月. 农业昆虫学[M]. 北京：中国农业出版社. 2017

（编撰人：罗明珠；审核人：王瑞龙）

332. 稻黑蝽类如何识别和诊断？它有哪些为害症状？

稻黑蝽，半翅目蝽科。雄成虫体长4.5～8.5mm，雌成虫体长9～9.5mm。成虫全体黑褐色或灰黑色，小盾片舌形，长几乎达腹部末端，基部两侧各有一浅色小点；前盾片两侧各有一横刺，两侧角有一短而钝的凸起。若虫5龄，初孵若虫聚集于卵块附近，体卵圆形，红褐色；末期若虫体灰褐色，与成虫相似，第4～6腹节各有1对臭腺。

成、若虫均以刺吸式口器取食水稻叶片、茎秆、穗部汁液，尤喜在穗部吸食为害。水稻苗期和分蘖期受害，被害处产生黄斑，严重时水稻矮缩；穗期受害则造成不实粒。

稻黑蝽

★洪晓月．农业昆虫学[M]．北京：中国农业出版社．2017

（编撰人：罗明珠；审核人：王瑞龙）

333. 稻绿蝽类如何识别和诊断？它有哪些为害症状？

稻绿蝽，半翅目蝽科。全绿型的（代表型）体长12～16mm，宽6～8mm，椭圆形，体、足全鲜绿色，头近三角形，触角第3节末及第4、第5节端半部黑色，其余青绿色。单眼红色，复眼黑色。前胸背板的角钝圆，前侧缘多具黄色狭边。小盾片长三角形，末端狭圆，基缘有3个小白点，两侧角外各有1个小黑点。腹面色淡，腹部背板全绿色。点斑型的（点绿蝽）体长13～14.5mm，宽6.5～8.5mm。全体背面橙黄到橙绿色，单眼区域各具1个小黑点，一般情况下不太清晰。前胸背板有3个绿点，居中的最大，常为菱形。小盾片基缘具3个绿点中间的最大，近圆形，其末端及翅革质部靠后端各具一个绿色斑。黄肩型的（黄肩绿蝽）体长12.5～15mm，宽6.5～8mm。与稻绿蝽代表型很相似，但头及前胸背板前半部为黄色、前胸背板黄色区域有时橙红、橘红或棕红色，后缘波浪形。卵环状，初产时浅褐黄色。卵顶端有一环白色齿突。若虫共5龄，形似成虫，绿色或黄绿色，前胸与翅芽散布黑色斑点，外缘橘红色，腹缘具半圆形红斑或褐斑。足赤褐色，跗节和触角端部黑色。

成、若虫主要在水稻穗部群集为害。平时一般在周边杂草和其他作物上为害，水稻穗期大量迁入稻田，因此，水稻孕穗期以后受害较重。水稻幼穗如果受害，幼穗抽出后出现花白穗或白穗；灌浆期受害则出现空瘪粒。

稻绿蝽

★洪晓月. 农业昆虫学[M]. 北京：中国农业出版社. 2017

（编撰人：罗明珠；审核人：王瑞龙）

参考文献

蔡秋华，黄洪河. 2002. 分析稻米中农药残留的污染及控制[J]. 福建稻麦科技（2）：24-26.
曹立勇，唐绍清. 2004. 水稻良种引种指导[M]. 北京：金盾出版社.
曹先维. 2012. 广东冬种马铃薯优质高产栽培实用技术[M]. 广州：华南理工大学出版社.
常用农业科技词浅释编写组. 1982. 常用农业科技词汇浅释[M]. 北京：科学普及出版社.
陈大洲. 2013. “镉大米”常识，你了解多少[J]. 农村百事通（14）：70.
陈尔，王华新，陈宝玲，等. 2015. 铁皮石斛病虫害调查及防治技术[J]. 湖北植保，5：23-26.
陈福如. 2012. 水稻病虫害原色图谱及其诊治技术[M]. 北京：中国农业科学技术出版社.
陈慧，孙旭璐，彭文怡，等. 2016. 影响大米储藏保质期的主要因素研究[J]. 粮食与油脂，29（2）：27-29.
陈建军，王威，蒋毅敏，等. 2013. 不同土壤改良剂产品对酸性土壤改良效果试验初报[J]. 广西农学报（1）：8-11.
陈倩，滕锦程，张志华，等. 2016. 有色食品农药使用准则分析研究[J]. 农产品质量与安全（5）：34-37.
陈远孟，张向军，陈传华. 2007. 香稻的发展现状与研究进展[J]. 广西农业科学，38（6）：597-600.
成勤勤. 2006. 关于水稻幼穗分化发育的研究[D]. 扬州：扬州大学.
程式华. 2007. 我国超级稻育种研究的创新与发展[J]. 沈阳农业大学学报，38（5）：647-651.
程式华. 2010. 中国超级稻育种[M]. 北京：科学出版社.
刁操铨. 1994. 作物栽培学各论南方本[M]. 北京：中国农业出版社.
董长清. 1986. 水稻种子消毒[J]. 新农业（6）：37.
杜建中，郝曜山，王亦学，等. 2016. 我国转基因主粮作物产业化进展、存在问题及对策[J]. 生物技术进展，6（3）：159-168.
范树国，张再君，刘林，等. 2000. 中国野生稻遗传资源的保护及其在育种中的利用[J]. 生物多样性，8（2）：198-207.
方先文，汤陵华，王艳平. 2004. 盐水稻种质资源的筛选[J]. 植物遗传资源学报，5（3）：295-298.
付景，杨建昌. 2011. 超级稻高产栽培生理研究进展[J]. 中国水稻科学，25（4）：343-348.
高文胜，陈宏坤. 2013. 新型肥料无风险施用100条[M]. 北京：化学工业出版社.
官春云. 2011. 现代作物栽培学[M]. 北京：高等教育出版社.
广东省土壤肥料总站. 2007. 珠江三角洲耕地质量评价与利用[M]. 北京：中国农业出版社.
国家水稻数据中心. 中国水稻品种及其系谱数据库，http://www. ricedata. cn/variety/.
韩霞，李佐同，于立河，等. 2012. 稻浸种催芽技术的研究现状及发展趋势[J]. 农机化研究，34（5）：245-248.
洪晓月. 2017. 农业昆虫学[M]. 北京：中国农业出版社.
胡晋. 2006. 种子生物学[M]. 北京：高等教育出版社.
胡培松. 2003. 功能性稻米研究与开发[J]. 中国稻米（5）：3-5.
胡伟民. 2003. 杂交水稻种子工程学[M]. 北京：中国农业出版社.
黄槐林. 2000. 水稻良种高产高效栽培[M]. 北京：金盾出版社.
黄克玲. 2016-02-20. 转基因品种，你怎么看[N]. 江苏农业科技报，（004）.
姜春英，尹建义，韩兴华. 2005. 环境污染对稻米品质的影响及其防止[J]. 现代农业科技（6）：55.
蒋观真. 1992. 水稻旱直播[M]. 南京：江苏科学技术出版社.
蒋学辉. 2001. 江省无公害稻米标准及生产技术要点[J]. 中国稻米（5）：26-28.
金达丽，朱琳，刘先娥，等. 2017. 大米储藏过程中理化性质及食味品质的变化[J]. 食品科技，42（2）：165-169.
金连登，许立，朱智伟. 2005. 我国现行有机、绿色、无公害食品大米的异同点及生产发展策略研究[J]. 粮食与饲料工业（5）：1-4.
李翠英. 2012. 冷浸烂泥田如何变成高产田[J]. 四川农业科技（11）：47.
李卫华，范平，黄东风，等. 2011. 稻田氮磷面源污染现状、损失途径及其防治措施研究[J]. 江西农业学报，23（8）：118-123.

李亚军. 1992. 种子生活力，发芽率和发芽势的测定方法[J]. 河北农作物研究（2）：45-46.
李永和. 1997. 论水稻灌溉节水的途径[J]. 灌溉排水，16（3）：45-47.
刘发和. 1999. 水稻简化栽培技术[M]. 北京：科学技术文献出版社.
刘建. 2016. 稻麦优质高效生产百问百答[M]. 北京：中国农业科学技术出版社.
卢振辉，李明焱，王伟杰，等. 2016. 铁皮石斛主要病虫害及其非化学农药防治[J]. 浙江农业科学，57（1）：123-126.
鲁剑巍. 2006. 测土配方与作物配方施肥技术[M]. 北京：金盾出版社.
吕德治. 1983. 水稻快速简易催芽法[J]. 河南农业科学（3）：36.
闵绍楷，申宗坦，熊振民. 1996. 水稻育种学[M]. 北京：中国农业出版社.
倪小英，覃世民，梅广，等. 2014. 大米重金属污染及其治理研究进展[J]. 粮食与饲料工业（8）：7-10.
宁沛恩. 2012. 容县铁皮石斛病虫害发生情况及防治措施初报[J]. 广西植保，25（2）：20-23.
牛学农. 1977. 种子的发芽率和发芽势[J]. 植物杂志（1）：49.
潘家驹. 1994. 作物育种学总论[M]. 北京：中国农业出版社.
庞庭颐，苏志. 1997. 稻肥床旱育秧的适宜播种期与移栽期[J]. 广西农学报（4）：24-27.
秦樊鑫，魏朝富，李红梅. 2015. 金属污染土壤修复技术综述与展望[J]. 环境科学与技术，38（S2）：199-208.
任自忠，苑凤瑞，张森. 2003. 新编植物保护实用手册[M]. 北京：中国农业出版社.
申时立，黎华寿，康智明，等. 2013. 生物量植物治理重金属重度污染废弃地可行性的研究[J]. 农业环境科学学报，32（3）：572-578.
史书仁. 1991. 水稻生产实用技术问答[M]. 沈阳：辽宁科学技术出版社.
寿建尧，王孝忠. 2000. 育秧剂在水稻育秧上的安全施用技术[J]. 中国稻米，6（5）：18-19.
水稻生产技术问答编写组. 1974. 水稻生产技术问答[M]. 上海：上海人民出版社.
司友斌，王慎强，陈怀满. 2000. 农田氮、磷的流失与水体富营养化[J]. 土壤（4）：188-193.
思获. 1994. 水稻播种最晚不能迟于何时?[J]. 现代农业（2）：15.
斯金平，俞巧仙，宋仙水，等. 2013. 铁皮石斛人工栽培模式[J]. 中国中药杂志，38（4）：481-484.
宋喜梅，李国平，何衍彪，等. 2012. 铁皮石斛人工栽培主要病虫害防治[J]. 安徽农业科学，40（32）：15 697-15 698.
唐湘如，潘圣刚. 2014. 作物栽培学[M]. 广州：广东高等教育出版社.
唐湘如. 2014. 作物栽培学[M]. 广州：广东高等教育出版社.
陶乐明. 2014. 水稻选种与消毒技术[J]. 农技服务（5）：211-211.
田奉俊，朴燕，曹海珺，等. 2010. 粘稻新品种——通粘598[J]. 农村科学实验（3）：14.
田光明，何云峰，李勇先. 2002. 水肥管理对稻田甲烷和氧化亚氮排放的影响[J]. 土壤与环境，11（3）：294-298.
汪贞，席运官. 2014. 国内外有机水稻发展现状及有机稻米品质研究[J]. 上海农业学报，30（1）：103-107.
王贵华. 2014. 甘蔗育种的株系、品系、品种和材料概念探讨[J]. 中国糖料，3：78-81.
王洪云，李铭. 2014. 石斛多糖的药用功能研究进展[J]. 环球中医药，7（10）：817-820.
王纪忠，张云昌. 2009. 我国绿色稻米包装问题及应对策略[J]. 黑龙江粮食（2）：34-36.
王健，袁彩勇，孔宪旺. 2012. 优质稻米品质性状及其改良研究进展[J]. 农业与技术，32（4）：98-99.
王伟平，黎妮. 2016. 大米重金属污染风险及控制[J]. 食品科学技术学报，34（5）：12-20.
王乌齐，涂祖荣. 2003. 稻米污染原因分析及发展绿色稻米的思考[J]. 江西农业大学学报（S1）：48-52.
王先俱，邵国军，邱福林，等. 2009. 辽宁省杂交稻与常规稻产量和品质比较分析[J]. 辽宁农业科学，（1）：26-27.
王正银. 2012. 农产品生产安全评价与控制[M]. 北京：高等教育出版社.
吴裕. 2008. 论植物种质、种质资源、品系和品种的概念及使用[J]. 热带农业科技，31（2）：45-49.
向敏，黄鹤春. 2016. 功能性稻米研究进展[J]. 湖北农业科学，55（12）：2 997-3 000.
肖春宏，杨波，王朝雯. 2014. 人工种植铁皮石斛主要病虫害及防治措施——以云南省临沧市为例[J]. 植物医生，27（1）：22-24.
肖厚军，刘友云，徐大地. 1995. 贵州酸性稻田施用硅肥的效应研究[J]. 耕作与栽培（6）：45-47.
肖金香. 2009. 农业气象学[M]. 上海：上海科学技术出版社.
谢光辉，王素英，王化琪，等. 2003. 旱稻矿质养分吸收与施肥效应[J]. 中国农业科学，36（10）：1 171-1 176.
谢黎虹，段斌伍，孙成效. 2003. 中国的香稻[J]. 中国稻米（4）：40-41.
信乃诠. 2001. 农业气象学[M]. 重庆：重庆出版社.
徐标. 2016. 浅谈稻米污染源及其对人体健康的影响[J]. 农业开发与装备（12）：131.
徐加宽，严贞，袁玲，等. 2007. 稻米重金属污染的农艺治理途径及其研究进展[J]. 江苏农业科学（5）：220-226.
徐明岗，曾希柏，周世伟，等. 2014. 施肥与土壤重金属污染修复[M]. 北京：科学出版社.

徐晓新，罗金水，李发林，等. 2004. 土壤农药残留对生态环境的影响及其修复[J]. 福建热作科技（1）：35-38.
严定春，朱艳，曹卫星. 2004，水稻适宜播种期设计的动态知识模型研究[J]. 应用生态学报，15（4）：634-638.
严奉伟，范凯. 2015. 大米储藏加工技术100问/新农村建设百问系列丛书[M]. 北京：中国农业出版社.
严奉伟，范凯. 2015. 稻米储藏加工技术100问[M]. 北京：中国农业出版社.
杨国兴. 1982. 杂交水稻育种理论与技术[M]. 长沙：湖南科学技术出版社.
杨联松，白一松. 2001. 水稻粒形与稻米品质间相关性研究进展[J]. 安徽农业科学，29（3）：312-316.
杨平华. 2009. 农田植物生长调节剂使用技术[M]. 成都：四川科学技术出版社.
杨守仁. 1961. 中国水稻栽培学[M]. 北京：农业出版社.
佚名. 2016-08-16. 大米中的重金属从哪儿来？[N]. 中国食品安全报，（A2）.
易斌，李发生. 2014. 土壤污染防治知识问答[M]. 北京：中国环境科学出版社.
余柳青，张建萍. 2013. 稻田杂草防控技术手册[M]. 北京：金盾出版社.
袁隆平. 2002. 杂交水稻学[M]. 北京：中国农业出版社.
袁伟玲，曹凑贵，李成芳，等. 2009. 稻鸭、稻鱼共作生态系统CH_4和N_2O温室效应及经济效益评估[J]. 中国农业科学，42（6）：2 052-2 060.
岳士忠，李圣男，乔玉辉，等. 2015. 中国富硒大米的生产与富硒效应[J]. 中国农学通报，31（30）：10-15.
张福锁，王激清，张卫峰，等. 2008. 中国主要粮食作物肥料利用率现状与提高途径[J]. 土壤学报，45（5）：915-924.
张华剑，杨惠成. 1991. 水稻旱种技术[M]. 合肥：安徽科学技术出版社.
张培江. 2006. 水稻优质高效栽培答疑[M]. 北京：中国农业出版社.
张水清，钟旭华，黄绍敏，等. 2010. 中国稻草还田技术研究进展[J]. 中国农学通报，26（15）：332-335.
张松柏. 2002. 栽培植物品种概念探讨[J]. 种子（1）：54-56.
张卫星，毛雪飞，刘仲齐，等. 2018. 我国稻米分类控镉思路及生产控制技术研究[J]. 农产品质量与安全（1）：8-11.
张现伟，郑家奎，李经勇，等. 2010. 优质稻的遗传育种与保优栽培[J]. 中国农学通报，26（21）：100-105.
张小芳. 2013. 谈水稻的幼苗期和分蘖期生长[J]. 吉林农业（1）：104.
张珍誉. 2010. 转Bt基因稻谷对小鼠健康的安全性评价[D]. 长沙：湖南师范大学.
章家恩. 2013. 近10多年来我国鸭稻共作生态农业技术的研究进展与展望[J]. 中国生态农业学报，21（1）：70-79.
赵秉强. 2013. 新型肥料[M]. 北京：科学出版社.
郑林华. 1995. 冬种绿肥好处多[J]. 福建农业（11-12）：5.
钟旭华，黄农荣，郑海波，等. 2007. 水稻“三控”施肥技术规程[J]. 广东农业科学（5）：13-15.
周少川，李宏，王家生，等. 2002. 华南籼稻晚造稻米蒸煮、外观和碾米品质与食味品质的相关性研究[J]. 作物学报，17（3）：53-55.
朱邦雄，邓树华，周剑宇，等. 2010. 大米加工过程的害虫发生与控制[J]. 粮食储藏，39（5）：7-11.
朱建康，王冬明，姚月明，等. 2005. 无公害优质水稻生产基地建设及产业化开发[J]. 现代农业科技（14）：49-50.
朱旭东，黄璜. 2010. 水稻无公害高效栽培技术[M]. 长沙：湖南科学技术出版社.
邹怀国. 2014. 水稻播种前浸种与催芽技术[J]. 农技服务，31（6）：232-232.